StudyHelp

StudyHelp

Mathematatik 2 für Ingenieure

inklusive Lernvideos, Aufgaben und Lösungen

StudyHelp GmbH, Paderborn
WWW.STUDYHELP.DE

1. Auflage

Autor: Thorsten Schöning

Redaktion & Satz: Carlo Oberkönig
Kontakt: verlag@studyhelp.de
Umschlaggestaltung, Illustration: StudyHelp GmbH

ISBN 978-3-947-**50632**-3

Vorwort

Dieses 146 Seiten starke Lernheft begleitet dich durch die relevanten Inhalte der Vorlesung Mathematik 2 für Ingenieure. Dabei steht – wie bereits in unserem Lernheft Mathematik 1 für Ingenieure – primär die didaktische Vermittlung der Inhalte im Vordergrund.

Zusätzlich zu den abgedruckten Erläuterungen und Beispielen findest du an den Seitenrändern insgesamt 108 QR-Codes zu Daniel Jungs Mathe Erklärvideos; direkt auf die jeweiligen Themen abgestimmt. Dadurch erhältst du zusätzliche Erklärungen, die du in deinem eigenen Tempo so oft ansehen kannst, wie du willst. Damit du dich als Leser direkt im Heft zurechtfindet, ist das Heft optisch durch folgende Boxen aufbereitet:

Vorgehensweisen sind im Heft durch einen grauen Balken am linken Rand gekennzeichnet. Dies können sogenannte Kochrezepte zum Lösen von Aufgaben sein oder auch Empfehlungen zum Bearbeiten von Problemstellungen.

Beispiele sind durch einen grauen Balken am linken Rand und hellgrau hinterlegt gekennzeichnet. Sie liefern dir anschauliches Material zu den beschriebenen Definitionen, Formeln oder Vorgehensweisen.

Wichtige Tipps sind grau umrandet, hellgrau hinterlegt und fett gedruckt. Diese solltest du demnach auf keinen Fall überlesen! Nimm dir diese Tipps zu Herzen, denn wir lassen sie für dich nicht umsonst optisch so ins Auge fallen.

Anmerkungen sind grau umrandet, hellgrau hinterlegt und in kleinerer Schrift dargestellt. Es handelt sich hierbei meistens um Neben-/Zusatzinformationen zu den Themen und Beispielaufgaben oder nicht ganz so wichtige Verweise auf andere Stellen des Lernheftes.

Bitte beachte, dass grundlegende Fähigkeiten, die du aus der Veranstaltung Mathematik 1 für Ingenieure mitbringen solltest, in diesem Lernheft nicht noch einmal aufgeführt sind. Unter grundlegenden Fähigkeiten verstehen wir hier z. B. die korrekte Anwendung der Ableitungsregeln oder das Berechnen von Stammfunktionen. Falls du an der Basis noch Schwierigkeiten hast, wirf doch einen Blick in unser Lernheft „Mathematik 1 für Ingenieure":

Zu unserem Lernheft

- Alle relevanten Themen anschaulich und prägnant aufbereitet
- Übungsaufgaben mit steigendem Schwierigkeitsgrad zu jedem Kapitel
- Zu 128 Themen zugehörige QR-Codes zu Daniel Jungs Erklärvideos

Am Ende jedes Kapitels findest du Übungsaufgaben (insgesamt 154 Aufgaben), mit denen du die erlernten Inhalte festigen kannst. Dabei sind folgende Schwierigkeitsstufen gegeben:

Level: Absolute Basisübungen mit (sehr) niedrigem Schwierigkeitslevel. Die Aufgaben sind als Einstieg in das jeweilige Thema gedacht. Du solltest keine Probleme haben, diese Einsteigeraufgaben zu lösen. **Insgesamt 33 Aufgaben.**

Level: Übungen, welche mit Hilfe der jeweiligen Standardtechniken zu den Themen gelöst werden können. Die Aufgaben auf diesem Level solltest du ohne große Probleme lösen können, bevor du dich einer Prüfung stellst. **Insgesamt 70 Aufgaben.**

Level: Übungen, die zur Lösung themenübergreifendes Wissen verlangen, wie das Anwenden von allgemeinen Formeln oder (abstrakten) Zusammenhängen. Wenn du hier alle Aufgaben lösen kannst, bist du gut gewappnet für die Prüfung. **Insgesamt 45 Aufgaben.**

Level: Master-Übungen, die zum Teil über das verlangte Wissen hinausragen. Es wird von dir abstraktes Denken und allumfassendes Wissen abverlangt. Es ist nicht schlimm, wenn du viele dieser Aufgaben nicht lösen kannst. Falls du es dennoch schaffst, brauchst du vor deiner Prüfung keinerlei Angst mehr zu haben. **Insgesamt 6 Aufgaben.**

Diese Einteilung der Schwierigkeiten ist natürlich rein subjektiv und kann sich in jeder Bildungseinrichtung unterscheiden. Sie dient lediglich einer groben Einschätzung. Die Lösungen zu den Aufgaben findest du auf unserer Webseite, die über den jeweils angegebenen QR-Code zu erreichen ist.

Feedback

Sollte sich doch mal ein Fehler eingeschlichen haben, würden wir von dir sehr gerne darauf hingewiesen werden, falls du in diesem Heft welche entdeckst. Ebenso freuen wir uns natürlich über allgemeines Feedback, Lob und Kritik an dem Lernheft. In diesem Sinne wünschen wir dir viel Erfolg im (weiteren) Studienverlauf und ganz besonders eine Top-Abschlussnote in der Mathematik 2 Veranstaltung.

— T. Schöning

Inhalt

1 Lineare Algebra

Einer der treffendsten Einleitungssätze bezüglich der linearen Algebra ist unserer Meinung nach der folgende:

> *„Die lineare Algebra (auch Vektoralgebra) ist ein Teilgebiet der Mathematik, das sich mit Vektorräumen und linearen Abbildungen zwischen diesen beschäftigt. Dies schließt insbesondere auch die Betrachtung von linearen Gleichungssystemen und Matrizen mit ein.“*[1]

Du wirst ganz besonders bei der linearen Algebra – z. B. in der Literatur oder deinem Uni-Skript zur Vorlesung – recht unterschiedliche Lehrreihenfolgen der Themen vorfinden. Wie es auch gedreht und gewendet wird, dieses Teilgebiet der Mathematik ist in sich so eng verknüpft, dass es unserer Meinung nach keine 100%ig perfekte Reihenfolge zum Erarbeiten der Inhalte gibt.

Du sollst nämlich nicht durch zu abstrakte Darstellungen abgeschreckt werden und gleichzeitig wollen wir dir effektive Lösungsmethoden für die unterschiedlichsten Fragestellungen nicht vorenthalten, indem wir die Reihenfolge der Inhalte wie in vielen Lehrbüchern oder Vorlesungsskripten einführen.

Es wird unumgänglich sein, dass wir hin und wieder auf eine später eingeführte Thematik verweisen (meistens als Anmerkungen in den kleinen, grau umrandeten Kästen mit kleinerer Schrift) oder Methoden verwenden, die in einem späteren (Unter)Kapitel eingeführt werden. Das stellt jedoch kein großes Hindernis für dich dar. Wir denken, dass du mit der Reihenfolge in diesem Buch die Zusammenhänge der (erweiterten) Grundlagen der linearen Algebra am besten verstehen lernst.

1.1 Matrizen

Sämtliche Lösungsverfahren und Aufgaben setzen voraus, dass wir das Konstrukt einer „Matrix“ verstehen. Dazu gehört, dass wir mit den Begrifflichkeiten rund um Matrizen vertraut sind, die Rechenregeln beherrschen, sowie wichtige, spezielle Matrizen kennen und mit ihnen umgehen können.

Matrix Aufbau, Matrizen addieren

1.1.1 Bezeichnungen und Notationen

Eine Matrix ist – abstrakt ausgedrückt – eine rechteckige Anordnung von Elementen (oft Zahlen) in waagerechten und senkrechten Reihen (Zeilen und Spalten).

[1] Quelle: https://de.wikipedia.org/wiki/Lineare_Algebra

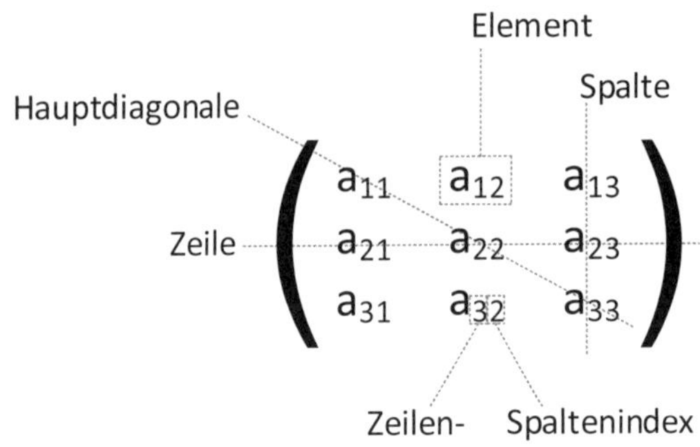

Die oben stehende Abbildung verdeutlicht uns die wichtigsten Attribute/Begriffe einer Matrix. Diese Matrix würden wir mathematisch allgemein angeben als:

$$\mathbf{A} = (a_{ij})_{\substack{i=1,\dots,3 \\ j=1,\dots,3}} \tag{1.1}$$

Das i ist dabei der Zeilenindex, j der Spaltenindex und a_{ij} die jeweiligen Elemente in der Matrix. Um hier mit der Reihenfolge der Bezeichnung nicht durcheinander zu kommen, können wir uns die berühmte Eselsbrücke *Zeilen zuerst, Spalten später* merken.

Geläufig ist es außerdem, direkt mit anzugeben, von welcher Art die Einträge der Matrix sind. Falls die Einträge reelle Zahlen sind (vorwiegend wird das hier der Fall sein), können wir auch Folgendes schreiben:

$$\mathbf{A} \in \mathbb{R}^{3\times 3} \tag{1.2}$$

Im Fließtext sagen wir auch, dass **A** eine 3×3 Matrix ist oder **A** hat die Dimension 3×3.

Verallgemeinert wirst du häufiger Folgendes lesen:

$$\mathbf{A} = (a_{ij})_{\substack{i=1,\dots,m \\ j=1,\dots,n}} \quad \text{oder} \quad \mathbf{A} \in \mathbb{R}^{m\times n} \tag{1.3}$$

Hier ist die Anzahl der Zeilen und Spalten noch nicht vorgegeben. Genutzt wird diese allgemeine Schreibweise, um für verschiedene Sachverhalte gewisse Zusammenhänge zu verdeutlichen, bei denen es lediglich darum geht, ob die Matrix dabei

- mehr Zeilen als Spalten ($m > n$)
- mehr Spalten als Zeilen ($m < n$)
- oder gleich viele Zeilen und Spalten ($m = n$)

besitzt oder es schlicht und einfach egal ist. Lass dich von diesem Buchstabensalat nicht unterkriegen, denn es steckt nichts Schwieriges dahinter.

Eine Matrix $\mathbf{A} \in \mathbb{R}^{m\times 1}$ hat nur eine Spalte und wird hier auch als Vektor $\vec{a} \in \mathbb{R}^m$ bezeichnet, so wie du es schon aus deiner Veranstaltung *Mathematik 1* kennen solltest.

Spur einer Matrix

Einen (für später) wichtigen Begriff wollen wir hier direkt einführen, da diese Größe ohne Probleme aus einer Matrix berechnet werden kann. Die *Spur einer Matrix* ist die Summe aller Elemente auf ihrer Hauptdiagonalen.

$$\mathbf{A} = \begin{pmatrix} 1 & 2 \\ 3 & 7 \end{pmatrix} \qquad \text{Spur}\,(\mathbf{A}) = 1 + 7 = 8$$

1.1.2 Rechenregeln

Für alles Weitere müssen wir natürlich wissen, wie wir mit Matrizen rechnen können. Hier gibt es besonders bei der Matrix-Multiplikation ein Rechenschema, das dir aus der Welt der „normalen" Zahlen unbekannt sein dürfte und bei dem du besonders aufpassen solltest.

Matrizen addieren/-subtrahieren

Matrizen miteinander zu addieren oder voneinander zu subtrahieren geschieht recht intuitiv, indem jeweils die positionsgleichen Elemente der Matrizen addiert/subtrahiert werden:

Einfaches Rechnen mit Matrizen. Addieren, Zahl mal Matrix

$$\mathbf{A} + \mathbf{B} = \begin{pmatrix} 2 & 3 \\ 4 & 5 \end{pmatrix} + \begin{pmatrix} 3 & -2 \\ 0 & 3 \end{pmatrix} = \begin{pmatrix} 2+3 & 3-2 \\ 4+0 & 5+3 \end{pmatrix} = \begin{pmatrix} 5 & 1 \\ 4 & 8 \end{pmatrix}$$

Matrix mit Zahlen multiplizieren (Skalarmultiplikation)

Eine Matrix mit einer Zahl zu multiplizieren ist ähnlich leicht, denn wir müssen lediglich jedes Element der Matrix mit der Zahl multiplizieren. Dabei spielt die Dimension der Matrix keine Rolle:

$$\lambda \cdot \mathbf{C} = 4 \cdot \begin{pmatrix} 2 & 1 & -2 \\ 4 & 0 & 3 \end{pmatrix} = \begin{pmatrix} 4 \cdot 2 & 4 \cdot 1 & 4 \cdot (-2) \\ 4 \cdot 4 & 4 \cdot 0 & 4 \cdot 3 \end{pmatrix} = \begin{pmatrix} 8 & 4 & -8 \\ 16 & 0 & 12 \end{pmatrix}$$

Matrix mit Matrix multiplizieren (Matrix-Multiplikation)

Hier gilt für uns der Leitsatz *Zeile* × *Spalte*. Das bedeutet, wir nehmen uns von der links stehenden Matrix **A** eine Zeile (die m-te) und von der rechts stehenden Matrix **B** eine Spalte (die n-te) heraus und fangen an: Die jeweils ersten Elemente multiplizieren plus die jeweils zweiten Elemente multiplizieren plus die jeweils dritten usw. Das Ergebnis ist dann in der entstehenden Matrix **C** das Element c_{mn}. Dieses Rechenschema gehen wir mit jeder Zeile von **A** zu jeder Spalte von **B** durch.

Matrizen multiplizieren 1

Wenn wir dieses Schema durchrechnen, sollte klar sein, dass eine Zeile von **A** genauso viele Elemente haben muss, wie eine Spalte von **B**, da sonst von **A** oder **B** Faktoren fehlen. Wie viele Elemente hat eine Zeile von **A**? So viele, wie **A** Spalten besitzt. Wie viele Elemente hat eine Spalte von **B**? So viele, wie **B** Zeilen besitzt. Also können wir direkt an den Dimensionen der zwei Matrizen ablesen, ob sie miteinander multipliziert werden können oder nicht.

Matrizen multiplizieren 2

D ist eine 2×**3** Matrix und **F** eine **3**×3 Matrix. Da 3 = 3 gilt, ist **D** · **F** zulässig.

$$\mathbf{D}\cdot\mathbf{F} = \begin{pmatrix} 2 & 0 & 7 \\ -2 & -1 & 3 \end{pmatrix} \cdot \begin{pmatrix} -1 & 4 & 7 \\ 5 & 2 & 2 \\ 3 & -1 & 6 \end{pmatrix}$$

$$= \begin{pmatrix} 2\cdot(-1)+0\cdot 5+7\cdot 3 & 2\cdot 4+0\cdot 2+7\cdot(-1) & 2\cdot 7+0\cdot 2+7\cdot 6 \\ (-2)\cdot(-1)+(-1)\cdot 5+3\cdot 3 & (-2)\cdot 4+(-1)\cdot 2+3\cdot(-1) & (-2)\cdot 7+(-1)\cdot 2+3\cdot 6 \end{pmatrix}$$

$$= \begin{pmatrix} 19 & 1 & 56 \\ 6 & -13 & 2 \end{pmatrix}$$

Beachte: Die Multiplikation **F** · **D** ist hier nicht möglich, da (3×**3**) mal (**2**×3) und 3 ≠ 2!

Hier müssen wir ganz besonders auf die Dimensionen sowie die Reihenfolge der beiden zu multiplizierenden Matrizen achten. Denn es gilt bei der Matrix-Multiplikation im Allgemeinen $\mathbf{A}\cdot\mathbf{B} \neq \mathbf{B}\cdot\mathbf{A}$

Wenn $\mathbf{A} \in \mathbb{R}^{a\times b}$ und $\mathbf{B} \in \mathbb{R}^{b\times c}$ gegeben ist, kann **AB** = **C** berechnet werden und es gilt $\mathbf{C} \in \mathbb{R}^{a\times c}$.

Matrix-Division

Achtung: Eine Matrix-Division ist mathematisch nicht definiert! Notationen wie $\frac{1}{\mathbf{A}}$ sind nicht zulässig und ergeben überhaupt keinen Sinn.

Um Gleichungen mit Matrizen wie z. B. $\mathbf{A}\vec{x} = \vec{b}$ trotzdem auf $\vec{x}$ auflösen zu können, bedienen wir uns der sogenannten Inversen von **A**, die wir uns in Kapitel 1.3 genauer anschauen.

Allgemeine Rechenregeln

Alle hier aufgeführten Rechenregeln gelten natürlich nur, wenn die Rechnung aufgrund der Dimension der Matrix überhaupt durchführbar ist. Großbuchstaben stellen Matrizen dar und $\lambda, \mu \in \mathbb{R}$ Zahlen.

$$\mathbf{A}+\mathbf{B} = \mathbf{B}+\mathbf{A} \quad (1.4)$$

$$(\mathbf{A}+\mathbf{B})+\mathbf{C} = \mathbf{A}+(\mathbf{B}+\mathbf{C}) \quad (1.5)$$

$$\lambda(\mathbf{A}+\mathbf{B}) = \lambda\mathbf{A}+\lambda\mathbf{B} \quad (1.6)$$

$$(\lambda+\mu)\mathbf{A} = \lambda\mathbf{A}+\mu\mathbf{A} \quad (1.7)$$

$$\mathbf{AB} \neq \mathbf{BA} \quad \text{Achtung!} \quad (1.8)$$

$$\mathbf{A}(\mathbf{BC}) = (\mathbf{AB})\mathbf{C} \quad (1.9)$$

$$\mathbf{A}(\mathbf{B}+\mathbf{C}) = \mathbf{AB}+\mathbf{AC} \quad (1.10)$$

$$\lambda(\mathbf{AB}) = (\lambda\mathbf{A})\mathbf{B} \quad (1.11)$$

Wegen (1.8) gelten auch die binomischen Formeln bei Matrizen *nicht!*

1.1.3 Spezielle Matrizen

In diesem Unterkapitel findest du die Matrizen, die – bis auf ihre Dimension/Größe – einem ganz festen Aufbau folgen, sodass sie „reservierte" Namen haben oder speziell gekennzeichnet werden.

Nullmatrix

Die Nullmatrix $\mathbf{0}_n$ mit der Dimension $n \times n$ ist in der Matrizenrechnung das Äquivalent zur 0 der reellen Zahlen. Jedes Element in einer Nullmatrix ist gleich Null.

$$\mathbf{0}_2 = \begin{pmatrix} 0 & 0 \\ 0 & 0 \end{pmatrix} \qquad \mathbf{0}_3 = \begin{pmatrix} 0 & 0 & 0 \\ 0 & 0 & 0 \\ 0 & 0 & 0 \end{pmatrix} \qquad \cdots \qquad \mathbf{0}_n = \begin{pmatrix} 0 & 0 & 0 & \cdots \\ 0 & 0 & 0 & \cdots \\ 0 & 0 & 0 & \cdots \\ \vdots & \vdots & \vdots & \ddots \end{pmatrix} \tag{1.12}$$

Einheitsmatrix

Die Einheitsmatrix $\mathbf{E}_n$ mit der Dimension $n \times n$ ist in der Matrizenrechnung das Äquivalent zur 1 der reellen Zahlen. Jedes Element in einer Einheitsmatrix ist gleich Null bis auf die Elemente (alles Einsen) auf der Hauptdiagonalen.

Einheitsmatrix

$$\mathbf{E}_2 = \begin{pmatrix} 1 & 0 \\ 0 & 1 \end{pmatrix} \qquad \mathbf{E}_3 = \begin{pmatrix} 1 & 0 & 0 \\ 0 & 1 & 0 \\ 0 & 0 & 1 \end{pmatrix} \qquad \cdots \qquad \mathbf{E}_n = \begin{pmatrix} 1 & 0 & 0 & \cdots \\ 0 & 1 & 0 & \cdots \\ 0 & 0 & 1 & \cdots \\ \vdots & \vdots & \vdots & \ddots \end{pmatrix} \tag{1.13}$$

> Andere Bezeichnungen als $\mathbf{E}_n$ sind durchaus geläufig, z. B. $\mathbf{1}_n$ oder $\mathbf{I}_n$

Transponierte einer Matrix

Die Transponierte $\mathbf{A}^\mathsf{T}$ einer Matrix $\mathbf{A}$ (beliebige Dimension) entsteht durch die Spiegelung aller Elemente an der Hauptdiagonalen von $\mathbf{A}$.

Matrix transponieren

$$\mathbf{A} = \begin{pmatrix} 1 & 0 & \frac{1}{2} \\ 2 & 0 & -7 \\ -1 & 6 & 5 \end{pmatrix}, \ \mathbf{A}^\mathsf{T} = \begin{pmatrix} 1 & 2 & -1 \\ 0 & 0 & 6 \\ \frac{1}{2} & -7 & 5 \end{pmatrix} \quad , \ \mathbf{B} = \begin{pmatrix} 5 & -9 & 12 \\ -4 & 6 & 2 \end{pmatrix}, \ \mathbf{B}^\mathsf{T} = \begin{pmatrix} 5 & -4 \\ -9 & 6 \\ 12 & 2 \end{pmatrix}$$

> **Die Transponierte einer Matrix kann zu jeder beliebigen Matrix gebildet werden. Sie ist mit der Blockmatrix die einzige Matrix aus Kapitel 1.1.3 und 1.1.4, die *nicht* quadratisch sein muss!**

Rechenregeln für die Transponierte einer Matrix

Alle hier aufgeführten Rechenregeln gelten natürlich nur, wenn die Rechnung aufgrund der Dimension der Matrix überhaupt durchführbar ist. Großbuchstaben stellen Matrizen dar und $\lambda \in \mathbb{R}$ eine Zahl.

$$\left(\mathbf{A}^{\mathrm{T}}\right)^{\mathrm{T}} = \mathbf{A} \tag{1.14}$$

$$(\mathbf{A}+\mathbf{B})^{\mathrm{T}} = \mathbf{A}^{\mathrm{T}} + \mathbf{B}^{\mathrm{T}} \tag{1.15}$$

$$(\lambda \cdot \mathbf{A})^{\mathrm{T}} = \lambda \cdot \mathbf{A}^{\mathrm{T}} \tag{1.16}$$

$$(\mathbf{AB})^{\mathrm{T}} = \mathbf{B}^{\mathrm{T}}\mathbf{A}^{\mathrm{T}} \tag{1.17}$$

Inverse einer Matrix

Schematisch gehört die Inverse $\mathbf{A}^{-1}$ einer (quadratischen) Matrix $\mathbf{A}$ in dieses Kapitel. Wir verweisen hier jedoch auf das Extrakapitel 1.3, da das Konzept einer Inversen und deren Berechnung an dieser Stelle zu umfangreich wäre.

1.1.4 Spezielle Matrixstrukturen

Unter speziellen Matrixstrukturen verstehen wir hier Matrizen, deren Aufbau gewissen Schemas folgt und die daher auch gesonderte Bezeichnungen verdienen. Die Bezeichnungen erkennen wir allerdings nicht in der Symbolschreibweise wie bei den Matrizen aus dem vorherigen Kapitel 1.1.3.

Quadratische Matrix

Quadratische Matrix

Die Bezeichnung, dass eine Matrix quadratisch ist, hast du zuvor bereits ein paarmal lesen können. Es bedeutet lediglich, dass die Matrix die gleiche Anzahl an Zeilen und Spalten besitzt (wie ein Quadrat gleich lange Seiten besitzt). Also:

$$\text{Matrix } \mathbf{A} \text{ ist quadratisch} \quad \Leftrightarrow \quad \mathbf{A} \in \mathbb{R}^{n \times n} \tag{1.18}$$

Symmetrische Matrix

Eine Matrix ist symmetrisch, wenn die Transponierte der Matrix die Matrix selbst ist. Also:

$$\text{Matrix } \mathbf{A} \text{ ist symmetrisch} \quad \Leftrightarrow \quad \mathbf{A}^{\mathrm{T}} = \mathbf{A} \tag{1.19}$$

$$\mathbf{A} = \begin{pmatrix} 2 & -1 & 3 \\ -1 & 5 & 0 \\ 3 & 0 & 9 \end{pmatrix} \quad , \quad \mathbf{B} = \begin{pmatrix} 0 & 2 \\ 2 & 4 \end{pmatrix}$$

Schiefsymmetrische Matrix

Eine Matrix ist schiefsymmetrisch, wenn die Transponierte der Matrix mit -1 multipliziert die Matrix selbst ist. Also:

$$\text{Matrix } \mathbf{A} \text{ ist schiefsymmetrisch} \quad \Leftrightarrow \quad -\mathbf{A}^{\mathrm{T}} = \mathbf{A} \tag{1.20}$$

$$\mathbf{A} = \begin{pmatrix} 1 & -2 & 3 \\ 2 & -4 & -9 \\ -3 & 9 & 0 \end{pmatrix} \quad , \quad \mathbf{B} = \begin{pmatrix} 2 & -1 \\ 1 & 6 \end{pmatrix}$$

Diagonalmatrix

Eine Matrix erhält die Bezeichnung Diagonalmatrix, wenn auf der Hauptdiagonalen Zahlen aus $\mathbb{R}$ stehen und sonst jedes Element Null ist.

$$\mathbf{A} = \begin{pmatrix} 2 & 0 & 0 \\ 0 & 3 & 0 \\ 0 & 0 & e \end{pmatrix} \quad , \quad \mathbf{B} = \begin{pmatrix} 0 & 0 \\ 0 & \frac{1}{5} \end{pmatrix}$$

Auf der Hauptdiagonalen dürfen alle Zahlen stehen, auch Nullen. Die Nullmatrix ist also auch eine Diagonalmatrix!

Dreiecksmatrix

Eine Matrix wird Dreiecksmatrix genannt, wenn oberhalb oder unterhalb (oder beides gleichzeitig) der Hauptdiagonalen lediglich Nullen stehen.

$$\mathbf{A} = \begin{pmatrix} 1 & 5 & 5 \\ 0 & 2 & 9 \\ 0 & 0 & 4 \end{pmatrix} \quad , \quad \mathbf{B} = \begin{pmatrix} 0 & 0 & 0 \\ 2 & 1 & 0 \\ 0 & 7 & 0 \end{pmatrix}$$

A wird auch *obere*- und **B** *untere* Dreiecksmatrix genannt.

Jede Diagonalmatrix ist natürlich auch eine Dreiecksmatrix. Umgekehrt gilt das nicht allgemein.

Blockmatrix

Dies ist ein sehr breit gefächerter Begriff, denn im Prinzip ist jede Matrix eine Blockmatrix. Dies ist rein interpretatorisch. Manchmal lassen sich gewisse Strukturen in einer Matrix ausnutzen, z. B. um Rechengesetze auszunutzen oder für Notationen.

In einer Blockmatrix verstecken sich sozusagen kleinere Matrizen, die die eigentliche Matrix wie in einem Baukasten zusammensetzen. Deutlich wird das an einem Beispiel:

$$\mathbf{A} = \begin{pmatrix} 1 & 0 & 0 & 0 \\ 0 & 1 & 0 & 0 \\ 0 & 0 & 1 & 2 \\ 0 & 0 & 3 & 4 \end{pmatrix} = \begin{pmatrix} \mathbf{E}_2 & \mathbf{0}_2 \\ \mathbf{0}_2 & \mathbf{B} \end{pmatrix} \quad \text{mit} \quad \mathbf{B} = \begin{pmatrix} 1 & 2 \\ 3 & 4 \end{pmatrix}$$

Orthogonalmatrix

Eine Matrix ist eine Orthogonalmatrix, wenn folgende Beziehung gilt:

$$\mathbf{A}\mathbf{A}^{\mathrm{T}} = \mathbf{E} \quad \Leftrightarrow \quad \mathbf{A}^{\mathrm{T}} = \mathbf{A}^{-1} \tag{1.21}$$

$$\mathbf{A} = \frac{1}{\sqrt{5}}\begin{pmatrix} 1 & 0 & -2 \\ 0 & 5 & 0 \\ 2 & 0 & 1 \end{pmatrix}, \ \mathbf{A}^{\mathrm{T}} = \frac{1}{\sqrt{5}}\begin{pmatrix} 1 & 0 & 2 \\ 0 & 5 & 0 \\ -2 & 0 & 1 \end{pmatrix}, \ \mathbf{A}\mathbf{A}^{\mathrm{T}} = \frac{1}{5}\begin{pmatrix} 5 & 0 & 0 \\ 0 & 5 & 0 \\ 0 & 0 & 5 \end{pmatrix} = \mathbf{E}_3$$

Achtung: Um das Folgende über diese Art Matrix zu verstehen, benötigst du schon weiterführendes Wissen aus Kapitel 1.6.1, 1.7.8 und 1.8.

Die Spaltenvektoren (und auch Zeilenvektoren) einer Orthogonalmatrix bilden eine Orthonormalbasis. Als Abbildungsmatrix verwendet, können sie Drehungen und/oder Spiegelungen von Vektoren bewirken. In diesem Zusammenhang werden die Matrizen auch

- **Drehmatrix** (Determinante = +1)
- **Drehspiegelmatrix** (Determinante = −1)

genannt.

Der Begriff Ortho*gonal*matrix ist etwas irreführend in Bezug zur Ortho*normal*basis, welche die Spaltenvektoren bilden. Dies ist jedoch kein Schreibfehler!

1.2 Lineare Gleichungssysteme

Wir werden uns in diesem Lernheft nahezu komplett mit linearen Gleichungssystemen (LGS) beschäftigen, in denen lediglich reelle Zahlen auftreten. Sollte dies einmal nicht der Fall sein (also auch komplexe Zahlen vorkommen), so weisen wir ausdrücklich darauf hin.

1.2.1 Definition

Lineare Gleichungssysteme sind allgemein eine Menge von linearen Gleichungen, die mindestens eine Unbekannte enthalten. Sie sind nach folgendem Schema aufgebaut:

$$\left\{\begin{array}{ccccccccc} a_{11}x_1 & + & a_{12}x_2 & + & \cdots & + & a_{1n}x_n & = & b_1 \\ a_{21}x_1 & + & a_{22}x_2 & + & \cdots & + & a_{2n}x_n & = & b_2 \\ \vdots & + & \vdots & + & \vdots & + & \vdots & = & \vdots \\ a_{m1}x_1 & + & a_{m2}x_2 & + & \cdots & + & a_{mn}x_n & = & b_m \end{array}\right. \tag{1.22}$$

Die $x_{1,\ldots,n} \in \mathbb{R}$ sind dabei die *Variablen*, die ermittelt werden sollen. Im Allgemeinen tauchen diese in jeder Gleichung des LGS auf. Dadurch sind die Gleichungen miteinander gekoppelt und können nicht unabhängig voneinander gelöst werden.

Die $a_{11,\ldots,mn} \in \mathbb{R}$ sind die *Koeffizienten* vor den Variablen. Sollte in einer Gleichung des LGS eine Unbekannte nicht auftauchen, die in anderen Gleichungen jedoch vorhanden ist, ist in dieser allgemeinen Schreibweise der Koeffizient natürlich Null.

Die $b_{1,\ldots,m} \in \mathbb{R}$ sind die *Ergebnisse* der einzelnen Gleichungen. Hier unterscheiden wir die folgenden zwei Fälle:

LGS: homogen und inhomogen

- Sind alle $b_{1,\ldots,m} = 0$, ist es ein *homogenes* LGS
- Ansonsten ist es ein *inhomogenes* LGS

Die Unterscheidung ist sehr wichtig, da die Begriffe immer wieder auftauchen.

Beispiel eines inhomogenen LGS mit 4 Gleichungen und 4 Unbekannten und wie es auf die Form (1.22) gebracht wird.

$$\left\{\begin{array}{ccccccc} 2x_1 & + & 5x_2 & + & x_4 & = & 2 \\ 3x_1 & - & 2x_2 & + & \pi x_3 & = & 1 \\ -\frac{1}{3}x_2 & + & x_3 & - & 8x_4 & = & e \\ -x_1 & + & 4x_3 & - & \frac{1}{2}x_4 & = & 0 \end{array}\right. \leadsto \left\{\begin{array}{ccccccccc} 2x_1 & + & 5x_2 & + & 0x_3 & + & x_4 & = & 2 \\ 3x_1 & - & 2x_2 & + & \pi x_3 & + & 0x_4 & = & 1 \\ 0x_1 & - & \frac{1}{3}x_2 & + & x_3 & - & 8x_4 & = & e \\ -x_1 & + & 0x_2 & + & 4x_3 & - & \frac{1}{2}x_4 & = & 0 \end{array}\right.$$

Wie wir sehen, können als Koeffizienten alle möglichen reellen Zahlen auftauchen. Um im späteren Verlauf die Lösungen, Sachzusammenhänge usw. besser darzustellen, werden wir uns bei den Koeffizienten auf einfache, auf die Themen zutreffende Zahlenbeispiele beschränken.

1.2.2 Rechenregeln

Unter Rechenregeln verstehen wir hier Rechenoperationen, mit denen die Lösungsmenge des LGS nicht verändert wird.

Wie bei einer alleinstehenden Gleichung dürfen natürlich die einzelnen Gleichungen eines LGS nach allen Regeln der Mathematik durch Äquivalenzumformungen manipuliert werden. Zum Lösen eines LGS benötigen wir allerdings ganz besonders die folgenden Regeln:

- Die einzelnen Gleichungen dürfen in ihrer Reihenfolge vertauscht werden. Da am Ende alle Gleichungen gleichzeitig erfüllt sein müssen, ist es völlig egal, in welcher Reihenfolge diese stehen.
- Jede Gleichung darf mit einer Zahl ungleich Null multipliziert werden. Dies stellt eigentlich nichts dar, was du nicht schon weißt. Dass die Zahl ungleich Null sein muss, ist sehr wichtig. Denn falls wir mit Null multiplizieren, erhalten wir eine Gleichung $0 = 0$. Das ist (abstrakt) eine wahre Aussage, völlig egal, wie die Gleichung vorher aussah. Wir haben also Informationen verloren und damit das LGS in einer unzulässigen Art und Weise verändert.
- Das Vielfache einer Zeile zu einer anderen Zeile hinzuaddieren. Hier gibt es an das „Vielfache“ keine Einschränkung. Wir dürften eine Gleichung also auch mit Null multiplizieren und zu einer anderen hinzu addieren. Dies hat zwar keinen Mehrwert, ist aber erlaubt.

> Diese drei Regeln beruhen mathematisch darauf, dass an das LGS in Matrix-Vektor-Schreibweise (siehe unten) Elementarmatrizen heran multipliziert werden. Da die Elementarmatrizen alle invertierbar sind, ist jede Multiplikation eine Äquivalenzumformung und ändert die Lösungsmenge des LGS nicht. Du darfst dir aber normalerweise die oben beschriebenen Regeln merken und damit verfahren.

Vom LGS zur Matrix

Weniger eine Rechenregel als eine andere Schreibweise, ist die Notation eines LGS in der viel übersichtlicheren *Matrix-Vektor-Schreibweise*:

$$\mathbf{A}\cdot\vec{x} = \underbrace{\begin{pmatrix} a_{11} & a_{12} & \cdots & a_{1n} \\ a_{21} & a_{22} & \cdots & a_{2n} \\ \vdots & \vdots & \ddots & \vdots \\ a_{m1} & a_{m2} & \cdots & a_{mn} \end{pmatrix}}_{\text{Koeffizientenmatrix } \mathbf{A}} \cdot \begin{pmatrix} x_1 \\ x_2 \\ \vdots \\ x_n \end{pmatrix} = \begin{pmatrix} b_1 \\ b_2 \\ \vdots \\ b_m \end{pmatrix} = \vec{b} \tag{1.23}$$

Ab diesem Zeitpunkt werden wir uns ausschließlich dieser Schreibweise widmen. Sämtliche Aussagen, Vorgehensweisen, Zusammenhänge usw. lassen sich nämlich allein mit Hilfe der Koeffizientenmatrix (und des Ergebnisvektors) erschließen. Lediglich beim Angeben der Lösungsmenge des LGS werden die Unbekannten natürlich noch benötigt. Wenn wir ein LGS allgemein in der Form $\mathbf{A}\vec{x} = \vec{b}$ angeben (siehe Gleichung (1.23)), dann reicht es aus, die Dimension der Matrix $\mathbf{A}$ anzugeben. Daraus ist die Dimension von $\vec{x}$ und $\vec{b}$ schon eindeutig bestimmt (vgl. Matrix-Multiplikation, S.11).

Lösungsmengen

Die Lösungsmengen eines LGS werden abstrakt folgendermaßen notiert (Koeff.mat. $\mathbf{A} \in \mathbb{R}^{m\times n}$):

$$\text{Homogenes LGS:} \quad \mathbb{L} = \mathbb{L}_{hom} = \left\{\vec{x} \in \mathbb{R}^n \mid \mathbf{A}\vec{x} = \vec{0}\right\} \tag{1.24}$$

$$\text{Inhomogenes LGS:} \quad \mathbb{L} = \left\{\vec{x} \in \mathbb{R}^n \mid \mathbf{A}\vec{x} = \vec{b}\right\} \tag{1.25}$$

1.2.3 Lösbarkeit eines LGS

Für die Lösung eines LGS solltest du dir folgende Kategorisierungen merken.

Kategorisierung – allgemeine Lösbarkeit

Wenn ein LGS $\mathbf{A}\vec{x} = \vec{b}$ mit $\mathbf{A} \in \mathbb{R}^{m \times n}$ ganz allgemein gegeben ist, können zunächst folgende Fälle eintreten:

1. Das LGS ist *eindeutig* lösbar
2. Das LGS ist *nicht eindeutig* lösbar

Im Fall der eindeutigen Lösbarkeit ist die Sache klar: Ein einziger Vektor $\vec{x}$ löst das LGS! Im Fall der nicht eindeutigen Lösung wird weiter unterteilt.

Wenn das LGS nicht eindeutig lösbar ist, können folgende Fälle eintreten:

2.1 Das LGS ist *mehrdeutig* lösbar

2.2 Das LGS ist *unlösbar*

Im Fall der mehrdeutigen Lösbarkeit gibt es automatisch insgesamt unendlich viele $\vec{x}$, die das LGS lösen. Das hört sich für dich vielleicht erst einmal etwas suspekt an. Im Fall, dass das LGS unlösbar ist, gibt es natürlich kein $\vec{x}$, welches das LGS löst.

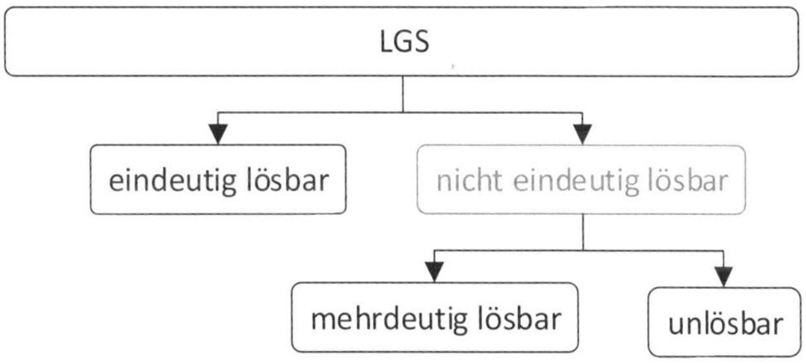

Diese Unterteilung der Lösbarkeit hilft uns dabei, weiterführende Zusammenhänge in diesem Gesamtkapitel richtig einzuordnen und zu verstehen. Andere Lehrbücher und Uni-Skripte geben oft nur die Unterteilung eindeutig-, mehrdeutig- und unlösbar an, ohne die Abstufung wie in diesem Buch. Das ist unserer Meinung nach nicht förderlich für dich!

Kategorisierung – LGS homogen oder inhomogen

Die folgende Unterteilung dürfte für dich ziemlich einfach zu durchschauen sein:

- Homogene LGS können eindeutig- oder mehrdeutig lösbar sein. Unlösbar sind sie nie, da $\vec{x} = 0$ auf jeden Fall immer eine Lösung ist
- Inhomogene LGS können eindeutig-, mehrdeutig- oder unlösbar sein

Nicht ganz so ersichtlich dürfte das Folgende (aber später zum Verständnis beitragend Wichtige) sein:

- **Wenn ein homogenes LGS eindeutig lösbar ist, dann ist das zugehörige inhomogene LGS entweder eindeutig oder unlösbar.**
- **Wenn ein homogenes LGS mehrdeutig lösbar ist, dann ist das zugehörige inhomogene LGS entweder mehrdeutig oder unlösbar.**

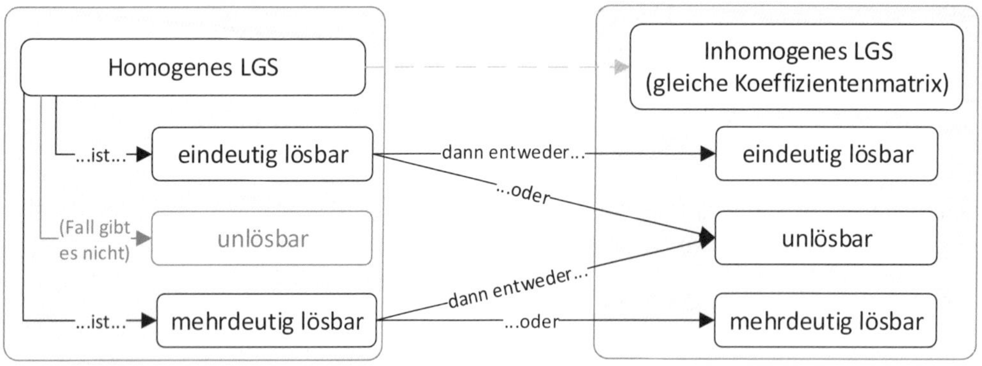

Die Schlussfolgerungen haben etwas damit zu tun, ob die Spaltenvektoren der Matrix linear abhängig oder linear unabhängig sind.

Kategorisierung – Dimension der Koeffizientenmatrix

Wir wollen dir hier vorab noch eine weitere Unterteilungsart zur Lösbarkeit eines LGS zeigen. Anhand der Dimension der Koeffizientenmatrix und des Ergebnisvektors kann dahingehend schon evtl. eine Voraussage getroffen werden. Welche Fälle bei einem LGS $\mathbf{A}\vec{x} = \vec{b}$ mit $\mathbf{A} \in \mathbb{R}^{m \times n}$ vorliegen können, siehst du hier (mit: ✔ Fall kann eintreten und: ✘ Fall kann nicht eintreten):

- Matrix **A** mit gleicher Zeilen- und Spaltenanzahl ($m = n$, **A** ist quadratisch)

LGS	genau eine Lösung	keine Lösung	∞ viele Lösungen
homogen	✔ (nämlich $\vec{x} = 0$)	✘	✔
inhomogen	✔	✔	✔

- Matrix **A** mit mehr Zeilen als Spalten ($m > n$)

LGS	genau eine Lösung	keine Lösung	∞ viele Lösungen
homogen	✔ (nämlich $\vec{x} = 0$)	✘	✔
inhomogen	✔	✔	✔

- Matrix **A** mit weniger Zeilen als Spalten ($m < n$)

LGS	genau eine Lösung	keine Lösung	∞ viele Lösungen
homogen	✘	✘	✔
inhomogen	✘	✔	✔

Warum bei dieser Art der Koeffizientenmatrix nicht genau eine Lösung eintreten kann, sollte dir später noch aus verschiedenen Blickwinkeln klar werden!

1.2.4 Gauß-Algorithmus

Zum Lösen eines LGS benutzen wir in der Regel den Gauß-Algorithmus (auch Gauß'sches Eliminationsverfahrens genannt), d. h. wir verrechnen die einzelnen Zeilen derart, dass aus dem ursprünglichen LGS eine so genannte *Zeilen-Stufenform (ZSF)* wird, aus der sich die Variablen durch *Rückwärtseinsetzen* sehr schnell ermitteln lassen. Während des Algorithmus sind folgende Operationen erlaubt (vergleiche hier auch Kapitel 1.2.2):

Gauß-Algorithmus

- Zeilenvertauschungen
- Zeile mit einer Zahl ungleich Null multiplizieren
- Das Vielfache einer Zeile zu einer anderen Zeile hinzuaddieren

Terme eliminieren zu Null

Wir notieren dabei die Kurzschreibweise:

$$\mathbf{A}\vec{x} = \vec{b} \quad \rightsquigarrow \quad (\mathbf{A}|\vec{b}) \tag{1.26}$$

Von ZSF Rückwärtseinsetzen

$(\mathbf{A}|\vec{b})$ wird auch die *erweiterte Koeffizientenmatrix* genannt.

Das allgemeine Verfahren sieht folgendermaßen aus:

1. Starte, wenn Eintrag $a_{11} \neq 0$ ist (wenn $a_{11} = 0$ gilt, dann tausche Zeilen. Falls nun in der ersten Spalte nur Nullen stehen, beginne in der zweiten Spalte mit a_{12}, usw.).
2. Zeile 1 bis Zeile m verrechnen, dass alle $a_{21}, \dots, a_{m1} = 0$ sind:
$$\left(\begin{array}{ccccc|c} a_{11} & a_{12} & a_{13} & \cdots & a_{1n} & b_1 \\ a_{21} & a_{22} & a_{23} & \cdots & a_{2n} & b_2 \\ a_{31} & a_{32} & a_{33} & \cdots & a_{3n} & b_3 \\ \vdots & \vdots & \vdots & \ddots & \vdots & \vdots \\ a_{m1} & a_{m2} & a_{m3} & \cdots & a_{mn} & b_m \end{array}\right) \rightsquigarrow \left(\begin{array}{ccccc|c} a_{11} & a_{12} & a_{13} & \cdots & a_{1n} & b_1 \\ 0 & a^*_{22} & a^*_{23} & \cdots & a^*_{2n} & b^*_2 \\ 0 & a^*_{32} & a^*_{33} & \cdots & a^*_{3n} & b^*_3 \\ \vdots & \vdots & \vdots & \ddots & \vdots & \vdots \\ 0 & a^*_{m2} & a^*_{m3} & \cdots & a^*_{mn} & b^*_m \end{array}\right)$$
3. Zeile 2 bis Zeile m verrechnen, dass alle $a^*_{32}, \dots, a^*_{m2} = 0$ sind:
$$\left(\begin{array}{ccccc|c} a_{11} & a_{12} & a_{13} & \cdots & a_{1n} & b_1 \\ 0 & a^*_{22} & a^*_{23} & \cdots & a^*_{2n} & b^*_2 \\ 0 & a^*_{32} & a^*_{33} & \cdots & a^*_{3n} & b^*_3 \\ \vdots & \vdots & \vdots & \ddots & \vdots & \vdots \\ 0 & a^*_{m2} & a^*_{m3} & \cdots & a^*_{mn} & b^*_m \end{array}\right) \rightsquigarrow \left(\begin{array}{ccccc|c} a_{11} & a_{12} & a_{13} & \cdots & a_{1n} & b_1 \\ 0 & a^*_{22} & a^*_{23} & \cdots & a^*_{2n} & b^*_2 \\ 0 & 0 & a^{**}_{33} & \cdots & a^{**}_{3n} & b^{**}_3 \\ \vdots & \vdots & \vdots & \ddots & \vdots & \vdots \\ 0 & 0 & a^{**}_{m3} & \cdots & a^{**}_{mn} & b^{**}_m \end{array}\right)$$
4. Zeile 3 bis Zeile m verrechnen, usw.
5. Schritte wiederholen, bis eine ZSF der Matrix erreicht ist.
6. $\vec{x}$ durch Rückwärtseinsetzen bestimmen.

Um Rechenfehler zu vermeiden, solltest du die drei Tipps befolgen:

1. **Strukturiertes Lösen des LGS (sich an den Gauß-Alg. halten)**
2. **Brüche innerhalb der Koeffizientenmatrix solange es möglich ist vermeiden**
3. **Zeilen immer addieren (Zeile $\cdot(-1)$ nehmen und addieren ist besser als subtrahieren, da du so nicht auf die Reihenfolge dieser Verrechnung achten musst)**

Löse das LGS: $\begin{cases} 2x_1 + x_3 = 8 \\ 4x_1 + x_2 - x_3 = 11 \\ -3x_1 + 2x_2 + x_3 = -5 \end{cases}$

$$\mathbf{A}\vec{x} = \vec{b} \rightsquigarrow \left(\begin{array}{ccc|c} 2 & 0 & 1 & 8 \\ 4 & 1 & -1 & 11 \\ -3 & 2 & 1 & -5 \end{array}\right) \begin{array}{l} |\cdot(-2) \quad |\cdot 3 \\ | \leftarrow + \\ |\cdot 2 \leftarrow + \end{array}$$

$$\rightsquigarrow \left(\begin{array}{ccc|c} 2 & 0 & 1 & 8 \\ 0 & 1 & -3 & -5 \\ 0 & 4 & 5 & 14 \end{array}\right) \begin{array}{l} \\ |\cdot(-4) \\ | \leftarrow + \end{array} \rightsquigarrow \left(\begin{array}{ccc|c} 2 & 0 & 1 & 8 \\ 0 & 1 & -3 & -5 \\ 0 & 0 & 17 & 34 \end{array}\right)$$

$\overset{\text{3. Komp.}}{\Rightarrow}$ $17x_3 = 34 \Rightarrow x_3 = 2$

$\overset{\text{2. Komp.}}{\Rightarrow}$ $x_2 - 3x_3 = -5 \overset{x_3=2}{\Rightarrow} x_2 - 6 = -5 \Rightarrow x_2 = 1$

$\overset{\text{1. Komp.}}{\Rightarrow}$ $2x_1 + x_3 = 8 \overset{x_3=2}{\Rightarrow} 2x_1 + 2 = 8 \Rightarrow x_1 = 3$

$\mathbb{L} = \left\{(3,1,2)^{\mathsf{T}}\right\}$ (eindeutig lösbar)

Die 2, 1 und 17 (auf der Hauptdiagonalen) werden auch *führende Einsen* genannt, da sie an den Treppenstufen der ZSF stehen.

Löse das LGS: $\begin{cases} x_1 + 4x_2 + 9x_3 = 18 \\ -x_1 + 2x_2 + 3x_3 = 6 \\ 3x_2 + 6x_3 = 12 \end{cases}$

$$\mathbf{A}\vec{x} = \vec{b} \rightsquigarrow \left(\begin{array}{ccc|c} 1 & 4 & 9 & 18 \\ -1 & 2 & 3 & 6 \\ 0 & 3 & 6 & 12 \end{array}\right) \begin{array}{l} | \\ | \leftarrow + \\ \end{array} \rightsquigarrow \left(\begin{array}{ccc|c} 1 & 4 & 9 & 18 \\ 0 & 6 & 12 & 24 \\ 0 & 3 & 6 & 12 \end{array}\right) \begin{array}{l} \\ | \\ |\cdot(-2) \leftarrow + \end{array}$$

$$\rightsquigarrow \left(\begin{array}{ccc|c} 1 & 4 & 9 & 18 \\ 0 & 6 & 12 & 24 \\ 0 & 0 & 0 & 0 \end{array}\right)$$

$\overset{\text{3. Komp.}}{\Rightarrow}$ $0x_3 = 0 \Rightarrow x_3 \in \mathbb{R}$ ($\Rightarrow$ mehrdeutig lösbar)

$\overset{\text{2. Komp.}}{\Rightarrow}$ $6x_2 + 12x_3 = 24 \Rightarrow x_2 + 2x_3 = 4 \Rightarrow x_2 = 4 - 2x_3$

$\overset{\text{1. Komp.}}{\Rightarrow}$ $x_1 + 4x_2 + 9x_3 = 18 \Rightarrow x_1 + 4(4 - 2x_3) + 9x_3 = 18$

$\Rightarrow x_1 + 16 - 8x_3 + 9x_3 = 18 \Rightarrow x_1 = 2 - x_3$

$$\mathbb{L} = \left\{(2 - x_3, 4 - 2x_3, x_3)^{\mathsf{T}} \mid x_3 \in \mathbb{R}\right\} = \left\{(2,4,0)^{\mathsf{T}} + x_3 \cdot (-1,-2,1)^{\mathsf{T}} \mid x_3 \in \mathbb{R}\right\}$$

Die 1 und 6 sind die führenden Einsen dieser ZSF, da sie an den Treppenstufen der ZSF stehen.

Löse das LGS: $\begin{cases} x_1 + 4x_2 + 9x_3 = 18 \\ -x_1 + 2x_2 + 3x_3 = 6 \\ 3x_2 + 6x_3 = 10 \end{cases}$

$$\mathbf{A}\vec{x} = \vec{b} \rightsquigarrow \left(\begin{array}{ccc|c} 1 & 4 & 9 & 18 \\ -1 & 2 & 3 & 6 \\ 0 & 3 & 6 & 10 \end{array}\right) \begin{array}{l} | \\ | \leftarrow + \\ \end{array} \rightsquigarrow \left(\begin{array}{ccc|c} 1 & 4 & 9 & 18 \\ 0 & 6 & 12 & 24 \\ 0 & 3 & 6 & 10 \end{array}\right) \begin{array}{l} \\ | \\ | \cdot (-2) \leftarrow + \end{array}$$

$$\rightsquigarrow \left(\begin{array}{ccc|c} 1 & 4 & 9 & 18 \\ 0 & 6 & 12 & 24 \\ 0 & 0 & 0 & 4 \end{array}\right)$$

$$\overset{3.\text{ Komp.}}{\Rightarrow} \quad 0x_3 = 4 \quad \Rightarrow \quad 0 = 4 \;\lightning \qquad \text{(unlösbar)}$$

$$\mathbb{L} = \{\}$$

Die 1 und 6 sind die führenden Einsen dieser ZSF, da sie an den Treppenstufen der ZSF stehen.

Für die Lösbarkeit können wir auch über den Rang der Koeffizientenmatrix **A** und der erweiterten Koeffizientenmatrix $(\mathbf{A}|\vec{b})$ argumentieren (stimmen diese überein, ist das LGS lösbar). Für Rang, siehe Kap. 1.7.4, S. 58.

1.2.5 Alternative Lösungsverfahren

Neben dem Gauß-Algorithmus gibt es noch verschiedene, alternative Möglichkeiten, ein LGS zu lösen. Achtung! Für manche Methoden benötigst du *Wissen aus Kapiteln, die in diesem Buch noch folgen* werden.

Cramersche Regel

Die Cramersche Regel können wir nutzen, um mit Hilfe der Determinante die (eindeutige) Lösung eines LGS mit quadratischer Koeffizientenmatrix zu bestimmen.

det(2x2-Matrix), Anwendung Determinante: Cramersche Regel, 2x2 LGS lösen

Wenn ein LGS $\mathbf{A}\vec{x} = \vec{b}$ mit quadratischer $(n \times n)$ Matrix $\mathbf{A} = (\vec{a_1}\vec{a_2}\dots\vec{a_n})$ (die $\vec{a_{\dots}}$ sind Spaltenvektoren) gegeben ist und wir noch die folgenden Matrizen definieren:

$$\mathbf{A}_1 := (\vec{b}\,\vec{a_2}\dots\vec{a_n}), \quad \mathbf{A}_2 := (\vec{a_1}\,\vec{b}\dots\vec{a_n}), \quad \dots, \quad \mathbf{A}_n := (\vec{a_1}\vec{a_2}\dots\vec{b}) \tag{1.27}$$

(bei $\mathbf{A}_1$ ist der erste Spaltenvektor durch den Ergebnisvektor ersetzt worden, usw.), dann lässt sich die Lösung nur mit Determinantenberechnungen angeben.

1. det(**A**) bestimmen. Ist det(**A**) = 0, hat das LGS keine eindeutige Lösung (Abbruch!). Ist det(**A**) $\neq$ 0, weiter mit 2)
2. $\det(\mathbf{A}_1), \det(\mathbf{A}_2), \dots, \det(\mathbf{A}_n)$ bestimmen
3. Lösung des LGS ist:

$$x_1 = \frac{\det(\mathbf{A}_1)}{\det(\mathbf{A})},\ x_2 = \frac{\det(\mathbf{A}_2)}{\det(\mathbf{A})},\ \dots x_n = \frac{\det(\mathbf{A}_n)}{\det(\mathbf{A})} \tag{1.28}$$

det(3x3-Matrix), Anwendung Determinante: Cramersche Regel, 3x3 LGS lösen

Im Allgemeinen ist dieser Lösungsweg nicht zu empfehlen. Der Rechenaufwand ist viel zu hoch, als dass du die Cramersche Regel dem Gauß-Algorithmus vorziehen solltest!

LGS lösen durch Inverse

Lösen des LGS durch Inverse der Koeffizientenmatrix

Besitzt ein LGS eine Koeffizientenmatrix **A** von der die Inverse $\mathbf{A}^{-1}$ bekannt ist, so kann diese natürlich genutzt werden, um das LGS auf $\vec{x}$ aufzulösen:

$$\mathbf{A}\vec{x} = \vec{b} \quad \Leftrightarrow \quad \underbrace{\mathbf{A}^{-1}\mathbf{A}}_{=\mathbf{E}_n}\vec{x} = \mathbf{A}^{-1}\vec{b} \quad \Leftrightarrow \quad \mathbf{E}_n\vec{x} = \mathbf{A}^{-1}\vec{b} \quad \Leftrightarrow \quad \vec{x} = \mathbf{A}^{-1}\vec{b} \tag{1.29}$$

> Wenn lediglich die Lösung eines LGS gesucht ist, versuche nicht zuerst die Inverse zu bestimmen. Das ist ein viel zu langer Rechenweg.

1.3 Inverse einer Matrix

Die Inverse $\mathbf{A}^{-1}$ einer quadratischen Matrix **A** ist eine Matrix, für die Folgendes gilt:

$$\mathbf{A}\mathbf{A}^{-1} = \mathbf{E}_n = \mathbf{A}^{-1}\mathbf{A} \tag{1.30}$$

Ist eine Matrix **A** invertierbar (also wenn $\mathbf{A}^{-1}$ existiert), ist sie *regulär*, andernfalls *singulär*.

1.3.1 Rechenregeln

Alle hier aufgeführten Rechenregeln gelten natürlich nur, wenn die Rechnung aufgrund der Dimension der Matrix überhaupt durchführbar ist. Großbuchstaben stellen Matrizen dar und λ eine reelle Zahl ($\lambda \in \mathbb{R}$).

$$\left(\mathbf{A}^{-1}\right)^{-1} = \mathbf{A} \tag{1.31}$$

$$(\lambda \cdot \mathbf{A})^{-1} = \lambda^{-1} \cdot \mathbf{A}^{-1} = \frac{1}{\lambda} \cdot \mathbf{A}^{-1} \tag{1.32}$$

$$(\mathbf{AB})^{-1} = \mathbf{B}^{-1}\mathbf{A}^{-1} \tag{1.33}$$

$$\left(\mathbf{A}^{\mathrm{T}}\right)^{-1} = \left(\mathbf{A}^{-1}\right)^{\mathrm{T}} \tag{1.34}$$

Außerdem dürfen wir an eine Gleichung nur invertierbare Matrizen per Äquivalenzumformung heran multiplizieren. Es gilt also:

$$\mathbf{A} \text{ und } \mathbf{B} \text{ sind invertierbar} \quad \Leftrightarrow \quad \mathbf{AB} \text{ ist invertierbar.} \tag{1.35}$$

Wegen (1.8) müssen wir dabei aber auf die Multiplikationsrichtung achten!

> Löse die Gleichung **AXB** = **E** nach der Matrix **X** auf. Wenn **A** und **B** invertierbare Matrizen sind, dann gilt:
>
> $$\mathbf{AXB} = \mathbf{E} \quad \Leftrightarrow \quad \underbrace{\mathbf{A}^{-1}\mathbf{A}}_{=\mathbf{E}}\mathbf{X}\underbrace{\mathbf{B}\mathbf{B}^{-1}}_{=\mathbf{E}} = \mathbf{A}^{-1}\mathbf{E}\mathbf{B}^{-1} \quad \Leftrightarrow \quad \mathbf{X} = \mathbf{A}^{-1}\mathbf{B}^{-1} \; \left(\neq \mathbf{B}^{-1}\mathbf{A}^{-1}\right)$$
>
> Hier wurden also $\mathbf{A}^{-1}$ von links und $\mathbf{B}^{-1}$ von rechts an die Terme der Gleichung multipliziert.

1.3.2 Berechnung durch Gauß-Jordan-Algorithmus

Der Gauß-Jordan-Algorithmus ist im Prinzip nur eine Erweiterung des eigentlichen Gauß-Algorithmus (Seite 21):

Gauß-Jordan-Algorithmus

Inverse berechnen mit Gauß-Jordan-Algorithmus

1. Wir notieren: $\mathbf{AA}^{-1} = \mathbf{E} \rightsquigarrow (\mathbf{A}|\mathbf{E})$
2. Führe den Gauß-Algorithmus an der Matrix **A** durch, bis links eine ZSF der Matrix vorliegt

   Entsteht hierbei mindestens eine Nullzeile, ist die Matrix nicht invertierbar!

3. Führe den Gauß-Algorithmus an der Matrix **A** umgedreht (von unten nach oben) durch, bis die Matrix eine Diagonalmatrix ist
4. Teile jede Zeile durch die entsprechende Zahl auf der Hauptdiagonalen, sodass links die Einheitsmatrix steht
5. Es gilt jetzt: ... $\rightsquigarrow (\mathbf{E}|\mathbf{A}^{-1})$

Hieraus lässt sich etwas Wichtiges für den Gesamtzusammenhang schließen:

Lässt sich eine quadratische Matrix in eine ZSF ohne Nullzeile überführen, dann hat die Matrix eine Inverse!

Berechne die Inverse zur Matrix $\mathbf{A} = \begin{pmatrix} 1 & 2 & 0 \\ 2 & 4 & 1 \\ 2 & 1 & 0 \end{pmatrix}$. Also $\mathbf{AA}^{-1} = \mathbf{E}_3 \rightsquigarrow (\mathbf{A}|\mathbf{E}_3)$

$$\rightsquigarrow \left(\begin{array}{ccc|ccc} 1 & 2 & 0 & 1 & 0 & 0 \\ 2 & 4 & 1 & 0 & 1 & 0 \\ 2 & 1 & 0 & 0 & 0 & 1 \end{array}\right) \begin{array}{l} |\cdot(-2) \\ | \leftarrow + \\ | \leftarrow + \end{array} \rightsquigarrow \left(\begin{array}{ccc|ccc} 1 & 2 & 0 & 1 & 0 & 0 \\ 0 & 0 & 1 & -2 & 1 & 0 \\ 0 & -3 & 0 & -2 & 0 & 1 \end{array}\right) \begin{array}{l} \\ \leftarrow \\ \leftarrow \end{array}$$

$$\rightsquigarrow \left(\begin{array}{ccc|ccc} 1 & 2 & 0 & 1 & 0 & 0 \\ 0 & -3 & 0 & -2 & 0 & 1 \\ 0 & 0 & 1 & -2 & 1 & 0 \end{array}\right) \begin{array}{l} |\cdot 3 \leftarrow + \\ |\cdot 2 \\ \\ \end{array} \rightsquigarrow \left(\begin{array}{ccc|ccc} 3 & 0 & 0 & -1 & 0 & 2 \\ 0 & -3 & 0 & -2 & 0 & 1 \\ 0 & 0 & 1 & -2 & 1 & 0 \end{array}\right) \begin{array}{l} |\cdot(\frac{1}{3}) \\ |\cdot(-\frac{1}{3}) \\ \\ \end{array}$$

$$\rightsquigarrow \left(\begin{array}{ccc|ccc} 1 & 0 & 0 & -\frac{1}{3} & 0 & \frac{2}{3} \\ 0 & 1 & 0 & \frac{2}{3} & 0 & -\frac{1}{3} \\ 0 & 0 & 1 & -2 & 1 & 0 \end{array}\right) \Rightarrow \mathbf{A}^{-1} = \begin{pmatrix} -\frac{1}{3} & 0 & \frac{2}{3} \\ \frac{2}{3} & 0 & -\frac{1}{3} \\ -2 & 1 & 0 \end{pmatrix}$$

1.3.3 Inverse einer 2×2- und 3×3-Matrix

Für die Berechnung der Inversen einer 2×2-Matrix existiert eine (recht einfache) Formel, die du auf jeden Fall kennen solltest. Damit können wir die Inverse direkt angeben, ohne den allgemeinen Weg über den Gauß-Jordan-Algorithmus zu gehen.

Achtung! Hier taucht bereits der Begriff und die Notation der Determinante auf (siehe dazu Kapitel 1.8)

$$\mathbf{A} = \begin{pmatrix} a & b \\ c & d \end{pmatrix} \quad \Rightarrow \quad \mathbf{A}^{-1} = \frac{1}{\det(\mathbf{A})} \begin{pmatrix} d & -b \\ -c & a \end{pmatrix} = \frac{1}{ad - bc} \begin{pmatrix} d & -b \\ -c & a \end{pmatrix} \tag{1.36}$$

Inverse von $\mathbf{A} = \begin{pmatrix} 1 & -4 \\ 2 & -2 \end{pmatrix}$, $\mathbf{A}^{-1} = \frac{1}{-2+8} \begin{pmatrix} -2 & -(-4) \\ -(2) & 1 \end{pmatrix} = \frac{1}{6} \begin{pmatrix} -2 & 4 \\ -2 & 1 \end{pmatrix}$

Adjunkte einer Matrix

Kofaktor-Matrix

Die Formel für die Inverse einer 3×3-Matrix ist schon ein bisschen komplexer. Falls du dir Formeln gut merken kannst (über die Adjunkte der Matrix), benutze diese. Falls nicht, gehe lieber den Weg über Kapitel 1.3.2.

$$\mathbf{A} = \begin{pmatrix} a_{11} & a_{12} & a_{13} \\ a_{21} & a_{22} & a_{23} \\ a_{31} & a_{32} & a_{33} \end{pmatrix} \Rightarrow \mathbf{A}^{-1} = \frac{1}{\det(\mathbf{A})} \underbrace{\begin{pmatrix} \begin{vmatrix} a_{22} & a_{23} \\ a_{32} & a_{33} \end{vmatrix} & -\begin{vmatrix} a_{21} & a_{23} \\ a_{31} & a_{33} \end{vmatrix} & \begin{vmatrix} a_{21} & a_{22} \\ a_{31} & a_{32} \end{vmatrix} \\ -\begin{vmatrix} a_{12} & a_{13} \\ a_{32} & a_{33} \end{vmatrix} & \begin{vmatrix} a_{11} & a_{13} \\ a_{31} & a_{33} \end{vmatrix} & -\begin{vmatrix} a_{11} & a_{12} \\ a_{31} & a_{32} \end{vmatrix} \\ \begin{vmatrix} a_{12} & a_{13} \\ a_{22} & a_{23} \end{vmatrix} & -\begin{vmatrix} a_{11} & a_{13} \\ a_{21} & a_{23} \end{vmatrix} & \begin{vmatrix} a_{11} & a_{12} \\ a_{21} & a_{22} \end{vmatrix} \end{pmatrix}^{T}}_{= \operatorname{adj}(\mathbf{A})} \tag{1.37}$$

Die **Adj**unkte einer Matrix **A** (adj(**A**)) ist die Transponierte der Kofaktor-Matrix (cof(**A**)) (vgl. auch S. 69).

Bestimme die Inverse von $\mathbf{A} = \begin{pmatrix} 1 & 0 & -1 \\ 2 & 4 & 0 \\ 1 & 3 & 3 \end{pmatrix}$

$$\det(\mathbf{A}) = 1 \begin{vmatrix} 4 & 0 \\ 3 & 3 \end{vmatrix} - 1 \begin{vmatrix} 2 & 4 \\ 1 & 3 \end{vmatrix} = 1(12 - 0) - 1(6 - 4) = 12 - 2 = 10 \quad \text{(Entw. nach 1. Zeile)}$$

$$\operatorname{adj}(\mathbf{A}) = \begin{pmatrix} \begin{vmatrix} 4 & 0 \\ 3 & 3 \end{vmatrix} & -\begin{vmatrix} 2 & 0 \\ 1 & 3 \end{vmatrix} & \begin{vmatrix} 2 & 4 \\ 1 & 3 \end{vmatrix} \\ -\begin{vmatrix} 0 & -1 \\ 3 & 3 \end{vmatrix} & \begin{vmatrix} 1 & -1 \\ 1 & 3 \end{vmatrix} & -\begin{vmatrix} 1 & 0 \\ 1 & 3 \end{vmatrix} \\ \begin{vmatrix} 0 & -1 \\ 4 & 0 \end{vmatrix} & -\begin{vmatrix} 1 & -1 \\ 2 & 0 \end{vmatrix} & \begin{vmatrix} 1 & 0 \\ 2 & 4 \end{vmatrix} \end{pmatrix}^{T} = \begin{pmatrix} 12 & -6 & 2 \\ -3 & 4 & -3 \\ 4 & -2 & 4 \end{pmatrix}^{T} = \begin{pmatrix} 12 & -3 & 4 \\ -6 & 4 & -2 \\ 2 & -3 & 4 \end{pmatrix}$$

$$\mathbf{A}^{-1} = \frac{1}{10} \cdot \begin{pmatrix} 12 & -3 & 4 \\ -6 & 4 & -2 \\ 2 & -3 & 4 \end{pmatrix}$$

1.4 Vektorräume

Dies stellt allgemein bestimmt das abstrakteste Kapitel innerhalb dieses Lernheftes dar. Um das Konzept „Vektorraum“ zu verstehen, versuche deinen Kopf frei zu machen und aus deinen bekannten Rechenstrukturen auszubrechen. Denn hier geht es grob gesagt darum, neue Strukturen zu schaffen, sodass innerhalb dieser Struktur bestimmte Rechengesetze gelten und sie dann „Vektorraum“ genannt werden kann.

Vektorraum, was ist das?

1.4.1 Definition

Vektorraum Übersicht

> Ein Vektorraum ist eine algebraische Struktur (eine Menge mit Verknüpfungsgebilden). Die Elemente eines Vektorraums werden (abstrakt) Vektoren genannt. Sie können beliebig addiert oder mit Zahlen multipliziert werden, wobei das Ergebnis ein Vektor desselben Vektorraums ist.[2]

Wie im Prolog zu diesem Kapitel schon gewarnt wurde, so ist der Begriff „Vektor“ sehr viel allgemeiner gefasst, als du dir bisher vermutlich gemerkt hast. Es sind nicht lediglich die schön darstellbaren Pfeile aus dem $\mathbb{R}^2$ und $\mathbb{R}^3$.

Ganze Grundlagen Playlist über Verknüpfungsgebilde usw.

Die Elemente aus dem $\mathbb{R}^2$ und $\mathbb{R}^3$ (allg. aus dem $\mathbb{R}^n$) als DIE Vektoren zu bezeichnen, hat sich schlicht und einfach durchgesetzt, auch weil sie in der analytischen Geometrie anschaulich genutzt werden können.

Ein Vektorraum sieht abstrakt notiert so aus:

$$(V, \oplus, \odot) \tag{1.38}$$

wobei V eine Menge ist sowie $\oplus$ und $\odot$ Verknüpfungen sind.

Umgangssprachlich sagt man auch manchmal, dass V ein Vektorraum ist und lässt $\oplus$ und $\odot$ weg. Daher wirst du in Definitionen und Aufgaben oft lesen „Es sei V ein Vektorraum,...“.

Es existiert ein Vektorraum $(V, \oplus, \odot)$ über $\mathbb{R}$ (allgemein über Körper K[3]), mit:

Vektorraum „technisch“ definiert

- Menge $V = \{\dots\}$
- Innerer Verknüpfung $\oplus : V \times V \to V$ (Vektoraddition)

  d. h. es gilt: $\forall x, y \in V : x \oplus y \in V$

- Äußerer Verknüpfung $\odot : \mathbb{R} \times V \to V$ (skalare Multiplikation)

  d. h. es gilt: $\forall x \in V\ \forall \alpha \in \mathbb{R} : \alpha \odot x \in V$

Dann sagen wir: $(V, \oplus, \odot)$ ist Vektorraum über $\mathbb{R}$...
oder: $(V, \oplus, \odot)$ ist $\mathbb{R}$-Vektorraum...

...wenn die 8 Vektorraumaxiome gelten:

[2] vgl. Gerd Fischer: Lernbuch Lineare Algebra und Analytische Geometrie. Vieweg+Teubner, 2011

[3] „Körper“ ist ein Begriff für eine sogenannte algebraische Struktur, in welcher Addition, Subtraktion, Multiplikation und Division auf eine bestimmte Weise durchgeführt werden können. Wir belassen es hier bei dem Zahlenkörper $\mathbb{R}$

Axiome der Vektoraddition $\oplus$

1. $\forall x, y \in V : x \oplus y = y \oplus x$ (Kommutativgesetz)
2. $\forall x, y, z \in V : x \oplus (y \oplus z) = (x \oplus y) \oplus z$ (Assoziativgesetz)
3. $\exists 0 \in V \; \forall x \in V : x \oplus 0 = x$ (Existenz eines neutralen Elements)
4. $\forall x \in V \; \exists -x \in V : x \oplus -x = 0$ (Existenz eines inversen Elements)

Axiome der skalaren Multiplikation $\odot$

5. $\forall \alpha, \beta \in \mathbb{R} \; \forall x \in V : (\alpha + \beta) \odot x = (\alpha \odot x) \oplus (\beta \odot x)$ (Skalares Distributivgesetz)
6. $\forall \alpha \in \mathbb{R} \; \forall x, y \in V : \alpha \odot (x \oplus y) = (\alpha \odot x) \oplus (\alpha \odot y)$ (Vektorielles Distributivgesetz)
7. $\forall \alpha, \beta \in \mathbb{R} \; \forall x \in V : (\alpha \cdot \beta) \odot x = \alpha \odot (\beta \odot x)$ (Assoziativgesetz für Skalare)
8. $1 \in \mathbb{R} \; \forall x \in V : 1 \odot x = x$ (Neutrales Element bezüglich der skalaren Multiplikation)

Vektorraum Negativbeispiel

- $\mathbb{R}$, $\mathbb{R}^2$, $\mathbb{R}^3$,..., $\mathbb{R}^n$ sind Vektorräume.
- Die Menge aller Polynome bis zum Grad n ist ein Vektorraum.

Beispielhaft für $V = \mathbb{R}^2$:

$\oplus$ entspricht hier der Vektoraddition (Komponentenweise):

$$x \oplus y = \begin{pmatrix} x_1 \\ x_2 \end{pmatrix} \oplus \begin{pmatrix} y_1 \\ y_2 \end{pmatrix} = \begin{pmatrix} x_1 + y_1 \\ x_2 + y_2 \end{pmatrix}$$

$\odot$ entspricht hier der Skalarmultiplikation (vgl. Kapitel 1.1.2):

$$\lambda \odot x = \lambda \odot \begin{pmatrix} x_1 \\ x_2 \end{pmatrix} = \begin{pmatrix} \lambda \cdot x_1 \\ \lambda \cdot x_2 \end{pmatrix}$$

1. $\forall x, y \in V : x \oplus y = y \oplus x$. Also: $\forall \vec{x}, \vec{y} \in \mathbb{R}^2$:

$$\vec{x} \oplus \vec{y} = \begin{pmatrix} x_1 \\ x_2 \end{pmatrix} \oplus \begin{pmatrix} y_1 \\ y_2 \end{pmatrix} = \begin{pmatrix} x_1 + y_1 \\ x_2 + y_2 \end{pmatrix}$$
$$= \begin{pmatrix} y_1 + x_1 \\ y_2 + x_2 \end{pmatrix} = \begin{pmatrix} y_1 \\ y_2 \end{pmatrix} \oplus \begin{pmatrix} x_1 \\ x_2 \end{pmatrix} = \vec{y} \oplus \vec{x}$$

2. $\forall x, y, z \in V : x \oplus (y \oplus z) = (x \oplus y) \oplus z$. Also: $\forall \vec{x}, \vec{y}, \vec{z} \in \mathbb{R}^2$:

$$\vec{x} \oplus (\vec{y} \oplus \vec{z}) = \begin{pmatrix} x_1 \\ x_2 \end{pmatrix} \oplus \left(\begin{pmatrix} y_1 \\ y_2 \end{pmatrix} \oplus \begin{pmatrix} z_1 \\ z_2 \end{pmatrix} \right) = \begin{pmatrix} x_1 \\ x_2 \end{pmatrix} \oplus \begin{pmatrix} y_1 + z_1 \\ y_2 + z_2 \end{pmatrix}$$
$$= \begin{pmatrix} x_1 + y_1 + z_1 \\ x_2 + y_2 + z_2 \end{pmatrix} = \begin{pmatrix} x_1 + y_1 \\ x_2 + y_2 \end{pmatrix} \oplus \begin{pmatrix} z_1 \\ z_2 \end{pmatrix} = \left(\begin{pmatrix} x_1 \\ x_2 \end{pmatrix} \oplus \begin{pmatrix} y_1 \\ y_2 \end{pmatrix} \right) \oplus \begin{pmatrix} z_1 \\ z_2 \end{pmatrix} = (\vec{x} \oplus \vec{y}) \oplus \vec{z}$$

3. $\exists 0 \in V \; \forall x \in V : x \oplus 0 = x$. Also: $\exists \vec{0} \in \mathbb{R}^2 \; \forall \vec{x} \in \mathbb{R}^2 : \vec{x} \oplus \vec{0} = \vec{x}$:

$$\exists \begin{pmatrix} 0 \\ 0 \end{pmatrix} \in \mathbb{R}^2 \; \forall \begin{pmatrix} x_1 \\ x_2 \end{pmatrix} \in \mathbb{R}^2 : \begin{pmatrix} x_1 \\ x_2 \end{pmatrix} \oplus \begin{pmatrix} 0 \\ 0 \end{pmatrix} = \begin{pmatrix} x_1 + 0 \\ x_2 + 0 \end{pmatrix} = \begin{pmatrix} x_1 \\ x_2 \end{pmatrix}$$

4. $\forall x \in V \; \exists -x \in V : x \oplus -x = 0$. Also: $\forall \vec{x} \in \mathbb{R}^2 \; \exists -\vec{x} \in \mathbb{R}^2 : \vec{x} \oplus -\vec{x} = \vec{0}$:

$$\forall \begin{pmatrix} x_1 \\ x_2 \end{pmatrix} \in \mathbb{R}^2 \; \exists \begin{pmatrix} -x_1 \\ -x_2 \end{pmatrix} \in \mathbb{R}^2 : \begin{pmatrix} x_1 \\ x_2 \end{pmatrix} \oplus \begin{pmatrix} -x_1 \\ -x_2 \end{pmatrix} = \begin{pmatrix} x_1 + (-x_1) \\ x_2 + (-x_2) \end{pmatrix} = \begin{pmatrix} 0 \\ 0 \end{pmatrix}$$

5. $\forall \alpha, \beta \in \mathbb{R} \; \forall x \in V : (\alpha + \beta) \odot x = (\alpha \odot x) \oplus (\beta \odot x)$.
Also: $\forall \alpha, \beta \in \mathbb{R} \; \forall \vec{x} \in \mathbb{R}^2 : (\alpha + \beta) \odot \vec{x} = (\alpha \odot \vec{x}) \oplus (\beta \odot \vec{x})$:

$$(\alpha + \beta) \odot \begin{pmatrix} x_1 \\ x_2 \end{pmatrix} = \begin{pmatrix} (\alpha + \beta) \cdot x_1 \\ (\alpha + \beta) \cdot x_2 \end{pmatrix} = \begin{pmatrix} \alpha \cdot x_1 + \beta \cdot x_1 \\ \alpha \cdot x_2 + \beta \cdot x_2 \end{pmatrix}$$

$$= \begin{pmatrix} \alpha \cdot x_1 \\ \alpha \cdot x_2 \end{pmatrix} \oplus \begin{pmatrix} \beta \cdot x_1 \\ \beta \cdot x_2 \end{pmatrix} = \left(\alpha \odot \begin{pmatrix} x_1 \\ x_2 \end{pmatrix} \right) \oplus \left(\beta \odot \begin{pmatrix} x_1 \\ x_2 \end{pmatrix} \right)$$

6. $\forall \alpha \in \mathbb{R} \; \forall x, y \in V : \alpha \odot (x \oplus y) = (\alpha \odot x) \oplus (\alpha \odot y)$.
Also: $\forall \alpha \in \mathbb{R} \; \forall \vec{x}, \vec{x} \in \mathbb{R}^2 : \alpha \odot (\vec{x} \oplus \vec{y}) = (\alpha \odot \vec{x}) \oplus (\alpha \odot \vec{y})$:

$$\alpha \odot \left(\begin{pmatrix} x_1 \\ x_2 \end{pmatrix} \oplus \begin{pmatrix} y_1 \\ y_2 \end{pmatrix} \right) = \alpha \odot \begin{pmatrix} x_1 + y_1 \\ x_2 + y_2 \end{pmatrix} = \begin{pmatrix} \alpha \cdot (x_1 + y_1) \\ \alpha \cdot (x_2 + y_2) \end{pmatrix} = \begin{pmatrix} \alpha \cdot x_1 + \alpha \cdot y_1 \\ \alpha \cdot x_2 + \alpha \cdot y_2 \end{pmatrix}$$

$$= \begin{pmatrix} \alpha \cdot x_1 \\ \alpha \cdot x_2 \end{pmatrix} \oplus \begin{pmatrix} \alpha \cdot y_1 \\ \alpha \cdot y_2 \end{pmatrix} = \left(\alpha \odot \begin{pmatrix} x_1 \\ x_2 \end{pmatrix} \right) \oplus \left(\alpha \odot \begin{pmatrix} y_1 \\ y_2 \end{pmatrix} \right)$$

7. $\forall \alpha, \beta \in \mathbb{R} \; \forall x \in V : (\alpha \cdot \beta) \odot x = \alpha \odot (\beta \odot x)$.
Also: $\forall \alpha, \beta \in \mathbb{R} \; \forall \vec{x} \in \mathbb{R}^2 : (\alpha \cdot \beta) \odot \vec{x} = \alpha \odot (\beta \odot \vec{x})$:

$$(\alpha \cdot \beta) \odot \begin{pmatrix} x_1 \\ x_2 \end{pmatrix} = \begin{pmatrix} (\alpha \cdot \beta) \cdot x_1 \\ (\alpha \cdot \beta) \cdot x_2 \end{pmatrix} = \begin{pmatrix} \alpha \cdot (\beta \cdot x_1) \\ \alpha \cdot (\beta \cdot x_2) \end{pmatrix}$$

$$= \alpha \odot \begin{pmatrix} \beta \cdot x_1 \\ \beta \cdot x_2 \end{pmatrix} = \alpha \odot \left(\beta \odot \begin{pmatrix} x_1 \\ x_2 \end{pmatrix} \right)$$

8. $1 \in \mathbb{R} \; \forall x \in V : 1 \odot x = x$. Also: $1 \in \mathbb{R} \; \forall \vec{x} \in \mathbb{R}^2 : 1 \odot \vec{x} = \vec{x}$:

$$1 \in \mathbb{R} \; \forall \begin{pmatrix} x_1 \\ x_2 \end{pmatrix} \in \mathbb{R}^2 : 1 \odot \begin{pmatrix} x_1 \\ x_2 \end{pmatrix} = \begin{pmatrix} 1 \cdot x_1 \\ 1 \cdot x_2 \end{pmatrix} = \begin{pmatrix} x_1 \\ x_2 \end{pmatrix}$$

Bevor wir zum Konzept des Untervektorraums kommen, klären wir, was eine *Familie von Vektoren* und eine *Linearkombination* ist.

1.4.2 Familie von Vektoren

Vorab: Es ist möglich, dass du in deiner Mathematik Veranstaltung zwischen *Familie* und *Menge* nicht unterscheidest. Wenn dem so ist, kannst du dieses Unterkapitel überlesen und ab hier gedanklich den Begriff „Familie" durch „Menge" ersetzen.

Eine Familie von Vektoren ist ähnlich einer Menge von Vektoren, sprich eine Auflistung von Vektoren. Der einzige Unterschied liegt hier in der mathematischen Definition einer Menge (in welcher exakt gleiche Objekte gestrichen werden dürfen, ohne die Menge zu verändern) zu der einer Familie (in welcher nichts herausgestrichen werden darf, ganz gleich ob ein Vektor mehrfach vorhanden ist).

Beispiel aus Vektorraum $\mathbb{R}^3$: Vektor $(1,2,3)^\mathsf{T}$ kommt doppelt vor:

$$\text{Menge } M = \left\{ \begin{pmatrix} 1 \\ 2 \\ 3 \end{pmatrix}, \begin{pmatrix} 0 \\ 2 \\ 7 \end{pmatrix}, \begin{pmatrix} 1 \\ 2 \\ 3 \end{pmatrix} \right\} = \left\{ \begin{pmatrix} 1 \\ 2 \\ 3 \end{pmatrix}, \begin{pmatrix} 0 \\ 2 \\ 7 \end{pmatrix} \right\}$$

$$\text{Familie } F = \left(\begin{pmatrix} 1 \\ 2 \\ 3 \end{pmatrix}, \begin{pmatrix} 0 \\ 2 \\ 7 \end{pmatrix}, \begin{pmatrix} 1 \\ 2 \\ 3 \end{pmatrix} \right) \neq \left(\begin{pmatrix} 1 \\ 2 \\ 3 \end{pmatrix}, \begin{pmatrix} 0 \\ 2 \\ 7 \end{pmatrix} \right)$$

Die Menge bleibt bei Streichung einer dieser beiden Vektoren aus mathematischer Sicht gleich. Die Familie verändert sich!

1.4.3 Linearkombination

Eine **Linear****k**ombination (LK) von Vektoren ist die Summe aus beliebigen Skalierungen dieser Vektoren:

$$2 \cdot \begin{pmatrix} 2 \\ -1 \\ 3 \end{pmatrix} + 3 \cdot \begin{pmatrix} -2 \\ 0 \\ -3 \end{pmatrix} = \begin{pmatrix} -2 \\ -2 \\ -3 \end{pmatrix}$$

Der Vektor $(-2,-2,-3)^\mathsf{T}$ ist eine LK von $(2,-1,3)^\mathsf{T}$ und $(-2,0,-3)^\mathsf{T}$. Wir können auch sagen, dass sich der Vektor $(-2,-2,-3)^\mathsf{T}$ durch die beiden Vektoren $(2,-1,3)^\mathsf{T}$ und $(-2,0,-3)^\mathsf{T}$ darstellen lässt, indem $(2,-1,3)^\mathsf{T}$ um das zweifache und $(-2,0,-3)^\mathsf{T}$ um das dreifache verlängert wird.

Eine wichtige, andere Schreibweise ist, die LK als Matrix·Vektor schreiben zu können (relevant ab Kapitel 1.5.1):

$$\mathbf{2} \cdot \begin{pmatrix} 2 \\ -1 \\ 3 \end{pmatrix} + \mathbf{3} \cdot \begin{pmatrix} -2 \\ 0 \\ -3 \end{pmatrix} = \begin{pmatrix} 2 & -2 \\ -1 & 0 \\ 3 & -3 \end{pmatrix} \begin{pmatrix} \mathbf{2} \\ \mathbf{3} \end{pmatrix} = \begin{pmatrix} -2 \\ -2 \\ -3 \end{pmatrix}$$

Das stellt im Prinzip ein gelöstes inhomogenes LGS dar.

1.4.4 Untervektorraum

Ein **Unter**v**ektor**r**aum** (UVR, manchmal auch nur Unterraum genannt) U ist eine Teilmenge eines Vektorraums V, wobei U selbst wieder ein Vektorraum ist.

> Die Frage, ob ... ein Untervektorraum ist, ergibt also ohne weiteres keinen Sinn. Wir müssen immer auch fragen, „... von welchem Vektorraum?"
>
> Wenn wir uns bei den Vektorräumen auf die Vektorräume $\mathbb{R}$, $\mathbb{R}^2$ und $\mathbb{R}^3$ beschränken, erhält das Konzept des UVR einen recht anschaulichen Touch!

Es ist $U \subseteq V$ bekannt. Alle Elemente aus U sind also auch Elemente aus V und V unterliegt den 8 Vektorraumaxiomen. Es genügt daher, folgende 3 Bedingungen zu prüfen, wenn gefragt ist, ob U ein Untervektorraum von V ist:

1. $U \neq \{\}$ (Gilt also: $\vec{0} \in U$?)
2. $\forall x, y \in U: \quad x \oplus y \in U$
3. $\forall x \in U \; \forall \lambda \in \mathbb{R}: \quad \lambda \odot x \in U$

Diese drei Punkte können wir theoretisch zusammenfassen durch den Satz:

Jede mögliche LK von Elementen aus der nicht-leeren Menge U muss wieder in U liegen.

- Geraden im $\mathbb{R}^2$ (bzw. $\mathbb{R}^3$) durch den Ursprung sind UVR des $\mathbb{R}^2$ (bzw. $\mathbb{R}^3$)
- Ebenen (im $\mathbb{R}^3$) durch den Ursprung sind UVR des $\mathbb{R}^3$
- $\mathbb{R}$ (bzw. $\mathbb{R}^2$ oder $\mathbb{R}^3$) selbst sind UVR des $\mathbb{R}$ (bzw. $\mathbb{R}^2$ oder $\mathbb{R}^3$)

$U := \left\{ \vec{x} \in \mathbb{R}^3 \;\middle|\; 3x_1 + 2x_2 - x_3 = 0 \right\}$ ist UVR des $\mathbb{R}^3$, da:

1) $\vec{0} \in U \quad \Leftrightarrow \quad 3 \cdot 0 + 2 \cdot 0 - 0 = 0$ korrekt

2) Sei $(x_1, x_2, x_3)^\mathsf{T}, (y_1, y_2, y_3)^\mathsf{T} \in U \;\Big|$ dann gilt:

$\Leftrightarrow \quad 3x_1 + 2x_2 - x_3 = 0 \wedge 3y_1 + 2y_2 - y_3 = 0 \;\Big|$ addieren

$\Rightarrow \quad 3x_1 + 2x_2 - x_3 + 3y_1 + 2y_2 - y_3 = 0 + 0 \;\Big|$ sortieren

$\Leftrightarrow \quad 3(x_1 + y_1) + 2(x_2 + y_2) - (x_3 + y_3) = 0 \;\Big|$ zurück zur Menge

$\Leftrightarrow \quad (x_1 + y_1, x_2 + y_2, x_3 + y_3)^\mathsf{T} \in U$

$\Leftrightarrow \quad (x_1, x_2, x_3)^\mathsf{T} + (y_1, y_2, y_3)^\mathsf{T} \in U$

3) Sei $(x_1, x_2, x_3)^\mathsf{T} \in U, \; \lambda \in \mathbb{R} \;\Big|$ dann gilt:

$\Leftrightarrow \quad 3x_1 + 2x_2 - x_3 = 0 \wedge \lambda \in \mathbb{R} \;\Big|\; \cdot \lambda$

$\Rightarrow \quad \lambda \cdot (3x_1 + 2x_2 - x_3) = \lambda \cdot 0 \;\Big|$ sortieren

$\Leftrightarrow \quad 3(\lambda \cdot x_1) + 2(\lambda \cdot x_2) - (\lambda \cdot x_3) = 0 \;\Big|$ zurück zur Menge

$\Leftrightarrow \quad (\lambda \cdot x_1, \lambda \cdot x_2, \lambda \cdot x_3)^\mathsf{T} \in U$

$\Leftrightarrow \quad \lambda \cdot (x_1, x_2, x_3)^\mathsf{T} \in U$

Schau dir noch einmal das Beispiel aus Kapitel 1.4.3 an: Werden die Faktoren vor diesen Vektoren als variable Parameter aus $\mathbb{R}$ gesetzt, so ergibt sich daraus jede erdenkliche LK. Die Menge aller LKs bildet dann einen UVR. Im folgenden Beispiel einen UVR des $\mathbb{R}^3$, da die Vektoren aus dem $\mathbb{R}^3$ stammen:

$$U := \left\{ \lambda_1 \cdot \begin{pmatrix} 2 \\ -1 \\ 3 \end{pmatrix} + \lambda_2 \cdot \begin{pmatrix} -2 \\ 0 \\ -3 \end{pmatrix} \;\middle|\; \lambda_1, \lambda_2 \in \mathbb{R} \right\} \text{ ist UVR des } \mathbb{R}^3 \text{, da:}$$

1) $$0 \cdot \begin{pmatrix} 2 \\ -1 \\ 3 \end{pmatrix} + 0 \cdot \begin{pmatrix} -2 \\ 0 \\ -3 \end{pmatrix} = \begin{pmatrix} 0 \\ 0 \\ 0 \end{pmatrix} = \vec{0} \in U$$

2) $$\vec{x}, \vec{y} \in U \quad \Rightarrow \quad \vec{x} := \begin{pmatrix} x_1 \\ x_2 \\ x_3 \end{pmatrix} = \lambda_{1,x} \cdot \begin{pmatrix} 2 \\ -1 \\ 3 \end{pmatrix} + \lambda_{2,x} \cdot \begin{pmatrix} -2 \\ 0 \\ -3 \end{pmatrix} \text{ und}$$

$$\vec{y} := \begin{pmatrix} y_1 \\ y_2 \\ y_3 \end{pmatrix} = \lambda_{1,y} \cdot \begin{pmatrix} 2 \\ -1 \\ 3 \end{pmatrix} + \lambda_{2,y} \cdot \begin{pmatrix} -2 \\ 0 \\ -3 \end{pmatrix}$$

$$\overset{\text{addieren}}{\Rightarrow} \begin{pmatrix} x_1 \\ x_2 \\ x_3 \end{pmatrix} + \begin{pmatrix} y_1 \\ y_2 \\ y_3 \end{pmatrix} = \underbrace{\left(\lambda_{1,x} + \lambda_{1,y}\right)}_{\in \mathbb{R}} \cdot \begin{pmatrix} 2 \\ -1 \\ 3 \end{pmatrix} + \underbrace{\left(\lambda_{2,x} + \lambda_{2,y}\right)}_{\in \mathbb{R}} \cdot \begin{pmatrix} -2 \\ 0 \\ -3 \end{pmatrix} \in U$$

3) $$\vec{x} \in U,\ \lambda \in \mathbb{R} \quad \Rightarrow \quad \vec{x} := \begin{pmatrix} x_1 \\ x_2 \\ x_3 \end{pmatrix} = \lambda_1 \cdot \begin{pmatrix} 2 \\ -1 \\ 3 \end{pmatrix} + \lambda_2 \cdot \begin{pmatrix} -2 \\ 0 \\ -3 \end{pmatrix} \text{ und } \lambda \in \mathbb{R}$$

$$\overset{\text{multipl.}}{\Rightarrow} \lambda \cdot \begin{pmatrix} x_1 \\ x_2 \\ x_3 \end{pmatrix} = \underbrace{\left(\lambda \cdot \lambda_1\right)}_{\in \mathbb{R}} \cdot \begin{pmatrix} 2 \\ -1 \\ 3 \end{pmatrix} + \underbrace{\left(\lambda \cdot \lambda_2\right)}_{\in \mathbb{R}} \cdot \begin{pmatrix} -2 \\ 0 \\ -3 \end{pmatrix} \in U$$

Das Ganze sollte dir (zumindest für den $\mathbb{R}^2$ und $\mathbb{R}^3$) bekannt vorkommen: Im Bereich der analytischen Geometrie haben wir bereits Geradengleichungen (im $\mathbb{R}^2$ und $\mathbb{R}^3$) und Ebenengleichungen (im $\mathbb{R}^3$) in Parameterform kennengelernt. Wird dort der Ortsvektor zu $\vec{0}$ gesetzt, gehen die Geraden und Ebenen durch den Ursprung, indem sie durch die Gesamtheit aller LKs der Richtungsvektoren erzeugt werden. Diese Geraden und Ebenen stellen dann UVRs dar.

Vektorraum mit Polynomen als Vektoren

Beispiel mit Vektorraum der Polynome bis zum Grad 2:

$P_2(X) := \left\{ ax^2 + bx + c \;\middle|\; a, b, c \in \mathbb{R} \right\}$ ist UVR des $P_n(X)$ (mit $n \geq 2$), da:

1) $\vec{0} \in P_2(X) \quad \Leftrightarrow \quad 0 \cdot x^2 + 0 \cdot x + 0 = 0$ korrekt (Nullpolynom enthalten)

2) Sei $\vec{x} := a_1x^2 + b_1x + c_1 \in P_2(X) \;\wedge\; \vec{y} := a_2x^2 + b_2x + c_2 \in P_2(X)$

$$\overset{\text{addieren}}{\Rightarrow} \vec{x} + \vec{y} = a_1x^2 + b_1x + c_1, a_2x^2 + b_2x + c_2 = \underbrace{(a_1 + a_2)}_{\in \mathbb{R}} x^2 + \underbrace{(b_1 + b_2)}_{\in \mathbb{R}} x + \underbrace{(c_1 + c_2)}_{\in \mathbb{R}} \in P_2(X)$$

3) Sei $\vec{x} := ax^2 + bx + c \in P_2(X), \; \lambda \in \mathbb{R}$

$$\overset{\text{multipl.}}{\Rightarrow} \lambda \cdot (ax^2 + bx + c) = \underbrace{(\lambda a)}_{\in \mathbb{R}} x^2 + \underbrace{(\lambda b)}_{\in \mathbb{R}} x + \underbrace{(\lambda c)}_{\in \mathbb{R}} \in P_2(X)$$

Nullvektorraum

Der Nullvektorraum ist der Vektorraum, in welchem nur der Nullvektor als Element enthalten ist!

$$\left(\left\{0\right\}, +, \cdot\right) \tag{1.39}$$

- Der Nullvektorraum ist der kleinste Vektorraum, den es gibt (nur ein Element enthalten)
- Der Nullvektorraum ist ein UVR zu *jedem* anderen Vektorraum
- Demnach ist der Nullvektorraum auch der kleinste UVR zu jedem Vektorraum

Der Nullvektorraum hat als einziger Vektorraum die Dimension 0 und als einzig mögliche Basis den Nullvektor $\vec{0}$.

Aber Achtung! Der Nullvektor darf in keiner anderen Basis als in dieser vorkommen. Das ist lediglich ein Sonderfall!

Verwechsle bitte nicht den Begriff *Nullvektorraum* mit dem in Kap. 1.7.1 auftauchenden Begriff *Nullraum* (einer Matrix).

Beispiel im $\mathbb{R}^3$

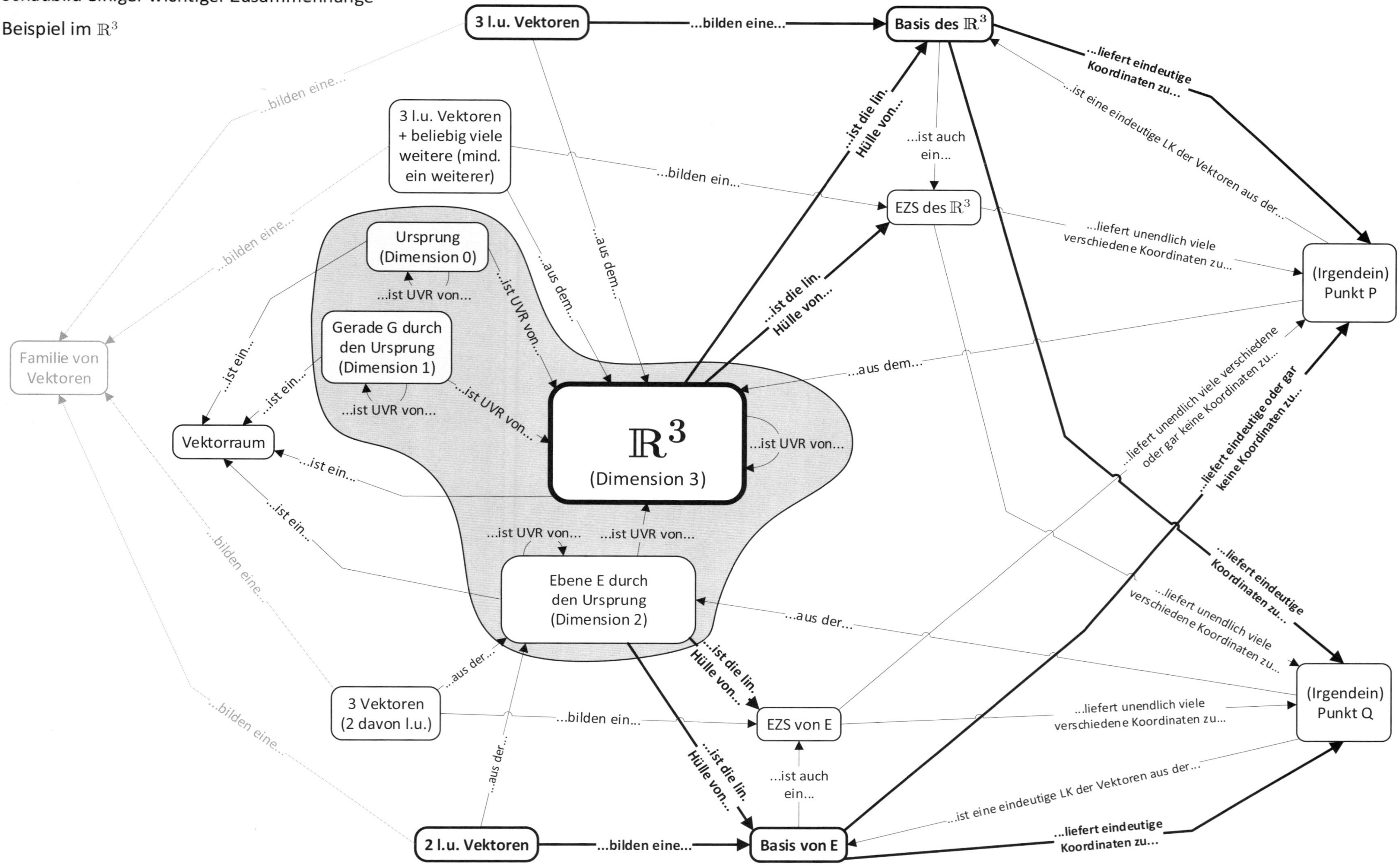

1.5 Lineare (Un)Abhängigkeit

Das Kapitel ist von zentraler Bedeutung für die darauf folgenden!

Wir haben uns viele Gedanken gemacht, wie wir die Begriffe

- Vektor, Vektorraum, Untervektorraum, Familie von Vektoren, Linearkombination – aus dem letzten Kapitel
- Lineare (Un)Abhängigkeit, Erzeugendensystem, Basis, Dimension, Koordinaten, lin. Hülle – in diesem Kapitel

in einer gescheiten Reihenfolge sowie im Gesamtzusammenhang verständlich erläutern. Eigentlich müssten alle diese Begriffe gleichzeitig erklärt werden. Jedoch mussten wir uns für eine Reihenfolge entscheiden.

Wir wollen hier einmal einen Versuch wagen und haben direkt auf der vorherigen Seite (links) ein **Schaubild mit den wichtigsten Zusammenhängen** dieser Begriffe erstellt. Dieses hilft uns, die allgemeinen Definitionen der Begriffe zu verstehen. Als Beispiel haben wir uns den $\mathbb{R}^3$ herausgenommen und werden nachfolgend die Begriffe und Zusammenhänge – nach den allgemeinen Definitionen – in einem Extra-Unterkapitel anhand von Beispielen im $\mathbb{R}^3$ verdeutlichen und auf das Schaubild verweisen. Es lässt sich sehr intuitiv lesen:

Zum Beispiel:

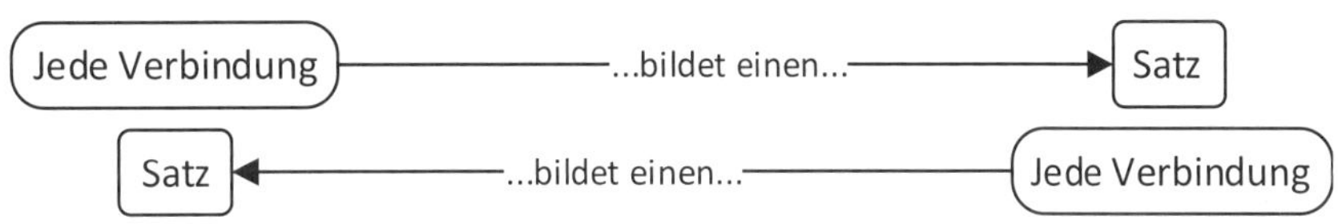

- Die fett markierten Linien und Schriften stellen besonders wichtige Zusammenhänge dar
- Die grau markierten Linien, Schriften und Felder spielen keine große Rolle beim Verständnis des Gesamtzusammenhangs
- Die Felder im grau hinterlegten Bereich stellen Vektorräume dar (in diesem Fall auch wirklich „greifbare" Gebilde!)

Bitte lerne nicht nur alles auswendig, du sollst es verstehen!

Am Ende des Gesamtkapitels wirst du durch die Möglichkeiten aus den Kapiteln *Lineare Abbildungen* und *Determinante* noch andere – teils einfachere und schnellere – Verfahren kennen, um Fragestellungen zu beantworten (vgl. auch Kapitel 1.11).

Versuche trotzdem, alles nachvollziehen zu können. Das hilft enorm beim Verständnis!

Wichtige Fragestellungen:

- Wie und wann lassen sich Vektoren als LK mit Hilfe von anderen Vektoren darstellen?
- Ist eine LK eines Vektors durch andere Vektoren immer eindeutig? Wenn ja, woher wissen wir das?
- Wie lassen sich UVRs eigentlich erzeugen?
- Wann sind unterschiedlich definierte UVRs im Endeffekt doch dieselben Vektorräume?

Wir könnten diese Frageliste noch beliebig weiterführen. Quasi alle Fragen laufen am Ende auf die Eigenschaft der linearen (Un)Abhängigkeit hinaus!

1.5.1 Lineare (Un)Abhängigkeit – Definition und Prüfform

Lineare (**U**n)**A**bhängigkeit (l.u./l.a.) ist formal durch die folgende Implikation definiert:

Die Familie $(\vec{v_1}, \ldots, \vec{v_n})$ ist linear unabhängig, wenn gilt:

$$\lambda_1\vec{v_1} + \lambda_2\vec{v_2} + \ldots + \lambda_n\vec{v_n} = \vec{0} \quad \Rightarrow \quad \lambda_1 = \ldots = \lambda_n = 0 \tag{1.40}$$

Andernfalls ist $(\vec{v_1}, \ldots, \vec{v_n})$ linear abhängig.

In Worten also: Eine Familie von Vektoren ist linear unabhängig, wenn keine Linearkombination der Vektoren den Nullvektor ergibt, außer die triviale Lösung (alle Vektoren mit Null multiplizieren).

In anderen Worten ausgedrückt ist das gleichbedeutend mit: Eine Familie von Vektoren ist linear unabhängig, wenn sich kein einziger Vektor aus der Familie durch eine Linearkombination der verbleibenden Vektoren aus der Familie darstellen lässt.

Ab und an schreiben wir auch einfach, dass Vektoren l.u. bzw. l.a. sind, anstatt die Familie der Vektoren. Dies ist völlig legitim und wird sogar in vielen Büchern/Vorlesungen so definiert.

l.u./l.a. Beispiel 3 Vektoren aus $\mathbb{R}^3$

Die Definition (1.40) lässt sich in folgende, sehr nützliche Darstellung umschreiben:

$$\lambda_1\vec{v_1} + \lambda_2\vec{v_2} + \ldots + \lambda_n\vec{v_n} = \underbrace{\underbrace{\begin{pmatrix}\vec{v_1} \ldots \vec{v_n}\end{pmatrix}}_{\text{Matrix}} \cdot \begin{pmatrix}\lambda_1 \\ \vdots \\ \lambda_n\end{pmatrix} = \begin{pmatrix}0 \\ \vdots \\ 0\end{pmatrix}}_{\text{LGS}} \quad \Rightarrow \quad \begin{pmatrix}\lambda_1 \\ \vdots \\ \lambda_n\end{pmatrix} = \begin{pmatrix}0 \\ \vdots \\ 0\end{pmatrix} \tag{1.41}$$

$$\text{bzw.} \quad \underbrace{\underbrace{\begin{pmatrix}\vec{v_1} \ldots \vec{v_n}\end{pmatrix}}_{\text{Matrix}} \cdot \vec{\lambda} = \vec{0}}_{\text{LGS}} \quad \Rightarrow \quad \vec{\lambda} = \vec{0}$$

Die Vektoren $\vec{v_1}, \ldots, \vec{v_n}$ sind dabei die Spalten der Matrix.

In (1.41) sehen wir also folgendes:

Die Spaltenvektoren einer Matrix sind genau dann linear unabhängig, wenn das zugehörige homogene LGS eindeutig lösbar ist.

Äquivalent: Die Spaltenvektoren einer Matrix sind genau dann linear abhängig, wenn das zugehörige homogene LGS unendlich viele Lösungen besitzt.

Hier kannst du einen Blick zurückwerfen in Kapitel 1.2.3 auf Seite 20 zum Punkt „Kategorisierung – Dimension der Koeffizientenmatrix“. Daraus lässt sich schließen:

- Ist die Matrix quadratisch, können die Spaltenvektoren l.u. oder l.a. sein
- Hat die Matrix mehr Zeilen als Spalten (also die Anzahl der Spaltenvektoren ist kleiner als die Anzahl ihrer Einträge), können die Spaltenvektoren l.u. oder l.a. sein
- **Hat die Matrix mehr Spalten als Zeilen** (also die Anzahl der Spaltenvektoren ist größer als die Anzahl ihrer Einträge), **sind die Spaltenvektoren l.a.**!

Du wirst zum Ende des Gesamtkapitels viele Möglichkeiten haben, zu zeigen, ob eine Familie von Vektoren linear unabhängig ist oder nicht. Hier verweisen wir besonders auf das Kapitel 1.11.

Ab hier sollte dir nun klar sein, dass

- eine LK eines Vektors durch eine l.u. Familie von Vektoren immer eindeutig ist
- eine LK eines Vektors durch eine l.a. Familie von Vektoren immer mehrdeutig ist

Schnelltests zu l.u. und l.a.

Wir müssen nicht immer mit der Definition (1.40) bzw. der Darstellung (1.41) arbeiten/argumentieren. Es gibt einige – teils schnellere – Methoden (wir haben diese einfach „Schnelltests" genannt), um eine Familie von Vektoren auf lineare (Un)Abhängigkeit zu überprüfen.

> Möglicherweise darfst du diese Schnelltests in deiner Mathematik-Veranstaltung nicht offiziell zur Argumentation benutzen. Sie dienen dir allerdings trotzdem enorm fürs Verständnis!

- Wenn der Nullvektor in einer Familie enthalten ist, ist diese immer l.a.

  Familie $\left(\begin{pmatrix}1\\2\\1\end{pmatrix}, \begin{pmatrix}0\\1\\-5\end{pmatrix}, \begin{pmatrix}0\\0\\0\end{pmatrix}\right)$ ist l.a., Familie $\left(\begin{pmatrix}0\\0\end{pmatrix}, \begin{pmatrix}1\\0\end{pmatrix}\right)$ ist l.a., ...

- Wenn eine Familie nur aus einem Vektor ($\neq \vec{0}$) besteht, dann ist diese l.u.

  Familie $\left(\begin{pmatrix}3\\2\\1\end{pmatrix}\right)$ ist l.u., Familie $\left(\begin{pmatrix}1\\1\end{pmatrix}\right)$ ist l.u., ...

- Wenn eine Familie aus zwei Vektoren besteht und diese beiden parallel zueinander stehen bzw. Vielfache sind, ist die Familie l.a.

  Familie $\left(\begin{pmatrix}-1\\4\\2\end{pmatrix}, \begin{pmatrix}2\\-8\\-4\end{pmatrix}\right)$ ist l.a., da die Vektoren Vielfache sind: $-2 \cdot \begin{pmatrix}-1\\4\\2\end{pmatrix} = \begin{pmatrix}2\\-8\\-4\end{pmatrix}$

- Wenn eine Familie l.a. ist und es werden Vektoren hinzugefügt, bleibt sie l.a.

  Familie $\left(\begin{pmatrix}-1\\4\\2\end{pmatrix}, \begin{pmatrix}2\\-8\\-4\end{pmatrix}\right)$ ist l.a. (s.o.), also ist auch $\left(\begin{pmatrix}-1\\4\\2\end{pmatrix}, \begin{pmatrix}1\\7\\9\end{pmatrix}, \begin{pmatrix}2\\-8\\-4\end{pmatrix}\right)$ l.a.

- Wenn eine Familie l.u. ist und es werden Vektoren herausgenommen, bleibt sie l.u.

  Familie $\left(\begin{pmatrix}1\\3\\0\end{pmatrix}, \begin{pmatrix}1\\1\\1\end{pmatrix}, \begin{pmatrix}-1\\1\\0\end{pmatrix}\right)$ ist l.u., also ist auch $\left(\begin{pmatrix}1\\3\\0\end{pmatrix}, \begin{pmatrix}1\\1\\1\end{pmatrix}\right)$ l.u.

1.5.2 Erzeugendensystem

Erzeugenden-system, Basis, Dimension

Ein **Erz**eugenden**s**ystem (EZS) eines Vektorraums V ist eine Familie von Vektoren, die V durch die Menge aller ihrer Linearkombinationen erzeugt.

> Ganz allgemein ausgedrückt ist jede Familie von Vektoren ein EZS für einen entsprechenden Vektorraum. Daher ergibt die reine Frage, ob ... ein EZS ist, wenig Sinn (vergleiche mit der Fragestellung bei einem UVR)

An die Anzahl der Vektoren aus der Familie sind keine Bedingungen geknüpft (sprich, ob die Familie von Vektoren l.u. oder l.a. ist, spielt keine Rolle; es dürfen sogar unendlich viele Vektoren ein EZS bilden). Sie müssen natürlich lediglich aus dem selben Vektorraum stammen.

$\left(\begin{pmatrix}1\\2\\3\end{pmatrix}, \begin{pmatrix}-2\\1\end{pmatrix}\right)$ kann kein EZS sein, da $(1,2,3)^{\mathrm{T}} \in \mathbb{R}^3$ und $(-2,1)^{\mathrm{T}} \in \mathbb{R}^2$ Vektoren aus verschiedenen Vektorräumen sind.

1.5.3 Basis

Basis und Dimension

Eine Basis ist ein linear unabhängiges EZS. Vektoren aus einer Basis werden auch als Basisvektoren bezeichnet.

> Anders als bei einem allgemeinen EZS, ergibt die Frage, ob ... eine Basis ist, schon mehr Sinn. Denn eine Basis ist eine Familie aus l.u. Vektoren. Dennoch wird auch hier meistens gefragt: „Ist ... eine Basis von ...?"

1.5.4 Dimension

Die **Dim**ension eines Vektorraums V ($\dim(V)$) entspricht der Anzahl an linear unabhängigen Vektoren, die diesen Raum durch Linearkombinationen erzeugen können.

> Später werden wir die Dimension durch den *Rang* (Kap. 1.7.4) leicht bestimmen können!

Wir können auch sagen: Die Dimension eines Vektorraums V entspricht der Anzahl an Vektoren in einer zugehörigen Basis von V.

1.5.5 Koordinaten

Der Begriff „Koordinaten" sollte dir schon bezüglich der Lagebeschreibung von Punkten etwas sagen. Im $\mathbb{R}^2$ lesen wir die Koordinaten eines Punktes an der x- und y-Achse ab, um zu beschreiben, wo sich der Punkt befindet. Im $\mathbb{R}^3$ äquivalent noch zusätzlich mit der z-Achse dazu. Wenn wir hinterfragen, warum wir das genau wie gerade beschrieben tun, kommen wir (in Vektorschreibweise) zu:

$$\begin{pmatrix}2\\3\\4\end{pmatrix} = \underbrace{\begin{pmatrix}2\\0\\0\end{pmatrix}}_{*^1} + \underbrace{\begin{pmatrix}0\\3\\0\end{pmatrix}}_{*^2} + \underbrace{\begin{pmatrix}0\\0\\4\end{pmatrix}}_{*^3} = \underbrace{\mathbf{2}\cdot\begin{pmatrix}1\\0\\0\end{pmatrix} + \mathbf{3}\cdot\begin{pmatrix}0\\1\\0\end{pmatrix} + \mathbf{4}\cdot\begin{pmatrix}0\\0\\1\end{pmatrix}}_{*^4}$$

> $*^1$: Wir gehen im Raum 2 Einheiten in x-, 0 Einheiten in y- und 0 Einheiten in z-Richtung.
> $*^2$: Wir gehen im Raum 0 Einheiten in x-, 3 Einheiten in y- und 0 Einheiten in z-Richtung.
> $*^3$: Wir gehen im Raum 0 Einheiten in x-, 0 Einheiten in y- und 4 Einheiten in z-Richtung.
>
> $*^4$: Darstellung als **Koordinaten** · Vektor
>
> Auf der x-, y- (und z-)Achse befinden sich also Basisvektoren (hier die Standardbasis, siehe S. 46), mit denen wir die Lage von Punkten beschreiben können.

Im Allgemeinen bedeutet das, dass die Lambdas λ_i in Gleichung (1.40) bzw. (1.41) Koordinaten sind. Die Skalierungsfaktoren für eine LK sind demnach ebenfalls Koordinaten (vgl. S. 30).

> Koordinaten eines Punktes/Vektors müssen wir streng genommen immer in Bezug zu einem EZS angeben. Wenn dies nicht der Fall ist, ist das EZS immer die Standardbasis.

Nun ist es natürlich extrem wichtig, mit welchen Vektoren wir einen Punkt erreichen. An dieser Stelle merken wir uns:

> **Koordinaten eines Punktes bzgl. einer Basis sind eindeutig!**
>
> **Koordinaten eines Punktes bzgl. eines EZS (welches keine Basis ist!) sind mehrdeutig!**

1.5.6 Lineare Hülle

Die lineare Hülle $\mathcal{L}$ (auch der *Spann* oder das *Erzeugnis* genannt) eines Erzeugendensystems ist ein Untervektorraum des Vektorraums V, aus dem die Vektoren im Erzeugendensystem stammen. Visualisiert sieht das so aus:

Lineare Hülle

Dimension von linearer Hülle bestimmen, Beispiel

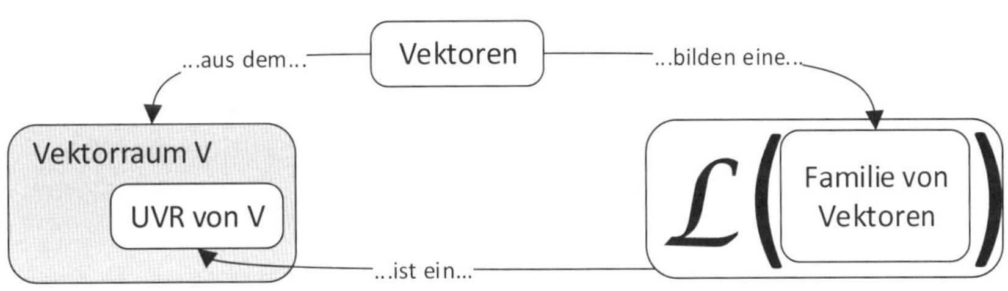

Als Gleichung in „Wortlaut" ist das:

$$\mathcal{L}(\text{Familie von Vektoren aus } V) = \text{UVR von } V \quad \text{oder} \quad \mathcal{L}(\text{EZS aus } V) = \text{UVR von } V \tag{1.42}$$

Die lineare Hülle einer Familie von Vektoren entsteht durch die Menge aller möglichen Linearkombinationen der Vektoren:

$$\begin{aligned}\mathcal{L}(\vec{v}_1, \vec{v}_2, \ldots) &= \text{span}(\vec{v}_1, \vec{v}_2, \ldots) = \langle \vec{v}_1, \vec{v}_2, \ldots \rangle \\ &:= \{\lambda_1 \vec{v}_1 + \lambda_2 \vec{v}_2 + \ldots \mid \lambda_1, \lambda_2, \ldots \in \mathbb{R}\}\end{aligned} \tag{1.43}$$

$\mathcal{L}(\vec{v}_1, \vec{v}_2, \ldots)$, $\text{span}(\vec{v}_1, \vec{v}_2, \ldots)$ und $\langle \vec{v}_1, \vec{v}_2, \ldots \rangle$ sind also nur Kurzschreibweisen!

Zusammenhänge EZS – $\mathcal{L}$(EZS)

Diese Zusammenhänge sind für unser Verständnis extrem wichtig! Im Prinzip geht es hier immer darum, ob sich die Dimension der linearen Hülle erhöht/verringert (dann ändert sich die lin. Hülle) oder ob die Dimension gleich bleibt (dann bleibt auch die lin. Hülle gleich).

Das natürlich immer ausgehend von einer bestimmten lin. Hülle. Natürlich können zwei verschiedene lin. Hüllen die gleiche Dimension haben!

- Wenn ein EZS l.u. ist und es wird ein Vektor aus dem EZS herausgestrichen, ändert sich die lineare Hülle (Dimension verringert sich um 1)
- Wenn ein EZS l.u. ist und es wird ein Vektor zu dem EZS hinzugefügt, kommt es darauf an:
  - Ist der hinzugefügte Vektor eine LK von den ursprünglichen Vektoren, so wird das EZS l.a. aber die lineare Hülle ändert sich nicht (denn der neue Vektor lässt sich durch die ursprünglichen als LK darstellen und erhöht somit die Dimension der lin. Hülle nicht!)
  - Ist der hinzugefügte Vektor keine LK von den ursprünglichen Vektoren, so bleibt das EZS l.u., aber die lineare Hülle ändert sich (Dimension erhöht sich um 1)
- Wenn ein EZS l.a. ist und es wird ein Vektor aus dem EZS herausgestrichen, kann sich die lineare Hülle ändern, sie muss aber nicht. Es kommt darauf an:
  - Lässt sich der herausgestrichene Vektor als LK der noch übrigen Vektoren darstellen, dann ändert sich die lin. Hülle nicht (Dimension bleibt gleich, denn der herausgestrichene Vektor trug nichts zur lin. Hülle bei!)
  - Lässt sich der herausgestrichene Vektor nicht als LK der noch übrigen Vektoren darstellen, dann ändert sich die lin. Hülle (Dimension verringert sich um 1)
- Wenn ein EZS l.a. ist und es wird ein Vektor zu dem EZS hinzugefügt, kann sich die lineare Hülle ändern, sie muss aber nicht. Es kommt darauf an:
  - Lässt sich der hinzugefügte Vektor als LK der anderen Vektoren darstellen, dann ändert sich die lin. Hülle nicht (Dimension bleibt gleich, denn der hinzugefügte Vektor trägt nichts zur lin. Hülle bei!)
  - Lässt sich der hinzugefügte Vektor nicht als LK der anderen Vektoren darstellen, dann ändert sich die lin. Hülle (Dimension erhöht sich um 1)

Du solltest merken, dass viele Aussagen einfacher und eindeutiger von der Hand gehen, wenn ein EZS eine Basis ist. Basen sind daher „gute" Erzeugendensysteme.

Ein EZS (welches keine Basis ist) zu einer Basis machen, ohne dass sich die lin. Hülle ändert:

Siehe im Kapitel 1.7.2 (S.57), wie die Basis vom Bild einer Matrix bestimmt wird. Exakt gleiches Vorgehen!

Prüfen, ob eine gegebene Familie von Vektoren $(\vec{v_1}, \dots, \vec{v_n})$ ein EZS eines Vektorraums V ist (also ob $\mathcal{L}(\vec{v_1}, \dots, \vec{v_n}) = V$ gilt):

Zuerst: (Originales) EZS von V ausfindig machen (kleinstmögliche Anzahl an Vektoren). Oft ist das schon gegeben. Dann müssen die folgenden beiden Punkte erfüllt sein:

1. Jeder Vektor aus dem EZS von V muss eine LK der Vektoren der Familie $(\vec{v_1}, \dots, \vec{v_n})$ sein.
2. $\dim(V) = \dim\big(\mathcal{L}(\vec{v_1}, \dots, \vec{v_n})\big)$

Gegeben ist ein Vektorraum $V = \left\{ s \begin{pmatrix} 1 \\ 1 \\ 2 \end{pmatrix} + t \begin{pmatrix} 0 \\ -3 \\ 1 \end{pmatrix} \;\middle|\; s, t \in \mathbb{R} \right\}$

Gilt $\mathcal{L}\left(\begin{pmatrix}2\\-1\\5\end{pmatrix}, \begin{pmatrix}1\\7\\0\end{pmatrix}, \begin{pmatrix}4\\-5\\11\end{pmatrix}\right) = V$?

Das EZS von V ist ablesbar: $\left(\begin{pmatrix}1\\1\\2\end{pmatrix}, \begin{pmatrix}0\\-3\\1\end{pmatrix}\right)$

Jetzt müssen die folgenden LGS lösbar sein:

$$\underbrace{\underbrace{\begin{pmatrix}2 & 1 & 4\\-1 & 7 & -5\\5 & 0 & 11\end{pmatrix}}_{\mathbf{A}}\begin{pmatrix}x_1\\x_2\\x_3\end{pmatrix} = \begin{pmatrix}1\\1\\2\end{pmatrix}}_{\text{LGS 1}} \quad \text{und} \quad \underbrace{\underbrace{\begin{pmatrix}2 & 1 & 4\\-1 & 7 & -5\\5 & 0 & 11\end{pmatrix}}_{\mathbf{A}}\begin{pmatrix}x_1\\x_2\\x_3\end{pmatrix} = \begin{pmatrix}0\\-3\\1\end{pmatrix}}_{\text{LGS 2}}$$

Da es hier nur um die Lösbarkeit geht und nicht um eine konkrete Lösung, reicht der Gauß-Algorithmus bis zur ZSF. Außerdem können wir beide Rechnungen gleichzeitig durchführen, denn die Überführung der Matrix in ZSF ist bei beiden LGS gleich:

$$\left(\begin{array}{ccc|cc}2 & 1 & 4 & 1 & 0\\-1 & 7 & -5 & 1 & -3\\5 & 0 & 11 & 2 & 1\end{array}\right) \begin{array}{l}\mid \quad \mid \cdot(-5)\\ \mid \cdot 2 \leftarrow +\\ \mid \cdot 2 \leftarrow +\end{array}$$

$$\rightsquigarrow \left(\begin{array}{ccc|cc}2 & 1 & 4 & 1 & 0\\0 & 15 & -6 & 3 & -6\\0 & -5 & 2 & -1 & 2\end{array}\right) \begin{array}{l}\\ \mid \\ \mid \cdot 3 \leftarrow +\end{array} \rightsquigarrow \left(\begin{array}{ccc|cc}2 & 1 & 4 & 1 & 0\\0 & 15 & -6 & 3 & -6\\0 & 0 & 0 & 0 & 0\end{array}\right)$$

Wir sehen, dass sowohl LGS 1 als auch LGS 2 lösbar sind (mehrdeutig).

Da $\left(\begin{pmatrix}1\\1\\2\end{pmatrix}, \begin{pmatrix}0\\-3\\1\end{pmatrix}\right)$ l.u. (2 Vektoren und keine Vielfachen), ist $\dim(V) = 2$.

Wir lesen ab, dass $\operatorname{rg}(\mathbf{A}) = 2$ gilt[4] und damit $\dim(\mathcal{L}\left(\begin{pmatrix}2\\-1\\5\end{pmatrix}, \begin{pmatrix}1\\7\\0\end{pmatrix}, \begin{pmatrix}4\\-5\\11\end{pmatrix}\right)) = 2$

Also gilt $\mathcal{L}\left(\begin{pmatrix}2\\-1\\5\end{pmatrix}, \begin{pmatrix}1\\7\\0\end{pmatrix}, \begin{pmatrix}4\\-5\\11\end{pmatrix}\right) = V$.

[4] Siehe Kap. 1.7.4, denn wir wollen dir hier nicht unnötig komplizierte Wege anzeigen, nur weil die Berechnung durch den Rang einer Matrix zu den linearen Abbildungen gehört und damit erst später in diesem Buch auftaucht!

1.5.7 Beispiele zum Schaubild

Zur besseren Übersicht stellen wir hier das **Beispiel-Szenario zum Schaubild (S. 34)** auf. Damit werden wir einzelne Aussagen aus dem Schaubild aufgreifen.

Vektorräume:

$$\mathbb{R}^3, \quad E: \vec{x} = \lambda \begin{pmatrix} 1 \\ 3 \\ -1 \end{pmatrix} + \mu \begin{pmatrix} 2 \\ 0 \\ 2 \end{pmatrix}, \ \lambda, \mu \in \mathbb{R}, \quad G: \vec{x} = \lambda \begin{pmatrix} 3 \\ 2 \\ 1 \end{pmatrix}, \ \lambda \in \mathbb{R}, \quad \text{Ursprung: } \begin{pmatrix} 0 \\ 0 \\ 0 \end{pmatrix}$$

Punkte: $P = (4, 1, -1)$, $Q = (7, -9, 13)$

P liegt offensichtlich in $\mathbb{R}^3$. Q liegt in E, da $\overrightarrow{0Q} = \begin{pmatrix} 7 \\ -9 \\ 13 \end{pmatrix} = -3 \begin{pmatrix} 1 \\ 3 \\ -1 \end{pmatrix} + 5 \begin{pmatrix} 2 \\ 0 \\ 2 \end{pmatrix}$

Familien von Vektoren:

$$F_1 := \left(\begin{pmatrix} 1 \\ 0 \\ 2 \end{pmatrix}, \begin{pmatrix} 2 \\ -2 \\ 1 \end{pmatrix}, \begin{pmatrix} 3 \\ 5 \\ -2 \end{pmatrix}, \begin{pmatrix} 0 \\ 1 \\ 2 \end{pmatrix} \right) \text{ besitzt 4 Vektoren aus dem } \mathbb{R}^3$$

$$F_2 := \left(\begin{pmatrix} 1 \\ 0 \\ 2 \end{pmatrix}, \begin{pmatrix} 2 \\ -2 \\ 1 \end{pmatrix}, \begin{pmatrix} 3 \\ 5 \\ -2 \end{pmatrix} \right) \text{ besitzt 3 Vektoren aus dem } \mathbb{R}^3$$

$$F_3 := \left(\underbrace{\begin{pmatrix} 3 \\ 3 \\ 1 \end{pmatrix}}_{\lambda=1,\, \mu=1}, \underbrace{\begin{pmatrix} 3 \\ -3 \\ 5 \end{pmatrix}}_{\lambda=-1,\, \mu=2}, \underbrace{\begin{pmatrix} 8 \\ 6 \\ 4 \end{pmatrix}}_{\lambda=2,\, \mu=3} \right) \text{ besitzt 3 Vektoren aus der Ebene } E.$$

$$F_4 := \left(\underbrace{\begin{pmatrix} 4 \\ 0 \\ 4 \end{pmatrix}}_{\lambda=0,\, \mu=2}, \underbrace{\begin{pmatrix} 0 \\ -6 \\ 4 \end{pmatrix}}_{\lambda=-2,\, \mu=1} \right) \text{ besitzt 2 l.u. Vektoren aus der Ebene } E$$

Wir werden auf den folgenden Seiten ebenfalls wieder auf den Rang einer Matrix zurückgreifen (Siehe Kap. 1.7.4; vgl. Fußnote von vorheriger Seite).

Satz: „3 l.u. Vektoren + bel. viele weitere (mind. ein weiterer) ...aus dem... $\mathbb{R}^3$"

F_1 besitzt 4 Vektoren aus dem $\mathbb{R}^3$. Da die Matrix (Vektoren aus F_1 als Spaltenvektoren)

$$\begin{pmatrix} 1 & 2 & 3 & 0 \\ 0 & -2 & 5 & 1 \\ 2 & 1 & -2 & 2 \end{pmatrix}$$

mehr Spalten (4) als Zeilen (3) besitzt, sind die Spaltenvektoren l.a. Rechnung dazu:

$$\left(\begin{array}{cccc|c} 1 & 2 & 3 & 0 & 0 \\ 0 & -2 & 5 & 1 & 0 \\ 2 & 1 & -2 & 2 & 0 \end{array}\right) \begin{array}{l} |\cdot(-2) \\ \\ | \leftarrow + \end{array} \rightsquigarrow \left(\begin{array}{cccc|c} 1 & 2 & 3 & 0 & 0 \\ 0 & -2 & 5 & 1 & 0 \\ 0 & -2 & -8 & 2 & 0 \end{array}\right) \begin{array}{l} \\ |\cdot(-1) \\ | \leftarrow + \end{array}$$

$$\rightsquigarrow \left(\begin{array}{cccc|c} 1 & 2 & 3 & 0 & 0 \\ 0 & -2 & 5 & 1 & 0 \\ 0 & 0 & -13 & 1 & 0 \end{array}\right) \quad \Rightarrow \quad -13\lambda_3 + \lambda_4 = 0 \overset{\lambda_4 \in \mathbb{R}}{\Rightarrow} \ldots$$

Da $\lambda_4 \in \mathbb{R}$ gewählt werden kann, gibt es unendlich viele Lösungen (bzw. mindestens einen Fall, sodass $\vec{\lambda} \neq \vec{0}$). Also ist die Familie aus den 4 Vektoren l.a.

Drei Vektoren daraus sind allerdings l.u.:

$$\left(\begin{array}{ccc|c} 1 & 2 & 3 & 0 \\ 0 & -2 & 5 & 0 \\ 2 & 1 & -2 & 0 \end{array}\right) \begin{array}{l} |\cdot(-2) \\ \\ | \leftarrow + \end{array} \rightsquigarrow \ldots \rightsquigarrow \left(\begin{array}{ccc|c} 1 & 2 & 3 & 0 \\ 0 & -2 & 5 & 0 \\ 0 & 0 & -13 & 0 \end{array}\right)$$

Daraus folgt sofort als einzige Lösung $\lambda_3 = \lambda_2 = \lambda_1 = 0$. Also sind die drei Vektoren l.u.

Satz: „3 l.u. Vektoren ...aus dem... $\mathbb{R}^3$"

F_2 besitzt 3 Vektoren aus dem $\mathbb{R}^3$. Diese sind l.u. (Erklärung siehe oben)

Satz: „3 Vektoren (2 davon l.u.) ...aus der... Ebene E durch den Ursprung"

Die Familie F_3 ist l.a., da das LGS unendlich viele Lösungen besitzt:

$$\left(\begin{array}{ccc|c} 3 & 3 & 8 & 0 \\ 3 & -3 & 6 & 0 \\ 1 & 5 & 4 & 0 \end{array}\right) \begin{array}{l} |\cdot(-1) \quad | \\ | \leftarrow + \\ |\cdot(-3) \leftarrow + \end{array} \rightsquigarrow \left(\begin{array}{ccc|c} 3 & 3 & 8 & 0 \\ 0 & -6 & -2 & 0 \\ 0 & -12 & -4 & 0 \end{array}\right) \begin{array}{l} \\ |\cdot(-2) \\ | \leftarrow + \end{array}$$

$$\rightsquigarrow \left(\begin{array}{ccc|c} 3 & 3 & 8 & 0 \\ 0 & -6 & -2 & 0 \\ 0 & 0 & 0 & 0 \end{array}\right) \quad \Rightarrow \quad \lambda_3 \in \mathbb{R} \quad \Rightarrow \quad \ldots$$

Jedoch ist jedes Zweier-Paar von Vektoren aus F_3 l.u., da kein Vektor zu einem anderen parallel steht.

> Später werden wir hier über den *Rang* argumentieren, wie viele Vektoren aus F_3 l.u. sind!

Satz: „2 l.u. Vektoren ...aus der... Ebene E durch den Ursprung"

Die Familie F_4 ist l.u., da die Vektoren aus F_4 nicht parallel zueinander stehen.

Alternativ: Rechnung:

$$\left(\begin{array}{cc|c} 4 & 0 & 0 \\ 0 & -6 & 0 \\ 4 & 4 & 0 \end{array}\right) \begin{array}{l} | \cdot (-1) \\ \\ | \leftarrow \end{array} \rightsquigarrow \left(\begin{array}{cc|c} 4 & 0 & 0 \\ 0 & -6 & 0 \\ 0 & 4 & 0 \end{array}\right) \begin{array}{l} \\ | :6 \\ | :4 \leftarrow \end{array} \rightsquigarrow \left(\begin{array}{cc|c} 4 & 0 & 0 \\ 0 & -6 & 0 \\ 0 & 0 & 0 \end{array}\right) \Rightarrow \ldots$$

Daraus folgt sofort als einzige Lösung $\lambda_2 = \lambda_1 = 0$. Also sind die beiden Vektoren l.u.

Satz: „3 l.u. Vektoren + beliebig viele weitere (mind. ein weiterer)...bilden ein...EZS des $\mathbb{R}^3$"

F_1 ist ein EZS des $\mathbb{R}^3$, da jeder Vektor aus dem $\mathbb{R}^3$ als LKs der vier Vektoren aus F_1 dargestellt werden kann. Dies zeigen wir, indem wir den Rang der zugehörigen Matrix bestimmen:

$$\left(\begin{array}{cccc|c} 1 & 2 & 3 & 0 & 0 \\ 0 & -2 & 5 & 1 & 0 \\ 2 & 1 & -2 & 2 & 0 \end{array}\right) \begin{array}{l} | \cdot (-2) \\ \\ | \leftarrow \end{array} \rightsquigarrow \left(\begin{array}{cccc|c} 1 & 2 & 3 & 0 & 0 \\ 0 & -2 & 5 & 1 & 0 \\ 0 & -2 & -8 & 2 & 0 \end{array}\right) \begin{array}{l} \\ | \cdot (-1) \\ | \leftarrow \end{array}$$

$$\rightsquigarrow \left(\begin{array}{cccc|c} 1 & 2 & 3 & 0 & 0 \\ 0 & -2 & 5 & 1 & 0 \\ 0 & 0 & -13 & 1 & 0 \end{array}\right)$$

Wir lesen drei Nicht-Nullzeilen in der ZSF ab. Also ist der Rang = 3. Also $\dim(\mathcal{L}(F_1)) = 3$ und damit $\mathcal{L}(F_1) = \mathbb{R}^3$

Satz: „3 Vektoren (2 davon l.u.)...bilden ein...EZS der Ebene E"

Ja, F_3 ist ein EZS der Ebene E. Das können wir zeigen, indem wir uns anschauen, wie E definiert ist. E entsteht durch alle LKs der Vektoren

$$\begin{pmatrix} 1 \\ 3 \\ -1 \end{pmatrix} \quad \text{und} \quad \begin{pmatrix} 2 \\ 0 \\ 2 \end{pmatrix}$$

Die Familie $((1,\ 3,\ -1)^T, (2,\ 0,\ 2)^T)$ ist also das (originale) EZS von E. Lassen sich die beiden Vektoren als LK der Vektoren aus F_3 darstellen? Beide LGS zusammen:

$$\left(\begin{array}{ccc|cc} 3 & 3 & 8 & 1 & 2 \\ 3 & -3 & 6 & 3 & 0 \\ 1 & 5 & 4 & -1 & 2 \end{array}\right) \begin{array}{l} | \cdot (-1) \quad | \\ | \leftarrow \\ | \cdot (-3) \leftarrow \end{array}$$

$$\rightsquigarrow \left(\begin{array}{ccc|cc} 3 & 3 & 8 & 1 & 2 \\ 0 & -6 & -2 & 2 & -2 \\ 0 & -12 & -4 & 4 & -4 \end{array}\right) \begin{array}{l} \\ | \\ | :(-2) \leftarrow \end{array} \rightsquigarrow \left(\begin{array}{ccc|cc} 3 & 3 & 8 & 1 & 2 \\ 0 & -6 & -2 & 2 & -2 \\ 0 & 0 & 0 & 0 & 0 \end{array}\right)$$

Beide LGS sind lösbar. Die Matrix mit Spaltenvektoren aus F_3 hat den Rang 2 (oben ablesbar), also $\dim(\mathcal{L}(F_3)) = 2$. Die Familie $((1,\ 3,\ -1)^T, (2,\ 0,\ 2)^T)$ ist l.u. (keine Vielfachen). Also ist auch $\dim(E) = 2$.

Satz: „$\mathbb{R}^3$ (Dimension 3)"

Da es genau drei l.u. Vektoren braucht, um den $\mathbb{R}^3$ durch Linearkombinationen zu erzeugen, ist $\dim(\mathbb{R}^3) = 3$.

Satz: „Ebene E durch den Ursprung (Dimension 2)"

Da es genau zwei l.u. Vektoren braucht, um die Ebene E durch Linearkombinationen zu erzeugen, ist $\dim(E) = 2$.

Satz: „Gerade G durch den Ursprung (Dimension 1)"

Siehe äquivalent zur Begründung (2) der Ebene $E \ldots \quad \Rightarrow \quad \dim(G) = 1$

Satz: „Ursprung (Dimension 0)"

Dies stellt den Sonderfall dar, dass es keinen l.u. Vektor gibt, der diesen Vektorraum aufspannt, denn er besteht lediglich aus dem Nullvektor $\vec{0}$. Also ist dim(„Ursprung") = 0.

Satz: „Punkt P...ist eine eindeutige LK der Vektoren aus der...Basis des $\mathbb{R}^3$" bzw.
Satz: „Basis des $\mathbb{R}^3$...liefert eindeutige Koordinaten zu...Punkt P"

Ja, denn das LGS $\underbrace{\begin{pmatrix} 1 & 2 & 3 \\ 0 & -2 & 5 \\ 2 & 1 & -2 \end{pmatrix}}_{\text{Matrix mit Spalten aus } F_2} \begin{pmatrix} x_1 \\ x_2 \\ x_3 \end{pmatrix} = \begin{pmatrix} 4 \\ 1 \\ -1 \end{pmatrix} = \overrightarrow{0P}$ liefert eine eindeutige Lösung für $\vec{x}$, da die Spaltenvektoren l.u. sind.

Genau das gleiche für Punkt Q, denn auch dieser liegt im $\mathbb{R}^3$.

Satz: „Basis von E...liefert eindeutige oder gar keine Koordinaten zu...Punkt P"

Falls der Punkt P zufällig auch in E liegt, liefert die Basis (F_4) eindeutige Koordinaten. Falls P nicht in E liegt, dann liefert die Basis F_4 keine Koordinaten, denn P liegt außerhalb von $\mathcal{L}(F_4) = E$. In diesem Fall Letzteres:

$$\left(\begin{array}{cc|c} 4 & 0 & 4 \\ 0 & -6 & 1 \\ 4 & 4 & -1 \end{array}\right) \begin{array}{l} \mid \cdot(-1) \\ \\ \mid \leftarrow + \end{array} \rightsquigarrow \left(\begin{array}{cc|c} 4 & 0 & 4 \\ 0 & -6 & 1 \\ 0 & 4 & -5 \end{array}\right) \begin{array}{l} \\ \mid \cdot 2 \\ \mid \cdot 3 \leftarrow + \end{array} \rightsquigarrow \left(\begin{array}{cc|c} 4 & 0 & 4 \\ 0 & -6 & 1 \\ 0 & 0 & -13 \end{array}\right)$$

Das LGS ist nicht lösbar. Also liegt P nicht in E und deswegen liefert Basis F_4 keine Koordinaten zu P.

1.6 Basistransformationen

Du solltest nun wissen, dass Basen „gute" EZS sind. Denn mit Hilfe von Basen kann jeder Vektor im erzeugten Vektorraum eindeutig als LK der Basisvektoren dargestellt werden. Daher sind sie von weit höherem Interesse als EZS, die keine Basen sind. Bevor wir uns mit dem Gebiet Basistransformationen auseinandersetzen, klären wir, welche speziellen Basen/-Bezeichnungen wir kennen müssen.

1.6.1 Spezielle Basen

Ähnlich zu Kapitel 1.1.3 bzw. 1.1.4 gibt es auch Basen, die besondere Namen erhalten.

Standardbasis

Als Standardbasis des $\mathbb{R}^n$ wird die folgende Familie von Vektoren bezeichnet:

$$\left(\begin{pmatrix}1\\0\\\vdots\\0\\0\end{pmatrix},\begin{pmatrix}0\\1\\\vdots\\0\\0\end{pmatrix},\dots,\begin{pmatrix}0\\0\\\vdots\\1\\0\end{pmatrix},\begin{pmatrix}0\\0\\\vdots\\0\\1\end{pmatrix}\right)=(\vec{e_1},\vec{e_2},\dots,\overrightarrow{e_{n-1}},\vec{e_n}) \tag{1.44}$$

Die Basis als Spaltenvektoren in eine Matrix geschrieben, würde das die Einheitsmatrix $\mathbf{E}_n$ ergeben.

Ortho*gonal*basis

Eine Basis wird **O**rtho**g**onal**b**asis (OGB) genannt, wenn jeder Vektor aus der Basis zu den anderen Vektoren orthogonal/senkrecht steht (durch Skalarprodukt prüfbar).

$B=\left(\begin{pmatrix}1\\-1\\3\end{pmatrix},\begin{pmatrix}-2\\13\\5\end{pmatrix},\begin{pmatrix}4\\1\\-1\end{pmatrix}\right)$ ist eine OGB des $\mathbb{R}^3$, da:

$$\begin{pmatrix}1\\-1\\3\end{pmatrix}\bullet\begin{pmatrix}-2\\13\\5\end{pmatrix}=0,\quad \begin{pmatrix}1\\-1\\3\end{pmatrix}\bullet\begin{pmatrix}4\\1\\-1\end{pmatrix}=0,\quad \begin{pmatrix}-2\\13\\5\end{pmatrix}\bullet\begin{pmatrix}4\\1\\-1\end{pmatrix}=0$$

Die Vektoren sind damit auch eindeutig l.u.! Damit ist B eine OGB des $\mathbb{R}^3$.

Ortho*normal*basis

Eine **O**rtho**n**ormal**b**asis (ONB) hat die folgenden Eigenschaften:

- Sie ist eine Orthogonalbasis
- Alle Vektoren aus der Basis haben die Länge 1

Die Standardbasis ist ebenfalls eine ONB!

$$B = \left(\begin{pmatrix} \frac{1}{\sqrt{5}} \\ 0 \\ \frac{2}{\sqrt{5}} \end{pmatrix}, \begin{pmatrix} 0 \\ 1 \\ 0 \end{pmatrix}, \begin{pmatrix} -\frac{2}{\sqrt{5}} \\ 0 \\ \frac{1}{\sqrt{5}} \end{pmatrix} \right) \text{ ist eine ONB des } \mathbb{R}^3\text{, da:}$$

$$\begin{pmatrix} \frac{1}{\sqrt{5}} \\ 0 \\ \frac{2}{\sqrt{5}} \end{pmatrix} \bullet \begin{pmatrix} 0 \\ 1 \\ 0 \end{pmatrix} = 0, \quad \begin{pmatrix} \frac{1}{\sqrt{5}} \\ 0 \\ \frac{2}{\sqrt{5}} \end{pmatrix} \bullet \begin{pmatrix} -\frac{2}{\sqrt{5}} \\ 0 \\ \frac{1}{\sqrt{5}} \end{pmatrix} = 0, \quad \begin{pmatrix} 0 \\ 1 \\ 0 \end{pmatrix} \bullet \begin{pmatrix} -\frac{2}{\sqrt{5}} \\ 0 \\ \frac{1}{\sqrt{5}} \end{pmatrix} = 0$$

Also ist B eine OGB und wegen

$$\left\| \begin{pmatrix} \frac{1}{\sqrt{5}} \\ 0 \\ \frac{2}{\sqrt{5}} \end{pmatrix} \right\| = \sqrt{\left(\frac{1}{\sqrt{5}}\right)^2 + (0)^2 + \left(\frac{2}{\sqrt{5}}\right)^2} = \sqrt{\frac{1+4}{5}} = 1, \quad \left\| \begin{pmatrix} 0 \\ 1 \\ 0 \end{pmatrix} \right\| = 1$$

$$\left\| \begin{pmatrix} -\frac{2}{\sqrt{5}} \\ 0 \\ \frac{1}{\sqrt{5}} \end{pmatrix} \right\| = \sqrt{\left(-\frac{2}{\sqrt{5}}\right)^2 + (0)^2 + \left(\frac{1}{\sqrt{5}}\right)^2} = \sqrt{\frac{4+1}{5}} = 1$$

auch eine ONB des $\mathbb{R}^3$.

Basis aus Eigenvektoren: Diese Basis wird noch beim diagonalisieren einer Matrix eine Rolle spielen.

1.6.2 Gram-Schmidt-Verfahren

Das Gram-Schmidt-Verfahren ist ein Algorithmus, um eine beliebige Basis zu einer Orthogonal- oder Orthonormalbasis zu transformieren, ohne die lineare Hülle, die von der Basis aufgespannt wird, zu ändern.

Gram-Schmidt-Verfahren Überblick

Es kursieren zwei mögliche Algorithmen:

(a) das Gram-Schmidtsche Ortho*gonal*isierungsverfahren

(b) das Gram-Schmidtsche Ortho*normal*isierungsverfahren

Wie die Namen schon sagen, erhalten wir mit (a) eine Orthogonal- und mit (b) eine Orthonormalbasis.

Gram-Schmidt mit 2 Vektoren und Skizze

Im Großen und Ganzen berechnen beide Verfahren aber das Gleiche. Mit (a) lässt sich unserer Meinung nach besser rechnen. Falls du explizit eine Orthonormalbasis mit dem Gram-Schmidt-Verfahren berechnen sollst, kannst du auch erst mit (a) rechnen und nachträglich alle Basisvektoren normieren, anstatt mit (b) zu verfahren.

(a) Ortho*gonal*isierungsverfahren

Wenn eine Basis $(\vec{a_1}, \vec{a_2}, \vec{a_3}, \ldots, \vec{a_n})$ gegeben ist und in eine Orthogonalbasis $(\vec{u_1}, \vec{u_2}, \vec{u_3}, \ldots, \vec{u_n})$ transformiert werden soll, dann:

Gram-Schmidt mit 3 Vektoren

$$\begin{aligned}
\vec{u_1} &:= \vec{a_1} \\
\vec{u_2} &= \vec{a_2} - \frac{\vec{a_2} \bullet \vec{u_1}}{\vec{u_1} \bullet \vec{u_1}} \cdot \vec{u_1} \\
\vec{u_3} &= \vec{a_3} - \frac{\vec{a_3} \bullet \vec{u_1}}{\vec{u_1} \bullet \vec{u_1}} \cdot \vec{u_1} - \frac{\vec{a_3} \bullet \vec{u_2}}{\vec{u_2} \bullet \vec{u_2}} \cdot \vec{u_2} \\
\vec{u_4} &= \vec{a_4} - \frac{\vec{a_4} \bullet \vec{u_1}}{\vec{u_1} \bullet \vec{u_1}} \cdot \vec{u_1} - \frac{\vec{a_4} \bullet \vec{u_2}}{\vec{u_2} \bullet \vec{u_2}} \cdot \vec{u_2} - \frac{\vec{a_4} \bullet \vec{u_3}}{\vec{u_3} \bullet \vec{u_3}} \cdot \vec{u_3} \\
&\dots \\
\vec{u_n} &= \vec{a_n} - \sum_{i=1}^{n-1} \frac{\vec{a_n} \bullet \vec{u_i}}{\vec{u_i} \bullet \vec{u_i}} \cdot \vec{u_i}
\end{aligned} \tag{1.45}$$

In welcher Reihenfolge wir die Vektoren aus der Ausgangsbasis mit $\vec{a_1}, \vec{a_2}, \dots$ betiteln, spielt keine Rolle.

Zur Übersichtlichkeit empfehlen wir dir, nach jedem berechneten $\vec{u_{\dots}}$ direkt den Term $\vec{u_{\dots}} \bullet \vec{u_{\dots}}$ (der für das jeweils nächste $\vec{u}$ benötigt wird) zu berechnen.

Teile dieser Formeln solltest du bereits kennen, denn wenn wir uns den Beginn des Algorithmus

$$\begin{aligned}
\vec{u_1} &:= \vec{a_1} \\
\vec{u_2} &= \vec{a_2} - \frac{\vec{a_2} \bullet \vec{u_1}}{\vec{u_1} \bullet \vec{u_1}} \cdot \vec{u_1}
\end{aligned}$$

ansehen, ist der Teil $\frac{\vec{a_2} \bullet \vec{u_1}}{\vec{u_1} \bullet \vec{u_1}} \cdot \vec{u_1}$ nichts anderes, als die Projektion von $\vec{a_2}$ auf $\vec{u_1}$, also $\vec{a_2}_{||}$ bzgl. $\vec{u_1}$.

Damit ist $\vec{u_2} := \vec{a_2} - \frac{\vec{a_2} \bullet \vec{u_1}}{\vec{u_1} \bullet \vec{u_1}} \cdot \vec{u_1}$ der senkrechte Teil von $\vec{a_2}$ bzgl. $\vec{u_1}$. Das setzt sich dann für $\vec{u_3}$, $\vec{u_4}, \dots$ fort und wir erhalten eine Orthogonalbasis.

Transformiere die Basis $B = \left(\begin{pmatrix} 2 \\ 0 \\ 1 \end{pmatrix}, \begin{pmatrix} 3 \\ 3 \\ -1 \end{pmatrix}, \begin{pmatrix} 2 \\ 1 \\ -2 \end{pmatrix} \right)$ in eine Orthogonalbasis.

$$\vec{u_1} := \begin{pmatrix} 2 \\ 0 \\ 1 \end{pmatrix}, \quad \vec{u_1} \bullet \vec{u_1} = 5$$

$$\vec{u_2} = \begin{pmatrix} 3 \\ 3 \\ -1 \end{pmatrix} - \frac{\begin{pmatrix} 3 \\ 3 \\ -1 \end{pmatrix} \bullet \begin{pmatrix} 2 \\ 0 \\ 1 \end{pmatrix}}{5} \cdot \begin{pmatrix} 2 \\ 0 \\ 1 \end{pmatrix} = \begin{pmatrix} 3 \\ 3 \\ -1 \end{pmatrix} - \frac{5}{5} \cdot \begin{pmatrix} 2 \\ 0 \\ 1 \end{pmatrix} = \begin{pmatrix} 1 \\ 3 \\ -2 \end{pmatrix}, \quad \vec{u_2} \bullet \vec{u_2} = 14$$

$$\vec{u_3} = \begin{pmatrix} 2 \\ 1 \\ -2 \end{pmatrix} - \frac{\begin{pmatrix} 2 \\ 1 \\ -2 \end{pmatrix} \bullet \begin{pmatrix} 2 \\ 0 \\ 1 \end{pmatrix}}{5} \cdot \begin{pmatrix} 2 \\ 0 \\ 1 \end{pmatrix} - \frac{\begin{pmatrix} 2 \\ 1 \\ -2 \end{pmatrix} \bullet \begin{pmatrix} 1 \\ 3 \\ -2 \end{pmatrix}}{14} \cdot \begin{pmatrix} 1 \\ 3 \\ -2 \end{pmatrix}$$

$$= \begin{pmatrix} 2 \\ 1 \\ -2 \end{pmatrix} - \frac{2}{5} \cdot \begin{pmatrix} 2 \\ 0 \\ 1 \end{pmatrix} - \frac{9}{14} \cdot \begin{pmatrix} 1 \\ 3 \\ -2 \end{pmatrix} = \frac{70}{70} \cdot \begin{pmatrix} 2 \\ 1 \\ -2 \end{pmatrix} - \frac{28}{70} \cdot \begin{pmatrix} 2 \\ 0 \\ 1 \end{pmatrix} - \frac{45}{70} \cdot \begin{pmatrix} 1 \\ 3 \\ -2 \end{pmatrix}$$

$$= \frac{1}{70} \cdot \begin{pmatrix} 140 - 56 - 45 \\ 70 - 0 - 135 \\ -140 - 28 + 90 \end{pmatrix} = \frac{1}{70} \begin{pmatrix} 39 \\ -65 \\ -78 \end{pmatrix} = \begin{pmatrix} \frac{39}{70} \\ -\frac{13}{14} \\ -\frac{39}{35} \end{pmatrix}$$

Orthogonalbasis $\left(\begin{pmatrix} 2 \\ 0 \\ 1 \end{pmatrix}, \begin{pmatrix} 1 \\ 3 \\ -2 \end{pmatrix}, \begin{pmatrix} \frac{39}{70} \\ -\frac{13}{14} \\ -\frac{39}{35} \end{pmatrix} \right)$ gefunden.

Achte genau auf die jeweilige Fragestellung! Hätten wir hier zu Beginn gefragt „Finde eine Orthogonalbasis zu dem UVR, den die Basis B aufspannt / zu $\mathcal{L}(B)$“, wäre die Antwort leicht: Da die Basis B den $\mathbb{R}^3$ aufspannt ($\mathcal{L}(B) = \mathbb{R}^3$), könntest du ganz einfach die Standardbasis des $\mathbb{R}^3$ angeben.

(b) Ortho*normal*isierungsverfahren

Wenn eine Basis $(\vec{a_1}, \vec{a_2}, \vec{a_3}, \ldots, \vec{a_n})$ gegeben ist und in eine Orthonormalbasis $(\vec{u_1}, \vec{u_2}, \vec{u_3}, \ldots, \vec{u_n})$ transformiert werden soll, dann:

$$\vec{u_1^*} := \vec{a_1}, \quad \vec{u_1} = \frac{\vec{u_1^*}}{\left\|\vec{u_1^*}\right\|}$$

$$\vec{u_2^*} = \vec{a_2} - \left(\vec{a_2} \bullet \vec{u_1}\right) \cdot \vec{u_1}, \quad \vec{u_2} = \frac{\vec{u_2^*}}{\left\|\vec{u_2^*}\right\|}$$

$$\vec{u_3^*} = \vec{a_3} - \left(\vec{a_3} \bullet \vec{u_1}\right) \cdot \vec{u_1} - \left(\vec{a_3} \bullet \vec{u_2}\right) \cdot \vec{u_2}, \quad \vec{u_3} = \frac{\vec{u_3^*}}{\left\|\vec{u_3^*}\right\|}$$

$$\vec{u_4^*} = \vec{a_4} - \left(\vec{a_4} \bullet \vec{u_1}\right) \cdot \vec{u_1} - \left(\vec{a_4} \bullet \vec{u_2}\right) \cdot \vec{u_2} - \left(\vec{a_4} \bullet \vec{u_3}\right) \cdot \vec{u_3}, \quad \vec{u_4} = \frac{\vec{u_4^*}}{\left\|\vec{u_4^*}\right\|}$$

$$\ldots$$

$$\vec{u_n^*} = \vec{a_n} - \sum_{i=1}^{n-1} \left(\vec{a_n} \bullet \vec{u_i}\right) \cdot \vec{u_i}, \quad \vec{u_n} = \frac{\vec{u_n^*}}{\left\|\vec{u_n^*}\right\|}$$

Im Gegensatz zu (a) normieren wir hier jeden Vektor, direkt nachdem wir ihn berechnet haben. Damit sparen wir uns auch bei den weiteren Berechnungen das „$\vec{u} \bullet \vec{u}$“ in den Nennern.

Finde eine Orthonormalbasis zu dem UVR, der der Ebene $E: \vec{x} = \lambda \begin{pmatrix} 6 \\ -\sqrt{3} \\ 3 \end{pmatrix} + \mu \begin{pmatrix} 6 \\ 0 \\ 4 \end{pmatrix}, \lambda, \mu \in \mathbb{R}$ entspricht.

Eine Basis zu E ist durch $\left(\begin{pmatrix} 6 \\ -\sqrt{3} \\ 3 \end{pmatrix}, \begin{pmatrix} 6 \\ 0 \\ 4 \end{pmatrix} \right)$ gegeben.

Verfahren (a):

$$\vec{u_1} := \begin{pmatrix} 6 \\ -\sqrt{3} \\ 3 \end{pmatrix}, \quad \vec{u_1} \bullet \vec{u_1} = 36 + 3 + 9 = 48$$

$$\vec{u_2} = \begin{pmatrix} 6 \\ 0 \\ 4 \end{pmatrix} - \frac{\begin{pmatrix} 6 \\ 0 \\ 4 \end{pmatrix} \bullet \begin{pmatrix} 6 \\ -\sqrt{3} \\ 3 \end{pmatrix}}{48} \cdot \begin{pmatrix} 6 \\ -\sqrt{3} \\ 3 \end{pmatrix} = \begin{pmatrix} 6 \\ 0 \\ 4 \end{pmatrix} - \frac{48}{48} \cdot \begin{pmatrix} 6 \\ -\sqrt{3} \\ 3 \end{pmatrix} = \begin{pmatrix} 0 \\ \sqrt{3} \\ 1 \end{pmatrix}$$

Normieren:

$$\frac{\vec{u_1}}{\|\vec{u_1}\|} = \frac{1}{\sqrt{48}} \cdot \begin{pmatrix} 6 \\ -\sqrt{3} \\ 3 \end{pmatrix}, \quad \frac{\vec{u_2}}{\|\vec{u_2}\|} = \frac{1}{2} \cdot \begin{pmatrix} 0 \\ \sqrt{3} \\ 1 \end{pmatrix}$$

Eine Orthonormalbasis zu E ist also $\left(\frac{1}{\sqrt{48}} \cdot \begin{pmatrix} 6 \\ -\sqrt{3} \\ 3 \end{pmatrix}, \frac{1}{2} \cdot \begin{pmatrix} 0 \\ \sqrt{3} \\ 1 \end{pmatrix} \right)$

Verfahren (b):

$$\vec{u_1^*} := \begin{pmatrix} 6 \\ -\sqrt{3} \\ 3 \end{pmatrix}, \quad \vec{u_1} = \frac{\vec{u_1^*}}{\left\|\vec{u_1^*}\right\|} = \frac{1}{48} \cdot \begin{pmatrix} 6 \\ -\sqrt{3} \\ 3 \end{pmatrix}$$

$$\vec{u_2^*} = \begin{pmatrix} 6 \\ 0 \\ 4 \end{pmatrix} - \left(\begin{pmatrix} 6 \\ 0 \\ 4 \end{pmatrix} \bullet \frac{1}{\sqrt{48}} \cdot \begin{pmatrix} 6 \\ -\sqrt{3} \\ 3 \end{pmatrix} \right) \cdot \frac{1}{\sqrt{48}} \cdot \begin{pmatrix} 6 \\ -\sqrt{3} \\ 3 \end{pmatrix}$$

$$= \begin{pmatrix} 6 \\ 0 \\ 4 \end{pmatrix} - \frac{1}{\sqrt{48}} \cdot 48 \cdot \frac{1}{\sqrt{48}} \cdot \begin{pmatrix} 6 \\ -\sqrt{3} \\ 3 \end{pmatrix} = \begin{pmatrix} 6 \\ 0 \\ 4 \end{pmatrix} - \begin{pmatrix} 6 \\ -\sqrt{3} \\ 3 \end{pmatrix} = \begin{pmatrix} 0 \\ \sqrt{3} \\ 1 \end{pmatrix}$$

$$\vec{u_2} = \frac{\vec{u_2^*}}{\left\|\vec{u_2^*}\right\|} = \frac{1}{2} \cdot \begin{pmatrix} 0 \\ \sqrt{3} \\ 1 \end{pmatrix}$$

1.6.3 Basiswechsel

Wenn wir die Lage von Punkten beschreiben, benötigen wir dafür Koordinaten. Diese beziehen sich allerdings immer auf eine bestimmte Basis. Normalerweise ist das die Standardbasis (Koordinaten ablesbar an der x-, y- und z-Achse). Wollen wir die Lage eines Punktes mit einer anderen Basis beschreiben, so führen wir einen Basiswechsel durch.

Basiswechsel Übersicht

Basiswechsel Beispiel

Komfortabel wäre es nun, wenn wir eine Matrix hätten, mit welcher wir die Koordinaten eines Punktes bzgl. einer Basis B in eine andere Basis B' überführen könnten. Diese Matrix wird *Basiswechselmatrix* oder *Transformationsmatrix* genannt und für gewöhnlich mit $\mathbf{T}_{B'}^{B}$ bezeichnet.

Wenn nun mit (allgemein) $B = (\vec{b_1}, \vec{b_2}, \vec{b_3}, \ldots)$ und $B' = (\vec{b'_1}, \vec{b'_2}, \vec{b'_3}, \ldots)$ zwei verschiedene Basen des selben Vektorraums gegeben sind, gilt für einen beliebigen Punkt $P = (p_1, p_2, p_3, \ldots)$ bzw. $\overrightarrow{0P} = (p_1,\ p_2,\ p_3,\ \ldots)^{\mathrm{T}}$:

$$
\begin{aligned}
\text{In Standardbasis:}\quad & p_1 \cdot \vec{e_1} + p_2 \cdot \vec{e_2} + p_3 \cdot \vec{e_3} + \ldots = \overrightarrow{0P} \\
\text{In Basis } B\text{:}\quad & x_{b_1} \cdot \vec{b_1} + x_{b_2} \cdot \vec{b_2} + x_{b_3} \cdot \vec{b_3} + \ldots = \overrightarrow{0P} \\
\text{In Basis } B'\text{:}\quad & x_{b'_1} \cdot \vec{b'_1} + x_{b'_2} \cdot \vec{b'_2} + x_{b'_3} \cdot \vec{b'_3} + \ldots = \overrightarrow{0P}
\end{aligned}
$$

Die $p_{\ldots}$ sind die Koordinaten von P bzgl. der Standardbasis, $x_{b_{\ldots}}$ die Koordinaten bzgl. Basis B und $x_{b'_{\ldots}}$ bzgl. Basis B'. Wenn jetzt die Koordinaten von P bzgl. Basis B bekannt/gegeben sind, können wir dies nutzen:

$$
x_{b_1} \cdot \vec{b_1} + x_{b_2} \cdot \vec{b_2} + x_{b_3} \cdot \vec{b_3} + \ldots = x_{b'_1} \cdot \vec{b'_1} + x_{b'_2} \cdot \vec{b'_2} + x_{b'_3} \cdot \vec{b'_3} + \ldots
$$

In Matrix-Vektor-Schreibweise:

$$
\underbrace{(\vec{b_1}\vec{b_2}\vec{b_3}\ldots)}_{\text{Matrix}} \begin{pmatrix} x_{b_1} \\ x_{b_2} \\ x_{b_3} \\ \vdots \end{pmatrix} = \underbrace{(\vec{b'_1}\vec{b'_2}\vec{b'_3}\ldots)}_{\text{Matrix}} \begin{pmatrix} x_{b'_1} \\ x_{b'_2} \\ x_{b'_3} \\ \vdots \end{pmatrix} \quad \Big|\ \text{Inverse von links}
$$

$$
\Leftrightarrow \quad \underbrace{(\vec{b'_1}\vec{b'_2}\vec{b'_3}\ldots)^{-1}(\vec{b_1}\vec{b_2}\vec{b_3}\ldots)}_{=\mathbf{T}_{B'}^{B}} \begin{pmatrix} x_{b_1} \\ x_{b_2} \\ x_{b_3} \\ \vdots \end{pmatrix} = \begin{pmatrix} x_{b'_1} \\ x_{b'_2} \\ x_{b'_3} \\ \vdots \end{pmatrix} \tag{1.46}
$$

$$
\Leftrightarrow \quad \mathbf{T}_{B'}^{B} \begin{pmatrix} x_{b_1} \\ x_{b_2} \\ x_{b_3} \\ \vdots \end{pmatrix} = \begin{pmatrix} x_{b'_1} \\ x_{b'_2} \\ x_{b'_3} \\ \vdots \end{pmatrix} \quad \text{(für die Berechnung der neuen Koordinaten)}
$$

Für die Transformationsmatrix von Basis B nach Basis B' gilt also:

$$
\begin{aligned}
\mathbf{T}_{B'}^{B} &= (\vec{b'_1}\vec{b'_2}\vec{b'_3}\ldots)^{-1}(\vec{b_1}\vec{b_2}\vec{b_3}\ldots) \\
\Leftrightarrow \quad (\vec{b'_1}\vec{b'_2}\vec{b'_3}\ldots) \cdot \mathbf{T}_{B'}^{B} &= (\vec{b_1}\vec{b_2}\vec{b_3}\ldots)
\end{aligned} \tag{1.47}
$$

Dies sind nun mehrere LGS, welche wir zusammen lösen können:

Berechnen der Transformationsmatrix $\mathbf{T}_{B'}^{B}$ (Basiswechsel von Basis B nach B')

Basen $B = (\vec{b_1}, \vec{b_2}, \vec{b_3}, \ldots)$ und $B' = (\vec{b'_1}, \vec{b'_2}, \vec{b'_3}, \ldots)$ gegeben.

1. Matrizen $\mathbf{B} = (\vec{b_1}\vec{b_2}\vec{b_3}\ldots)$ und $\mathbf{B}' = (\vec{b'_1}\vec{b'_2}\vec{b'_3}\ldots)$ mit den jew. Basisvektoren als Spalten aufstellen
2. LGS (1.47) aufstellen mit Kurzschreibweise $(\mathbf{B}'|\mathbf{B})$

   Links steht die neue Basis – Rechts steht die alte Basis!

3. Durch elementare Zeilenumformungen die linke Seite auf die Einheitsmatrix bringen (wie beim Berechnen einer Inversen)
4. LGS ist nun in Form $(\mathbf{E}|\mathbf{T}_{B'}^{B})$ und die Transformationsmatrix kann abgelesen werden

Die Koordinaten der Basisvektoren in B und B' sind natürlich bzgl. der Standardbasis gegeben.

Das LGS (1.47) zu lösen, ist normalerweise der schnellere Rechenweg, als die inverse Matrix von Basis B' mit der Matrix von Basis B zu multiplizieren (aus (1.46)).

Wie lauten die Koordinaten des Punktes $P_B = (1, 2, 3)$ (P_B bzgl. Basis B) bzgl. Basis B' mit

$$B = \left(\begin{pmatrix} 1 \\ 0 \\ 1 \end{pmatrix}, \begin{pmatrix} 3 \\ 1 \\ 0 \end{pmatrix}, \begin{pmatrix} -1 \\ 1 \\ 1 \end{pmatrix} \right) \quad \text{und} \quad B' = \left(\begin{pmatrix} 1 \\ 1 \\ 1 \end{pmatrix}, \begin{pmatrix} 0 \\ 1 \\ 2 \end{pmatrix}, \begin{pmatrix} 1 \\ 0 \\ 1 \end{pmatrix} \right)$$

Matrizen aus den Basisvektoren:

$$\mathbf{B} = \begin{pmatrix} 1 & 3 & -1 \\ 0 & 1 & 1 \\ 1 & 0 & 1 \end{pmatrix}, \quad \mathbf{B}' = \begin{pmatrix} 1 & 0 & 1 \\ 1 & 1 & 0 \\ 1 & 2 & 1 \end{pmatrix}$$

Transformationsmatrix $\mathbf{T}_{B'}^{B}$ bestimmen. Löse $\mathbf{B}'\mathbf{T}_{B'}^{B} = \mathbf{B} \rightsquigarrow (\mathbf{B}'|\mathbf{B})$:

$$\left(\begin{array}{ccc|ccc} 1 & 0 & 1 & 1 & 3 & -1 \\ 1 & 1 & 0 & 0 & 1 & 1 \\ 1 & 2 & 1 & 1 & 0 & 1 \end{array}\right) \begin{array}{l} | \cdot (-1) \\ | \leftarrow + \\ | \leftarrow + \end{array} \rightsquigarrow \left(\begin{array}{ccc|ccc} 1 & 0 & 1 & 1 & 3 & -1 \\ 0 & 1 & -1 & -1 & -2 & 2 \\ 0 & 2 & 0 & 0 & -3 & 2 \end{array}\right) \begin{array}{l} \\ | \cdot (-2) \\ | \leftarrow + \end{array}$$

$$\rightsquigarrow \left(\begin{array}{ccc|ccc} 1 & 0 & 1 & 1 & 3 & -1 \\ 0 & 1 & -1 & -1 & -2 & 2 \\ 0 & 0 & 2 & 2 & 1 & -2 \end{array}\right) \begin{array}{l} | \cdot (-2) \leftarrow + \\ | \cdot 2 \leftarrow + \\ \end{array} \rightsquigarrow \left(\begin{array}{ccc|ccc} -2 & 0 & 0 & 0 & -5 & 0 \\ 0 & 2 & 0 & 0 & -3 & 2 \\ 0 & 0 & 2 & 2 & 1 & -2 \end{array}\right) \begin{array}{l} | : (-2) \\ | : 2 \\ | : 2 \end{array}$$

$$\rightsquigarrow \left(\begin{array}{ccc|ccc} 1 & 0 & 0 & 0 & \frac{5}{2} & 0 \\ 0 & 1 & 0 & 0 & -\frac{3}{2} & 1 \\ 0 & 0 & 1 & 1 & \frac{1}{2} & -1 \end{array}\right) \quad \Rightarrow \quad \mathbf{T}_{B}^{A} = \begin{pmatrix} 0 & \frac{5}{2} & 0 \\ 0 & -\frac{3}{2} & 1 \\ 1 & \frac{1}{2} & -1 \end{pmatrix}$$

$$\Rightarrow \quad \overrightarrow{0P_{B'}} = \mathbf{T}_{B'}^{B} \cdot \begin{pmatrix} 1 \\ 2 \\ 3 \end{pmatrix} = \begin{pmatrix} 5 \\ 0 \\ -1 \end{pmatrix}, \quad P_{B'} = (5, 0, -1)$$

Zur Probe:

Aus Basis B in Standardbasis: $1 \cdot \begin{pmatrix} 1 \\ 0 \\ 1 \end{pmatrix} + 2 \cdot \begin{pmatrix} 3 \\ 1 \\ 0 \end{pmatrix} + 3 \cdot \begin{pmatrix} -1 \\ 1 \\ 1 \end{pmatrix} = \begin{pmatrix} 4 \\ 5 \\ 4 \end{pmatrix}$

Aus Basis B' in Standardbasis: $5 \cdot \begin{pmatrix} 1 \\ 1 \\ 1 \end{pmatrix} + 0 \cdot \begin{pmatrix} 0 \\ 1 \\ 2 \end{pmatrix} - 1 \cdot \begin{pmatrix} 1 \\ 0 \\ 1 \end{pmatrix} = \begin{pmatrix} 4 \\ 5 \\ 4 \end{pmatrix}$

Bzgl. der Standardbasis hat der Punkt P also die Koordinaten P=(4,5,4).

Die Vorgehensweise hier ist Voraussetzung für das Verständnis, Abbildungsmatrizen bei einem Basiswechsel in Kapitel 1.7.7 zu transformieren.

1.7 Lineare Abbildungen

Eine Abbildung $f: V \to W$ ist linear, wenn Folgendes gilt:

$$\forall \vec{x}, \vec{y} \in V: \quad f(\lambda \cdot \vec{x} + \mu \cdot \vec{y}) = \lambda \cdot f(\vec{x}) + \mu \cdot f(\vec{y}) \qquad (\lambda, \mu \in \mathbb{R}) \tag{1.48}$$

Abbildungen durch Matrizen

Eine lineare Abbildung kann immer in „Matrix·Vektor" Schreibweise notiert werden. In Vorlesungsskripten oder Büchern wirst du häufig die abstrakte Schreibweise (1.49) entdecken, auf welche bei Einführung neuer Begriffe zurückgegriffen wird:

$$\varphi_A: V \to W, \ \vec{x} \mapsto \mathbf{A}\vec{x} \tag{1.49}$$

Wenn wir uns im Bereich der Matrizen $\mathbf{A} \in \mathbb{R}^{m \times n}$ bewegen und es keine Einschränkungen an V (und W) gibt, können wir (1.49) folgendermaßen schreiben:

$$f_A: \mathbb{R}^n \to \mathbb{R}^m, \ \vec{x} \mapsto \mathbf{A}\vec{x} \tag{1.50}$$

mit:
- f_A Funktionsname (f ist vertrauter als φ. Index A deutet auf die Abbildungsmatrix hin)
- $\mathbb{R}^n$ Definitionsbereich (hieraus kommen die $\vec{x}$)
- $\mathbb{R}^m$ Wertebereich (hierhin bildet f_A den Vektor $\vec{x}$ ab)
- $\vec{x} \in \mathbb{R}^n$ variabler Vektor (die Variable)
- $\mathbf{A} \in \mathbb{R}^{m \times n}$ Abbildungsmatrix/Darstellungsmatrix
- $\mathbf{A}\vec{x} \in \mathbb{R}^m$ Ergebnisvektor

Was jetzt interessant ist: Nur die Matrix **A**. Denn darin stecken alle Informationen, die wir brauchen, denn dadurch ist die Abbildung im Prinzip definiert.

Abbildung $f: \mathbb{R}^3 \to \mathbb{R}^3, \begin{pmatrix} x_1 \\ x_2 \\ x_3 \end{pmatrix} \mapsto \begin{pmatrix} x_1 + x_2 \\ 2x_3 + x_1 + 1 \\ x_2 x_3 - 4x_1 \end{pmatrix}$ ist nicht linear, denn sie kann nicht in Form (1.50) geschrieben werden (wegen der +1 in der zweiten Komponente und dem Term $x_2 x_3$ in der dritten Komponente des Ergebnisvektors)

Abbildung $g: \mathbb{R}^3 \to \mathbb{R}^3, \begin{pmatrix} x_1 \\ x_2 \\ x_3 \end{pmatrix} \mapsto \begin{pmatrix} x_3 + x_2 \\ 2x_3 + x_1 - 5x_2 \\ 7x_2 + x_3 - 4x_1 \end{pmatrix}$ ist linear, da der Ergebnisvektor als

$$\begin{pmatrix} x_3 + x_2 \\ 2x_3 + x_1 - 5x_2 \\ 7x_2 + x_3 - 4x_1 \end{pmatrix} = \begin{pmatrix} 0x_1 + 1x_2 + 1x_3 \\ 1x_1 - 5x_2 + 2x_3 \\ -4x_1 + 7x_2 + 1x_3 \end{pmatrix} = \begin{pmatrix} 0 & 1 & 1 \\ 1 & -5 & 2 \\ -4 & 7 & 1 \end{pmatrix} \begin{pmatrix} x_1 \\ x_2 \\ x_3 \end{pmatrix} \tag{1.51}$$

geschrieben werden kann und damit g als

$$g: \mathbb{R}^3 \to \mathbb{R}^3, \begin{pmatrix} x_1 \\ x_2 \\ x_3 \end{pmatrix} \mapsto \underbrace{\begin{pmatrix} 0 & 1 & 1 \\ 1 & -5 & 2 \\ -4 & 7 & 1 \end{pmatrix}}_{=\mathbf{A}} \begin{pmatrix} x_1 \\ x_2 \\ x_3 \end{pmatrix} \tag{1.52}$$

Jetzt gilt (1.50), da $g(\lambda \cdot \vec{x} + \mu \cdot \vec{y}) = \mathbf{A} \cdot (\lambda \cdot \vec{x} + \mu \cdot \vec{y}) = \lambda \cdot \mathbf{A}\vec{x} + \mu \cdot \mathbf{A}\vec{y} = \lambda \cdot g(\vec{x}) + \mu \cdot g(\vec{y})$.

Die nun folgenden Begriffe *Kern*, *Bild*, *Defekt* und *Rang* werden – je nach deiner Mathematik-Veranstaltung – manchmal auf die Abbildung selbst und manchmal auf die Abbildungsmatrix bezogen, z. B. rg(f) oder rg(**A**). Beides stellt absolut das Gleiche dar! Wir werden uns hier der Schreibweise mit der Abbildungsmatrix bedienen.

1.7.1 Kern einer (Abbildungs)Matrix

Der **Ker**n einer Matrix **A** (ker(**A**)) ist der Lösungsraum der linearen Abbildung $f_A : \mathbb{R}^n \to \mathbb{R}^m,\ \vec{x} \mapsto \mathbf{A}\vec{x}$, wenn auf den Ursprung $\vec{0}$ abgebildet wird.

Übersicht Kern, Bild, Rang, Defekt

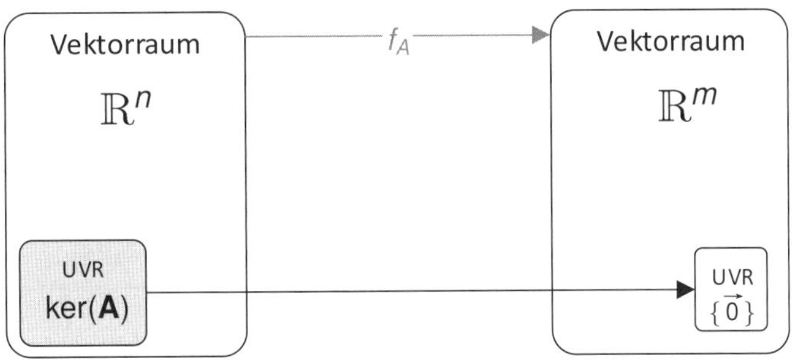

Anders gesagt ist der Kern die Lösungsmenge des zugehörigen homogenen LGS:

$$f_A : \mathbb{R}^n \to \mathbb{R}^m,\ \vec{x} \mapsto \mathbf{A}\vec{x}\ \left(\overset{!}{=} \vec{0}\right)$$

$$\Rightarrow \quad \ker(\mathbf{A}) = \left\{\vec{x} \in \mathbb{R}^n \mid \mathbf{A}\vec{x} = \vec{0}\right\} \tag{1.53}$$

ker(**A**) wird auch Nullraum der Matrix **A** genannt.

Kern einer (Abbildungs)Matrix bestimmen:

1. Homogenes LGS aufstellen und lösen
2. Der Kern der Matrix entspricht der Lösungsmenge

Abbildung $f_A : \mathbb{R}^3 \to \mathbb{R}^3,\ \vec{x} \mapsto \mathbf{A}\vec{x}$ gegeben mit $\mathbf{A} = \begin{pmatrix} 1 & 1 & -1 \\ 0 & 2 & 2 \\ 1 & 4 & 2 \end{pmatrix}$

$$\left(\begin{array}{ccc|c} 1 & 1 & -1 & 0 \\ 0 & 2 & 2 & 0 \\ 1 & 4 & 2 & 0 \end{array}\right) \begin{array}{l} \mid \cdot(-1) \\ \mid :2 \\ \mid \leftarrow + \end{array} \rightsquigarrow \left(\begin{array}{ccc|c} 1 & 1 & -1 & 0 \\ 0 & 1 & 1 & 0 \\ 0 & 3 & 3 & 0 \end{array}\right) \begin{array}{l} \\ \mid \cdot(-3) \\ \mid \leftarrow + \end{array} \rightsquigarrow \left(\begin{array}{ccc|c} 1 & 1 & -1 & 0 \\ 0 & 1 & 1 & 0 \\ 0 & 0 & 0 & 0 \end{array}\right)$$

$$\overset{\text{2. Komp.}}{\Rightarrow} x_2 + x_3 = 0 \overset{x_3 \in \mathbb{R}}{\Rightarrow} x_2 = -x_3$$

$$\overset{\text{1. Komp.}}{\Rightarrow} x_1 + x_2 - x_3 = 0 \overset{x_2 = -x_3}{\Rightarrow} x_1 - x_3 - x_3 = 0 \quad \Rightarrow \quad x_1 = 2x_3$$

$$\ker(\mathbf{A}) = \mathbb{L}_{hom} = \left\{ \begin{pmatrix} 2x_3 \\ -x_3 \\ x_3 \end{pmatrix} \middle| \ x_3 \in \mathbb{R} \right\} = \left\{ x_3 \begin{pmatrix} 2 \\ -1 \\ 1 \end{pmatrix} \middle| \ x_3 \in \mathbb{R} \right\}$$

1.7.2 Bild einer (Abbildungs)Matrix

Bild einer Matrix, Begriffe

Bild einer Matrix mit Beispiel (1)

Bild einer Matrix mit Beispiel (2)

Das Bild einer Matrix ist die Menge aller Vektoren, auf die die Matrix abbilden kann. Das entspricht dem UVR, in den die Matrix abbildet (also die Menge aller Vektoren $\mathbf{A}\vec{x}$, die entsteht, wenn wir für $\vec{x}$ jeden Vektor einsetzen, den wir einsetzen dürfen).

$$\text{Bild}(\mathbf{A}) = \{\mathbf{A}\vec{x} \in \mathbb{R}^m \mid \vec{x} \in \mathbb{R}^n\} \tag{1.54}$$

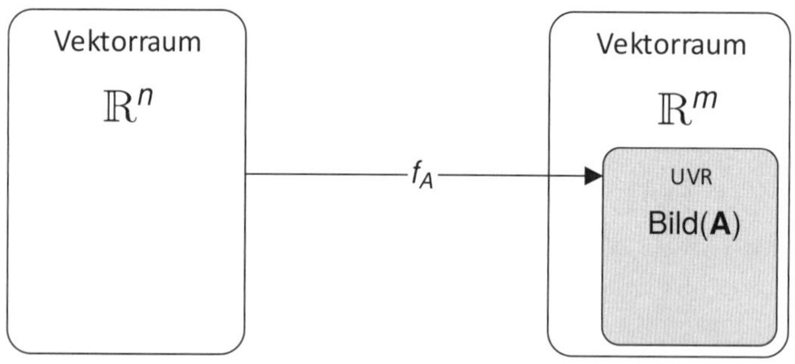

> Es ist im Prinzip genauso definiert, wie bei Funktionen mit einer Veränderlichen ($f : D \to W$). Dort ist das *Bild* die Zahlenmenge, die herauskommt, wenn der gesamte Definitionsbereich in die Funktion eingesetzt wird.

Dazu ein Beispiel zum Verstehen des danach Folgenden:

Lineare Abbildung $f: \mathbb{R}^3 \to \mathbb{R}^4$, $\begin{pmatrix} x_1 \\ x_2 \\ x_3 \end{pmatrix} \mapsto \begin{pmatrix} 1 & 5 & -1 \\ 2 & 7 & 0 \\ 3 & 2 & 4 \\ 0 & -2 & 1 \end{pmatrix} \begin{pmatrix} x_1 \\ x_2 \\ x_3 \end{pmatrix}$ gegeben.

Wenn wir die Standardbasis abbilden, passiert Folgendes:

$$\mathbf{A}\begin{pmatrix} 1 \\ 0 \\ 0 \end{pmatrix} = \begin{pmatrix} 1 \\ 2 \\ 3 \\ 0 \end{pmatrix}, \quad \mathbf{A}\begin{pmatrix} 0 \\ 1 \\ 0 \end{pmatrix} = \begin{pmatrix} 5 \\ 7 \\ 2 \\ -2 \end{pmatrix}, \quad \mathbf{A}\begin{pmatrix} 0 \\ 0 \\ 1 \end{pmatrix} = \begin{pmatrix} -1 \\ 0 \\ 4 \\ 1 \end{pmatrix}$$

Es werden die Spaltenvektoren der Matrix abgebildet. Lassen wir die „Einsen" der Standardbasis nun variabel (aus $\mathbb{R}$), folgt:

$$\mathbf{A}\begin{pmatrix} x_1 \\ 0 \\ 0 \end{pmatrix} = \begin{pmatrix} 1x_1 \\ 2x_1 \\ 3x_1 \\ 0x_1 \end{pmatrix} = x_1 \begin{pmatrix} 1 \\ 2 \\ 3 \\ 0 \end{pmatrix}, \quad \mathbf{A}\begin{pmatrix} 0 \\ x_2 \\ 0 \end{pmatrix} = \begin{pmatrix} 5x_2 \\ 7x_2 \\ 2x_2 \\ -2x_2 \end{pmatrix} = x_2 \begin{pmatrix} 5 \\ 7 \\ 2 \\ -2 \end{pmatrix}, \quad \ldots$$

Fügen wir alles zusammen, ergibt sich:

$$\mathbf{A}\begin{pmatrix}x_1\\x_2\\x_3\end{pmatrix} = \mathbf{A}\left(\begin{pmatrix}x_1\\0\\0\end{pmatrix}+\begin{pmatrix}0\\x_2\\0\end{pmatrix}+\begin{pmatrix}0\\0\\x_3\end{pmatrix}\right) = \mathbf{A}\begin{pmatrix}x_1\\0\\0\end{pmatrix}+\mathbf{A}\begin{pmatrix}0\\x_2\\0\end{pmatrix}+\mathbf{A}\begin{pmatrix}0\\0\\x_3\end{pmatrix}$$

$$= x_1\begin{pmatrix}1\\2\\3\\0\end{pmatrix}+x_2\begin{pmatrix}5\\7\\2\\-2\end{pmatrix}+x_3\begin{pmatrix}-1\\0\\4\\1\end{pmatrix} \quad \text{mit} \quad x_1,x_2,x_3\in\mathbb{R}$$

Das Bild der Matrix **A** ist also jede mögliche LK der Spaltenvektoren.

Aus dem Beispiel sehen wir: Das Bild einer Matrix ist die lineare Hülle ihrer Spaltenvektoren:

$$\text{Bild}(\mathbf{A}) = \mathcal{L}(\text{„Spaltenvektoren von } \mathbf{A}\text{“}) \tag{1.55}$$

Da das sehr einfach ist (wir brauchen quasi nur die Spaltenvektoren abzuschreiben), wird oft nach einer Basis vom Bild gefragt.

(Basis vom) Bild einer (Abbildungs)Matrix bestimmen:

1. Homogenes LGS aufstellen
2. Matrix in ZSF bringen
3. Die ursprünglichen Vektoren aus der Matrix an den Positionen der führenden Einsen in ZSF bilden eine Basis des Bildes

   Anders können wir auch sagen: Um eine Basis des Bildes (1.55) zu bekommen, dürfen wir diejenigen Spaltenvektoren herausstreichen, die an den Positionen der Variablen stehen, die für die Lösungsmenge des LGS in $\mathbb{R}$ bleiben (also die x, die im Kern noch auftauchen).

Abbildung $f_A:\ \mathbb{R}^3 \to \mathbb{R}^3,\ \vec{x} \mapsto \mathbf{A}\vec{x}$ gegeben mit $\mathbf{A} = \begin{pmatrix}1&1&-1\\0&2&2\\1&4&2\end{pmatrix}$

$$\left(\begin{array}{ccc|c}1&1&-1&0\\0&2&2&0\\1&4&2&0\end{array}\right)\begin{array}{l}|\cdot(-1)\\|:2\\|\leftarrow\end{array} \rightsquigarrow \left(\begin{array}{ccc|c}1&1&-1&0\\0&1&1&0\\0&3&3&0\end{array}\right)\begin{array}{l}\\|\cdot(-3)\\|\ |\leftarrow\end{array} \rightsquigarrow \left(\begin{array}{ccc|c}1&1&-1&0\\0&1&1&0\\0&0&0&0\end{array}\right)$$

Führende Einsen an den Positionen des ursprünglich ersten und zweiten Spaltenvektors. Also

$$\text{Basis}\left(\text{Bild}(\mathbf{A})\right) = \left(\begin{pmatrix}1\\0\\1\end{pmatrix},\begin{pmatrix}1\\2\\4\end{pmatrix}\right).$$

Alternativ: Wenn wir das LGS lösen, könnten wir $x_3 \in \mathbb{R}$ belassen, also streichen wir den dritten Spaltenvektor heraus und bekommen so mit den übrigen Spaltenvektoren unsere Basis vom Bild.

1.7.3 Defekt einer (Abbildungs)Matrix

Der **Def**ekt einer Matrix (def(**A**)) ist nichts anderes als die Dimension des Kerns:

$$\text{def}(\mathbf{A}) = \dim(\ker(\mathbf{A})) \qquad (1.56)$$

Defekt einer (Abbildungs)Matrix bestimmen

1. Kern der Matrix bestimmen
2. Defekt entspricht der Anzahl an Basisvektoren im Kern

oder (schneller!)

1. Matrix per Gauß-Algorithmus in ZSF bringen
2. rg(**A**) bestimmen
3. Über Rangsatz (Kap. 1.7.5) def(**A**) bestimmen

1.7.4 Rang einer (Abbildungs)Matrix

Rang einer Matrix, Lösungsmenge LGS

Der **Rang** einer Matrix **A** (rg(**A**)) ist nichts anderes als die Dimension des Bildes:

$$\text{rg}(\mathbf{A}) = \dim(\text{Bild}(\mathbf{A})) \qquad (1.57)$$

In anderen Worten auch: Der Rang einer Matrix ist die Anzahl an l.u. Spalten- (oder Zeilen)vektoren.

Rang einer (Abbildungs)Matrix bestimmen:

1. Matrix per Gauß-Algorithmus in ZSF bringen.
2. Der Rang der Matrix entspricht der Anzahl an Nicht-Nullzeilen (also Zeilen, in denen mindestens ein Element ungleich 0 ist)

> Wenn eine quadratische Matrix $\mathbf{A} \in \mathbb{R}^{n\times n}$ den Rang n hat, sagen wir auch: Die Matrix **A** hat **vollen Rang**.

Zeilen-/Spaltenrang

Der Zeilenrang einer Matrix ist die Anzahl an l.u. Zeilenvektoren. Entsprechend ist der Spaltenrang die Anzahl an l.u. Spaltenvektoren. Es gilt:

$$\text{„Zeilenrang“} = \text{„Spaltenrang“} \qquad (1.58)$$

Daher wird im Allgemeinen einfach nur von „Rang“ einer Matrix gesprochen.

Abbildung $f_A : \mathbb{R}^3 \to \mathbb{R}^3,\ \vec{x} \mapsto \mathbf{A}\vec{x}$ gegeben mit $\mathbf{A} = \begin{pmatrix} 1 & 1 & -1 \\ 0 & 2 & 2 \\ 1 & 4 & 2 \end{pmatrix}$

$$\left(\begin{array}{ccc|c} 1 & 1 & -1 & 0 \\ 0 & 2 & 2 & 0 \\ 1 & 4 & 2 & 0 \end{array}\right) \begin{array}{l} |\cdot(-1) \\ |:2 \\ |\longleftarrow + \end{array} \rightsquigarrow \left(\begin{array}{ccc|c} 1 & 1 & -1 & 0 \\ 0 & 1 & 1 & 0 \\ 0 & 3 & 3 & 0 \end{array}\right) \begin{array}{l} \\ |\cdot(-3) \\ |\,|\longleftarrow + \end{array} \rightsquigarrow \left(\begin{array}{ccc|c} 1 & 1 & -1 & 0 \\ 0 & 1 & 1 & 0 \\ 0 & 0 & 0 & 0 \end{array}\right)$$

Wir sehen, dass es zwei Nicht-Nullzeilen in der ZSF gibt, also rg(**A**) = 2.

1.7.5 Rang-/Dimensionssatz

Der Rang-/Dimensionssatz ist äußerst wichtig! Mit ihm können wir sehr schnell und einfach von der Dimension des Kerns auf die Dimension des Bildes (und umgekehrt) schließen!

Rang-/Dimensionssatz

$$f_A : \mathbb{R}^n \to \mathbb{R}^m , \ \vec{x} \mapsto \mathbf{A}\vec{x}$$

f_A bildet durch die Matrix **A** ein $\vec{x}$ von $\mathbb{R}^n$ auf $\mathbb{R}^m$ ab. Der $\mathbb{R}^n$ ist n-dimensional / hat n Dimensionen. Stelle dir diese als „Dimensions-Reservoir" vor, von denen einige sinnvoll in $\mathbb{R}^m$ übertragen werden (das Bild(**A**) entsteht) und der Rest sinnlos im Nullvektor verschwindet:

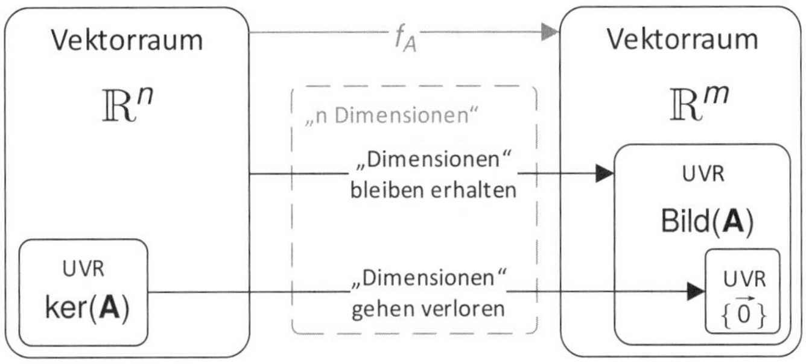

Eselsbrücke:

- Die Dimensionen, die sinnvoll übertragen werden, haben Vor**rang**
- Die Dimensionen, die sinnlos in $\vec{0}$ verschwinden, gehen „kaputt"/sind **defekt**

Wenn wir die Dimension von einem UVR (Kern oder Bild von **A**) kennen, so kennen wir demnach auch die jeweils andere.

Rang-/Dimensionssatz:

$$\begin{aligned} \operatorname{rg}(\mathbf{A}) + \operatorname{def}(\mathbf{A}) &= n \\ \text{bzw.} \quad \dim(\operatorname{Bild}(\mathbf{A})) + \dim(\ker(\mathbf{A})) &= n \end{aligned} \tag{1.59}$$

n entspricht der Spaltenanzahl von **A**

oder abstrakter (nach (1.49) und auf die Abbildung bezogen)

$$\begin{aligned} \operatorname{rg}(f_A) + \operatorname{def}(f_A) &= \dim(V) \\ \text{bzw.} \quad \dim(f_A(V)) + \dim(\ker(f_A)) &= \dim(V) \end{aligned} \tag{1.60}$$

1.7.6 Klassifizierung von linearen Abbildungen (Morphismen)

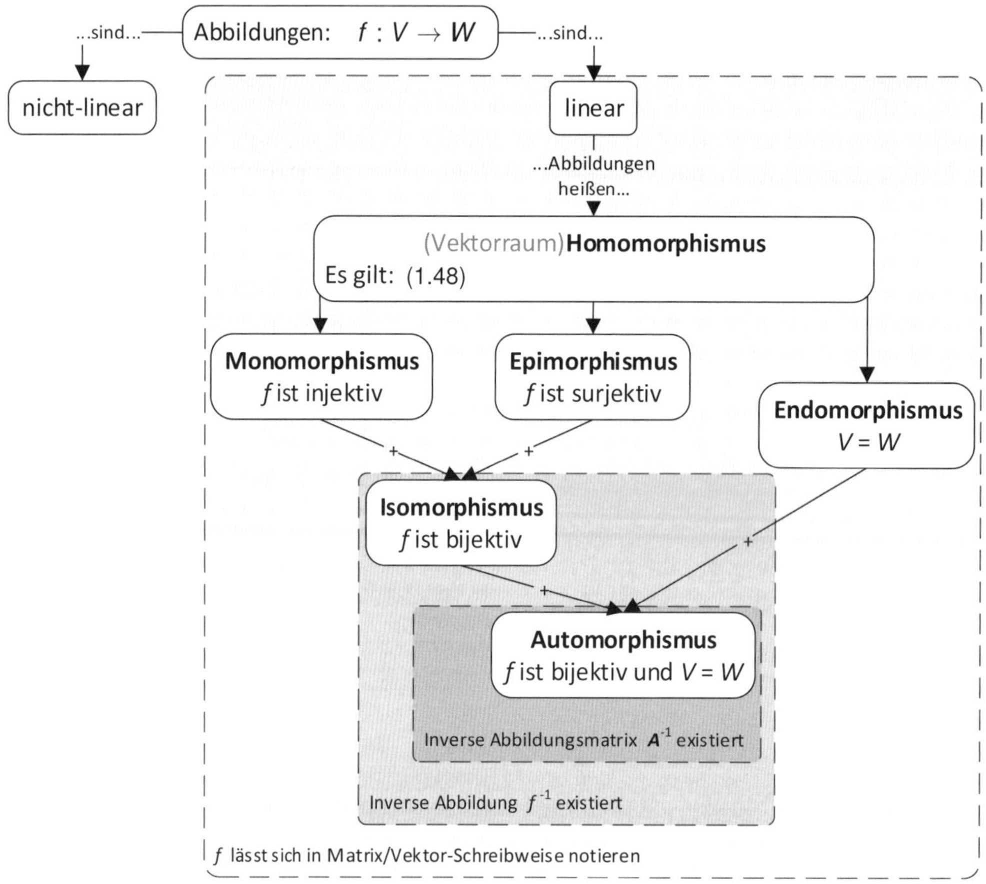

Morphismen Übersicht

Dies soll für dich als Übersicht über die verschiedenen Bezeichnungen von linearen Abbildungen $f_A : \mathbb{R}^n \to \mathbb{R}^m$ (allgemein $f_A : V \to W$) dienen.

Wir notieren hier kurz und knapp die Möglichkeiten zur Identifikation, welcher Typ vorliegt.

Homomorphismus: Alle linearen Abbildungen/Funktionen sind (Vektorraum)Homomorphismen. Es gilt die Beziehung (1.48) bzw. die Abbildung muss als (1.50) geschrieben werden können. Wir hätten die Überschrift dieses Kapitels also auch „Vektorraumhomomorphismen" nennen können.

Monomorphismus: Alle injektiven Homomorphismen sind Monomorphismen. Es muss gelten $\ker(\mathbf{A}) = \{\vec{0}\}$.

Epimorphismus: Alle surjektiven Homomorphismen sind Epimorphismen. Es muss gelten $\text{Bild}(\mathbf{A}) = \mathbb{R}^m$ (bzw. allgemein: $\text{Bild}(\mathbf{A}) = W$ oder $f(V) = W$).

Endomorphismus: Alle Homomorphismen sind Endomorphismen, wenn $f_A : \mathbb{R}^n \to \mathbb{R}^n$ gilt (bzw. allgemein: $f_A : V \to V$ von einem in den selben Vektorraum abbildet). Endomorphismen müssen weder injektiv noch surjektiv sein.

Isomorphismus: Alle bijektiven Homomorphismen sind Isomorphismen. f_A muss also gleichzeitig Mono- und Epimorphismus sein.

Automorphismus: Alle Homomorphismen sind Automorphismen, wenn sie gleichzeitig Iso- und Endomorphismus sind. Es muss also zwangsläufig die Inverse $\mathbf{A}^{-1}$ der Abbildungsmatrix existieren.

1.7.7 Basiswechsel bei linearen Abbildungen

Wenn wir uns den Basiswechsel in Kapitel 1.6.3 nochmal anschauen (wichtig!), ist das nichts anderes als die Multiplikation der Transformationsmatrix $\mathbf{T}^B_{B'}$ mit einem Vektor $\vec{x}$, dessen Koordinaten bzgl. Basis B gegeben sind. Das Ergebnis ist der gleiche Vektor $\vec{x}$ mit Koordinaten bzgl. Basis B'. Dann können wir das Ganze auch als lineare Abbildung definieren:

$$f: \mathbb{R}^n \to \mathbb{R}^n,\ \vec{x} \mapsto \mathbf{T}^B_{B'} \cdot \vec{x} \tag{1.61}$$

Diese lineare Abbildung führt für eingesetzte Vektoren $\vec{x}$ einen Basiswechsel von Basis B nach Basis B' durch. Den Überblick bewahrst du am besten, wenn du zusätzlich *kommutative Diagramme* dazu lesen kannst. Diese werden sehr häufig beim Thema „Basiswechsel" herangezogen:

Kommutatives Diagramm – Basiswechsel bei Koordinaten von Vektoren

Die Pfeile stellen Abbildungsrichtungen zwischen Vektorräumen dar.

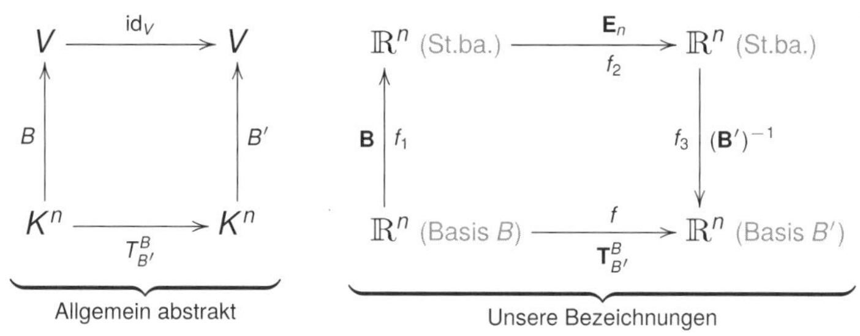

Allgemein abstrakt: K^n soll den *Koordinatenraum* darstellen, mit K als Körper[5]. V ist ein allgemeiner Vektorraum. B und B' sind zwei verschiedene Basen mit $T^B_{B'}$ als Transformationsmatrix von Basis B nach B'. id_V ist die *Identitätsabbildung* von V nach V (also die Abbildung, die einfach gesagt nichts tut – einen Vektor $\vec{x}$ auf sich selbst abbildet)

Unsere Bezeichnungen: Im Normalfall bewegen wir uns hier im Bereich der reellen Zahlen und damit im Vektorraum $\mathbb{R}^n$. Die Abbildungen dazwischen werden durch die Matrizen bestimmt, die sich aus den Basen als Spaltenvektoren ergeben. Die Identitätsabbildung wird durch die Einheitsmatrix als Abbildungsmatrix definiert (denn diese verändert einen Vektor per Matrix-Multiplikation nicht). Achtung: Dieser Teil des Diagramms ist eigentlich gar nicht nötig (das Diagramm hätte auch ein Dreieck werden können). „Innen" stehen die Bezeichnungen der einzelnen (Teil)Abbildungen:

$$f: \mathbb{R}^n \to \mathbb{R}^n,\ \vec{x} \mapsto \mathbf{T}^B_{B'} \cdot \vec{x}$$

$$f_1: \mathbb{R}^n \to \mathbb{R}^n,\ \vec{x} \mapsto \mathbf{B} \cdot \vec{x}$$

$$f_2: \mathbb{R}^n \to \mathbb{R}^n,\ \vec{x} \mapsto \mathbf{E}_n \cdot \vec{x}$$

$$f_3: \mathbb{R}^n \to \mathbb{R}^n,\ \vec{x} \mapsto (\mathbf{B}')^{-1} \cdot \vec{x}$$

Kommutativ bedeutet jetzt, dass es egal ist, welchen Weg der Abbildungen wir gehen. Abbildung f ist das Gleiche, als wenn wir das Ergebnis von f_1 in f_2 und das Ergebnis wiederum in f_3 einsetzen. Also $f(\vec{x}) = f_3(f_2(f_1(\vec{x})))$ und $\mathbf{T}^B_{B'} = (\mathbf{B}')^{-1} \cdot \mathbf{E}_n \cdot \mathbf{B} = (\mathbf{B}')^{-1} \cdot \mathbf{B}$

Wenn du das verstehst, ist es ein Leichtes, bei einer gegebenen linearen Abbildung $f: V \to W$ die Abbildungsmatrix umzuschreiben, wenn die Basen von V und W geändert werden und es dir per (etwas größerem) kommutativen Diagramm zu merken.

[5] Bereits in Kap. 1.4.1 beschrieben; meist ist das einfach $\mathbb{R}$.

Wir schreiben hier ganz bewusst V und W als allgemeine Vektorräume, um die Übersicht darüber zu bewahren, welcher Vektorraum nun in welcher Basis dargestellt wird. Diese (V und W) sind für gewöhnlich $\mathbb{R}^n$ und $\mathbb{R}^m$ (n und m können gleich sein, müssen aber nicht!).

Ausgang ist also die lineare Abbildung

$$f: V \to W, \vec{x} \mapsto \mathbf{A}\vec{x} \tag{1.62}$$

mit V bzgl. einer Basis B_V.
W bzgl. einer Basis B_W.

f bildet durch die Matrix $\mathbf{A}$ einen Vektor $\vec{x}$ in einer bestimmten Weise von V nach W ab. Wenn nun die Basen von V und W geändert werden, muss sich die Abbildungsmatrix ändern, damit die Abbildung noch korrekt funktioniert!

Wenn jetzt in V ein Basiswechsel von Basis B_V nach Basis B'_V und in W ein Basiswechsel von Basis B_W nach Basis B'_W vorgenommen wird, dann suchen wir die äquivalente Abbildung

$$f_{\text{neu}}: V \to W, \vec{x} \mapsto \mathbf{A}'\vec{x} \tag{1.63}$$

mit demselben Vektorraum V, aber bzgl. einer Basis B'_V.
demselben Vektorraum W, aber bzgl. einer Basis B'_W.

Wenn wir (1.63) ausdrücken wollen, müssen wir erst $\vec{x}$ von Basis B'_V zurück auf Basis B_V transformieren, dann mit (1.62) abbilden und zum Schluss das Ergebnis von Basis B_W nach B'_W transformieren:

$$\vec{x} \xrightarrow{\text{Basiswechsel}} \mathbf{T}_{B_V}^{B'_V} \cdot \vec{x}, \quad \text{dann}$$

$$\text{abbilden mit (1.62):} \quad \mathbf{T}_{B_V}^{B'_V} \cdot \vec{x} \mapsto \mathbf{A} \cdot (\mathbf{T}_{B_V}^{B'_V} \cdot \vec{x}), \quad \text{und dann}$$

$$\mathbf{A} \cdot (\mathbf{T}_{B_V}^{B'_V} \cdot \vec{x}) \xrightarrow{\text{Basiswechsel}} \mathbf{T}_{B'_W}^{B_W} \cdot \left(\mathbf{A} \cdot (\mathbf{T}_{B_V}^{B'_V} \cdot \vec{x})\right)$$

Also ist die neue Abbildungsmatrix $\mathbf{A}' = \mathbf{T}_{B'_W}^{B_W} \cdot \mathbf{A} \cdot \mathbf{T}_{B_V}^{B'_V}$

Lineare Abbildung $f: V \to W, \vec{x} \mapsto \mathbf{A}\vec{x}$ gegeben mit Basis B_V für den Vektorraum V und Basis B_W für den Vektorraum W.

Bestimme neue Abbildungsmatrix bei Basiswechsel im Vektorraum V auf Basis B'_V und im Vektorraum W auf Basis B'_W:

1. Basen betiteln, falls nicht schon gegeben
2. Transformationsmatrix $\mathbf{T}_{B_V}^{B'_V}$ bestimmen (Kapitel 1.6.3)
3. Transformationsmatrix $\mathbf{T}_{B'_W}^{B_W}$ bestimmen (Kapitel 1.6.3)
4. Neue Abbildungsmatrix ist $\mathbf{A}' = \mathbf{T}_{B'_W}^{B_W} \cdot \mathbf{A} \cdot \mathbf{T}_{B_V}^{B'_V}$

Wichtig ist, dass $\mathbf{T}_{B_V}^{B'_V}$ die Transformationsmatrix ist, die Vektoren von der *neuen* in die *alte* Basis und $\mathbf{T}_{B'_W}^{B_W}$ von der *alten* in die *neue* Basis transformiert! Merke es dir am besten anhand des kommutativen Diagramms.

Kommutatives Diagramm – Basiswechsel bei Abbildungen

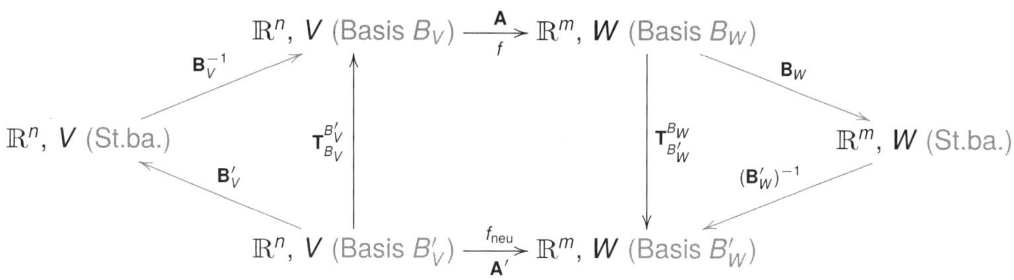

Die „Dreiecke" an den Seiten beschreiben die beiden Basiswechsel in V und W. Das Viereck in der Mitte ist die eigentliche Aufgabe: Um die neue Abbildung f_{neu} mit der transformierten Abbildungsmatrix $\mathbf{A}'$ zu bestimmen, müssen wir über den Weg der Basistransformationen in V und W sowie über die Ausgangsabbildung f gehen.

Abbildung $f: V \to W$, $f(\vec{x}) = \mathbf{A}\vec{x}$ gegeben mit

$$\mathbf{A} = \begin{pmatrix} 1 & -2 \\ 1 & 4 \end{pmatrix}, \quad V = \mathbb{R}^2 \text{ bzgl. Basis } \left(\begin{pmatrix} 1 \\ -1 \end{pmatrix}, \begin{pmatrix} 1 \\ 1 \end{pmatrix} \right), \quad W = \mathbb{R}^2 \text{ bzgl. Basis } \left(\begin{pmatrix} 3 \\ 0 \end{pmatrix}, \begin{pmatrix} 1 \\ 2 \end{pmatrix} \right)$$

Gib f an, wenn V bzgl. Basis $\left(\begin{pmatrix} 0 \\ 2 \end{pmatrix}, \begin{pmatrix} 2 \\ 1 \end{pmatrix} \right)$ und W bzgl. Basis $\left(\begin{pmatrix} 4 \\ 2 \end{pmatrix}, \begin{pmatrix} 1 \\ 3 \end{pmatrix} \right)$ dargestellt wird.

1) Wir betiteln:

$$B_V = \left(\begin{pmatrix} 1 \\ -1 \end{pmatrix}, \begin{pmatrix} 1 \\ 1 \end{pmatrix} \right), B'_V = \left(\begin{pmatrix} 0 \\ 2 \end{pmatrix}, \begin{pmatrix} 2 \\ 1 \end{pmatrix} \right), B_W = \left(\begin{pmatrix} 3 \\ 0 \end{pmatrix}, \begin{pmatrix} 1 \\ 2 \end{pmatrix} \right), B'_W = \left(\begin{pmatrix} 4 \\ 2 \end{pmatrix}, \begin{pmatrix} 1 \\ 3 \end{pmatrix} \right)$$

Matrizen der Basen: $\mathbf{B}_V = \begin{pmatrix} 1 & 1 \\ -1 & 1 \end{pmatrix}$, $\mathbf{B}'_V = \begin{pmatrix} 0 & 2 \\ 2 & 1 \end{pmatrix}$, $\mathbf{B}_W = \begin{pmatrix} 3 & 1 \\ 0 & 2 \end{pmatrix}$, $\mathbf{B}'_W = \begin{pmatrix} 4 & 1 \\ 2 & 3 \end{pmatrix}$

2) Transformationsmatrix $\mathbf{T}_{B_V}^{B'_V}$ bestimmen (von B'_V nach B_V):

$$(\mathbf{B}_V|\mathbf{B}'_V) \rightsquigarrow \left(\begin{array}{cc|cc} 1 & 1 & 0 & 2 \\ -1 & 1 & 2 & 1 \end{array}\right) \begin{array}{l} | \;\urcorner \\ | \leftarrow\!\lrcorner + \end{array} \rightsquigarrow \left(\begin{array}{cc|cc} 1 & 1 & 0 & 2 \\ 0 & 2 & 2 & 3 \end{array}\right) \begin{array}{l} | \cdot (-2) \leftarrow\!\urcorner + \\ | \;\lrcorner \end{array}$$

$$\rightsquigarrow \left(\begin{array}{cc|cc} -2 & 0 & 2 & -1 \\ 0 & 2 & 2 & 3 \end{array}\right) \begin{array}{l} | : (-2) \\ | : 2 \end{array} \rightsquigarrow \left(\begin{array}{cc|cc} 1 & 0 & -1 & \frac{1}{2} \\ 0 & 1 & 1 & \frac{3}{2} \end{array}\right)$$

$$\Rightarrow \quad \mathbf{T}_{B_V}^{B'_V} = \begin{pmatrix} -1 & \frac{1}{2} \\ 1 & \frac{3}{2} \end{pmatrix} = \frac{1}{2} \begin{pmatrix} -2 & 1 \\ 2 & 3 \end{pmatrix}$$

3) Transformationsmatrix $\mathbf{T}_{B'_W}^{B_W}$ bestimmen (von B_W nach B'_W):

$$(\mathbf{B}'_W|\mathbf{B}_W) \rightsquigarrow \left(\begin{array}{cc|cc} 4 & 1 & 3 & 1 \\ 2 & 3 & 0 & 2 \end{array}\right) \begin{array}{l} \\ |\cdot(-2) \end{array} \rightsquigarrow \left(\begin{array}{cc|cc} 4 & 1 & 3 & 1 \\ 0 & -5 & 3 & -3 \end{array}\right)$$

$$\rightsquigarrow \left(\begin{array}{cc|cc} 20 & 0 & 18 & 2 \\ 0 & -5 & 3 & -3 \end{array}\right) \begin{array}{l} |:20 \\ |:(-5) \end{array} \rightsquigarrow \left(\begin{array}{cc|cc} 1 & 0 & \frac{9}{10} & \frac{1}{10} \\ 0 & 1 & -\frac{3}{5} & \frac{3}{5} \end{array}\right)$$

$$\Rightarrow \quad \mathbf{T}_{B'_W}^{B_W} = \begin{pmatrix} \frac{9}{10} & \frac{1}{10} \\ -\frac{3}{5} & \frac{3}{5} \end{pmatrix} = \frac{1}{10}\begin{pmatrix} 9 & 1 \\ -6 & 6 \end{pmatrix}$$

4) Neue Abbildungsmatrix bestimmen: $\mathbf{A}' = \mathbf{T}_{B'_W}^{B_W} \cdot \mathbf{A} \cdot \mathbf{T}_{B_V}^{B'_V}$

$$\mathbf{A}' = \frac{1}{10}\begin{pmatrix} 9 & 1 \\ -6 & 6 \end{pmatrix} \cdot \begin{pmatrix} 1 & -2 \\ 1 & 4 \end{pmatrix} \cdot \frac{1}{2}\begin{pmatrix} -2 & 1 \\ 2 & 3 \end{pmatrix} = \frac{1}{20}\begin{pmatrix} 10 & -14 \\ 0 & 36 \end{pmatrix} \cdot \begin{pmatrix} -2 & 1 \\ 2 & 3 \end{pmatrix}$$

$$= \frac{1}{20}\begin{pmatrix} -48 & -32 \\ 72 & 108 \end{pmatrix} = \frac{1}{5}\begin{pmatrix} -12 & -8 \\ 18 & 27 \end{pmatrix}$$

$$\Rightarrow \quad f_{\text{neu}}: \mathbb{R}^2 \to \mathbb{R}^2,\ \vec{x} \mapsto \frac{1}{5}\begin{pmatrix} -12 & -8 \\ 18 & 27 \end{pmatrix}\vec{x}$$

1.7.8 Abbildungen durch Drehmatrizen / Rotationsmatrizen

Drehmatrix

Eine Dreh- oder Rotationsmatrix beschreibt eine Drehung um den Ursprung (als 2×2 Matrix) und eine Drehung um eine der Koordinatenachsen (als 3×3 Matrix) im mathematisch positiven Drehsinn (gegen den Uhrzeigersinn). Das Ganze wird als Abbildung definiert:

$$f: \mathbb{R}^2 \to \mathbb{R}^2,\ \vec{x} \mapsto \begin{pmatrix} \cos(\alpha) & -\sin(\alpha) \\ \sin(\alpha) & \cos(\alpha) \end{pmatrix}\vec{x} \quad \text{(Drehung von } \vec{x} \text{ um Ursprung)} \tag{1.64}$$

$$f: \mathbb{R}^3 \to \mathbb{R}^3,\ \vec{x} \mapsto \begin{pmatrix} 1 & 0 & 0 \\ 0 & \cos(\alpha) & -\sin(\alpha) \\ 0 & \sin(\alpha) & \cos(\alpha) \end{pmatrix}\vec{x} \quad \text{(Drehung von } \vec{x} \text{ um } x\text{-Achse)} \tag{1.65}$$

$$f: \mathbb{R}^3 \to \mathbb{R}^3,\ \vec{x} \mapsto \begin{pmatrix} \cos(\alpha) & 0 & \sin(\alpha) \\ 0 & 1 & 0 \\ -\sin(\alpha) & 0 & \cos(\alpha) \end{pmatrix}\vec{x} \quad \text{(Drehung von } \vec{x} \text{ um } y\text{-Achse)} \tag{1.66}$$

$$f: \mathbb{R}^3 \to \mathbb{R}^3,\ \vec{x} \mapsto \begin{pmatrix} \cos(\alpha) & -\sin(\alpha) & 0 \\ \sin(\alpha) & \cos(\alpha) & 0 \\ 0 & 0 & 1 \end{pmatrix}\vec{x} \quad \text{(Drehung von } \vec{x} \text{ um } z\text{-Achse)} \tag{1.67}$$

Es wird immer um den Winkel α gedreht.

1.7.9 Beispiel von Kern bis Morphismen

Abbildung $f_A : \mathbb{R}^4 \to \mathbb{R}^3,\ \vec{x} \mapsto \mathbf{A}\vec{x}$ gegeben mit $\mathbf{A} = \begin{pmatrix} 1 & 1 & 3 & -1 \\ 0 & 1 & 1 & 1 \\ -1 & 2 & 0 & 4 \end{pmatrix}$

Welche Morphismen lassen sich zu f zuordnen? Bestimme eine Basis von ker(**A**) und Bild(**A**)

Vorüberlegung (was wissen wir bereits ohne gerechnet zu haben):

- Es wird von $\mathbb{R}^4$ nach $\mathbb{R}^3$ abgebildet. f_A kann also kein Auto- oder Endomorphismus mehr sein.
- Die Spaltenvektoren sind linear abhängig, da aus einem vierdimensionalen in einen dreidimensionalen Vektorraum abgebildet wird (**A** hat vier Spalten aber nur drei Zeilen). Mindestens eine „Dimension" geht demnach beim Abbilden in den Ursprung verloren. Im Kern von **A** ist also mehr enthalten als $\vec{0}$. Somit ist f_A auch kein Monomorphismus, da nicht injektiv und kein Isomorphismus, da nicht bijektiv.
- $2 \leq$ rg(**A**) und rg(**A**) ≤ 3, da mindestens zwei Spaltenvektoren l.u. sind (es sind nicht alles Vielfache voneinander) und da es höchstens 3 l.u. Spaltenvektoren geben kann (da diese aus dem $\mathbb{R}^3$ stammen und dort – wegen $\dim(\mathbb{R}^3) = 3$ – eine l.u. Familie höchstens drei Vektoren enthalten kann).
- f_A könnte also nur noch ein Epimorphismus sein.

Nun Gauß-Algorithmus (das Ergebnis $\vec{0}$ weggelassen)

$$\left(\begin{array}{cccc|c} 1 & 1 & 3 & -1 & 0 \\ 0 & 1 & 1 & 1 & 0 \\ -1 & 2 & 0 & 4 & 0 \end{array}\right) \begin{array}{l} \text{Z1} \to \\ \\ \leftarrow + \end{array} \rightsquigarrow \left(\begin{array}{cccc|c} 1 & 1 & 3 & -1 & 0 \\ 0 & 1 & 1 & 1 & 0 \\ 0 & 3 & 3 & 3 & 0 \end{array}\right) \begin{array}{l} \\ | \cdot (-3) \\ \leftarrow + \end{array}$$

$$\rightsquigarrow \left(\begin{array}{cccc|c} 1 & 1 & 3 & -1 & 0 \\ 0 & 1 & 1 & 1 & 0 \\ 0 & 0 & 0 & 0 & 0 \end{array}\right)$$

Also gilt rg(**A**) = 2 (da zwei Nicht-Nullzeilen in der ZSF von **A** vorhanden sind). Wenn f_A ein Epimorphismus wäre, müsste aber rg(**A**) = 3 sein ($\dim(\mathbb{R}^3) = 3$). Also ist f_A nur ein Homomorphismus.

Mit Rangsatz folgt def(**A**) = 4 − rg(**A**) = 4 − 2 = 2. Der ker(**A**) wird also von zwei (Basis)Vektoren aufgespannt. Kern von **A**:

$$\overset{\text{Zeile 2}}{\Rightarrow} \quad 1x_2 + 1x_3 + 1x_4 = 0 \quad \Rightarrow \quad x_2 = -x_3 - x_4$$

$$\overset{\text{Zeile 1}}{\Rightarrow} \quad 1x_1 + 1x_2 + 3x_3 - 1x_4 = 0 \quad \Rightarrow \quad 1x_1 + 1(-x_3 - x_4) + 3x_3 - 1x_4 = 0$$

$$\Rightarrow \quad x_1 + 2x_3 - 2x_4 = 0 \quad \Rightarrow \quad x_1 = -2x_3 + 2x_4$$

$$\ker(\mathbf{A}) = \left\{ \begin{pmatrix} -2x_3 + 2x_4 \\ -x_3 - x_4 \\ x_3 \\ x_4 \end{pmatrix} \mid x_3, x_4 \in \mathbb{R} \right\} = \left\{ x_3 \begin{pmatrix} -2 \\ -1 \\ 1 \\ 0 \end{pmatrix} + x_4 \begin{pmatrix} 2 \\ -1 \\ 0 \\ 1 \end{pmatrix} \mid x_3, x_4 \in \mathbb{R} \right\}$$

$$= \mathcal{L}\left(\begin{pmatrix} -2 \\ -1 \\ 1 \\ 0 \end{pmatrix}, \begin{pmatrix} 2 \\ -1 \\ 0 \\ 1 \end{pmatrix} \right)$$

Eine Basis von ker(**A**) ist somit $\left(\begin{pmatrix} -2 \\ -1 \\ 1 \\ 0 \end{pmatrix}, \begin{pmatrix} 2 \\ -1 \\ 0 \\ 1 \end{pmatrix} \right)$.

Das Bild von **A** ist ganz einfach $\mathcal{L}\left(\begin{pmatrix} 1 \\ 0 \\ -1 \end{pmatrix}, \begin{pmatrix} 1 \\ 1 \\ 2 \end{pmatrix}, \begin{pmatrix} 3 \\ 1 \\ 0 \end{pmatrix}, \begin{pmatrix} -1 \\ 1 \\ 4 \end{pmatrix} \right)$.

Aber was ist eine Basis vom Bild? Da rg(**A**) = 2 ist, reichen zwei l.u. Spaltenvektoren von **A** für eine Basis vom Bild aus. Kein Spaltenvektor ist ein Vielfaches eines anderen. Also können wir zwei beliebige Spalten auswählen:

$$\text{Bild}(\mathbf{A}) = \mathcal{L}\left(\begin{pmatrix} 1 \\ 0 \\ -1 \end{pmatrix}, \begin{pmatrix} 1 \\ 1 \\ 2 \end{pmatrix} \right) = \mathcal{L}\left(\begin{pmatrix} 3 \\ 1 \\ 0 \end{pmatrix}, \begin{pmatrix} -1 \\ 1 \\ 4 \end{pmatrix} \right) = \mathcal{L}\left(\begin{pmatrix} 1 \\ 0 \\ -1 \end{pmatrix}, \begin{pmatrix} 3 \\ 1 \\ 0 \end{pmatrix} \right) = \mathcal{L}\left(\begin{pmatrix} 1 \\ 1 \\ 2 \end{pmatrix}, \begin{pmatrix} -1 \\ 1 \\ 4 \end{pmatrix} \right) = \ldots$$

und damit Basen von Bild(**A**)

$$\left(\begin{pmatrix} 1 \\ 0 \\ -1 \end{pmatrix}, \begin{pmatrix} 1 \\ 1 \\ 2 \end{pmatrix} \right), \left(\begin{pmatrix} 3 \\ 1 \\ 0 \end{pmatrix}, \begin{pmatrix} -1 \\ 1 \\ 4 \end{pmatrix} \right), \left(\begin{pmatrix} 1 \\ 0 \\ -1 \end{pmatrix}, \begin{pmatrix} 3 \\ 1 \\ 0 \end{pmatrix} \right), \left(\begin{pmatrix} 1 \\ 1 \\ 2 \end{pmatrix}, \begin{pmatrix} -1 \\ 1 \\ 4 \end{pmatrix} \right), \ldots$$

1.8 Determinante

> In vielen Veranstaltungen wird die Determinante direkt nach Einführung von Matrizen behandelt, was völlig legitim ist. Um etwas über den Tellerrand zu schauen, ist die Einführung an dieser Stelle (nach den linearen Abbildungen durch Matrizen) viel besser geeignet.

Formal/Mathematisch auch die *Determinantenfunktion* genannt, die eine quadratische Matrix $\mathbf{A} \in \mathbb{R}^{n\times n}$ auf eine Zahl/ein Skalar $a \in \mathbb{R}$ abbildet, oder auch: Die Determinantenfunktion ordnet jeder quadratischen Matrix $\mathbf{A} \in \mathbb{R}^{n\times n}$ eine Zahl $a \in \mathbb{R}$ zu:

$$\begin{aligned} &f: \mathbb{R}^{n\times n} \to \mathbb{R}\,,\ \mathbf{A} \mapsto \det(\mathbf{A}) \\ \text{oder}\quad &f: \mathbb{R}^{n\times n} \to \mathbb{R}\,,\ \mathbf{A} \mapsto |\mathbf{A}| \end{aligned} \tag{1.68}$$

1.8.1 Bedeutung der Determinante

Die **Det**erminante einer Matrix **A** (det(**A**) oder |**A**|) gibt an, wie sich das Volumen[6] einer aus Eckpunkten zusammengesetzten Geometrie skaliert, wenn diese durch die Matrix **A** abgebildet wird. Ist die Determinante negativ, so ändert sich zusätzlich noch die Orientierung der Eckpunkte. Das hört sich wirklich erst einmal völlig skurril an.

Determinante: Bedeutung

> **Sehr wichtig ist der Fall, wenn die Determinante Null wird.**

- Das bedeutet, dass die Eckpunkte einer Geometrie in einen Untervektorraum abgebildet werden, der von niedrigerer Dimension ist als der, aus dem die Spaltenvektoren der Matrix stammen, z. B. wenn eine 3×3-Matrix Punkte aus dem Raum ($\dim(\mathbb{R}^3) = 3$) auf eine zweidimensionale Ebene (oder auf eine 1-dimensionale Gerade) abbildet.
- Das bedeutet dann, dass die Spaltenvektoren der Matrix keine Basis bilden.
- Daraus lässt sich wiederum schließen, dass die Spaltenvektoren linear abhängig sind.
- Mit Gleichung (1.41) können wir also sagen, dass ein zugehöriges LGS keine eindeutige Lösung besitzt.
- Also ist die Matrix nicht invertierbar... usw. (vgl. hier auch Kap. 1.11)...

$$\det(\mathbf{A}) \begin{cases} \neq 0 & \Rightarrow \ \mathbf{A}^{-1} \text{ existiert.} \\ = 0 & \Rightarrow \ \mathbf{A}^{-1} \text{ existiert nicht.} \end{cases} \tag{1.69}$$

1.8.2 Rechenregeln

Matrix **A** ist natürlich quadratisch ($\mathbf{A} \in \mathbb{R}^{n\times n}$). Dann gelten die folgenden Rechengesetze:

$$\det(\mathbf{A}\cdot\mathbf{B}) = \det(\mathbf{A})\cdot\det(\mathbf{B}) \tag{1.70}$$

$$\det(\mathbf{A}^\mathsf{T}) = \det(\mathbf{A}) \tag{1.71}$$

$$\det(\mathbf{A}^{-1}) = \frac{1}{\det(\mathbf{A})} \tag{1.72}$$

$$\det(m\cdot\mathbf{A}) = m^n\cdot\det(\mathbf{A}) \quad \text{mit} \quad m \in \mathbb{R} \tag{1.73}$$

[6] Hier meinen wir nicht zwangsweise das Volumen im $\mathbb{R}^3$, sondern die Verallgemeinerung des Volumenbegriffs. Bedeutet, im $\mathbb{R}^1$ meinen wir die Länge einer Strecke, im $\mathbb{R}^2$ einen Flächeninhalt, im $\mathbb{R}^3$ einen wirklichen Rauminhalt, im $\mathbb{R}^4$ den Inhalt einer vierdimensionalen Geometrie usw.

Wenn $\det(\mathbf{A}) = a$ ist, dann gilt:

1. Multiplikation einer Zeile (Spalte) von **A** mit einer Zahl $\lambda \Rightarrow \det(\widetilde{\mathbf{A}}) = \lambda \cdot a$
2. Vertauschen von 2 Zeilen (2 Spalten) von **A** $\Rightarrow \det(\widetilde{\mathbf{A}}) = -a$
3. Addition eines Vielfachen einer Zeile zu einer anderen Zeile $\Rightarrow \det(\widetilde{\mathbf{A}}) = a$
4. Addition eines Vielfachen einer Spalte zu einer anderen Zeile $\Rightarrow \det(\widetilde{\mathbf{A}}) = a$

> **„...zu einer anderen Zeile (Spalte)“. Diese Zeile (Spalte) müssen wir bei der veränderten Matrix verändern und *nicht* die Zeile (Spalte), von der wir ein Vielfaches für die Rechnung genommen haben!**

mit $\widetilde{\mathbf{A}}$ als Matrix **A** nach der jeweiligen Manipulation

Zu 1) Erste Zeile mit 3 multipliziert

$$\det(\mathbf{A}) = \det\begin{pmatrix} 3 & -1 & 2 \\ 0 & 3 & 4 \\ 1 & -2 & 0 \end{pmatrix} = -14, \qquad \det(\widetilde{\mathbf{A}}) = \det\begin{pmatrix} 9 & -3 & 6 \\ 0 & 3 & 4 \\ 1 & -2 & 0 \end{pmatrix} = 3 \cdot -14 = -42$$

Zu 2) Zweite und dritte Spalte getauscht.

$$\det(\mathbf{A}) = \det\begin{pmatrix} 3 & -1 & 2 \\ 0 & 3 & 4 \\ 1 & -2 & 0 \end{pmatrix} = -14, \qquad \det(\widetilde{\mathbf{A}}) = \det\begin{pmatrix} 3 & 2 & -1 \\ 0 & 4 & 3 \\ 1 & 0 & -2 \end{pmatrix} = 14$$

Zu 3) 3 · “dritte Zeile“ – “erste Zeile“ $\Rightarrow$ wird neue erste Zeile

$$\det(\mathbf{A}) = \det\begin{pmatrix} 3 & -1 & 2 \\ 0 & 3 & 4 \\ 1 & -2 & 0 \end{pmatrix} = -14, \qquad \det(\widetilde{\mathbf{A}}) = \det\begin{pmatrix} 0 & -5 & -2 \\ 0 & 3 & 4 \\ 1 & -2 & 0 \end{pmatrix} = -14$$

1.8.3 Berechnung von Determinanten

Das allgemeine Verfahren zum Berechnen von Determinanten einer $n \times n$-Matrix ist der *Laplace'sche Entwicklungssatz*. Speziell für eine 3×3-Matrix gibt es die *Regel von Sarrus* und das Rechenschema für eine 2×2-Matrix solltest du dir auch abseits des Entwicklungssatzes merken.

1×1 Matrix

Determinante einer 1×1 Matrix entspricht ihrem einzigen Element.

2×2 Matrix

$$\det\begin{pmatrix} a & b \\ c & d \end{pmatrix} = a \cdot d - c \cdot b \tag{1.74}$$

3×3 Matrix – Regel von Sarrus

$$\det\begin{pmatrix} a & b & c \\ d & e & f \\ g & h & i \end{pmatrix} = aei + bfg + cdh - ceg - bdi - afh \tag{1.75}$$

n×n Matrix – Laplace'scher Entwicklungssatz (allgemeines Verfahren)

Die allgemeine Formel vom laplace'schen Entwicklungssatz sieht immer sehr kryptisch aus. Mache dir das Verfahren am besten an den Beispielen klar! Denn es ist einfacher, als es in (1.76) bzw. (1.77) ausschaut.

Laplace'scher Entwicklungssatz

$$\text{Entweder}\quad \det(\mathbf{A}) = \sum_{j=1}^{n}\left[a_{ij}\cdot(-1)^{i+j}\cdot D_{ij}\right] \quad \text{Entwicklung nach } i\text{-ter Zeile} \tag{1.76}$$

$$\text{oder}\quad \det(\mathbf{A}) = \sum_{i=1}^{n}\left[a_{ij}\cdot(-1)^{i+j}\cdot D_{ij}\right] \quad \text{Entwicklung nach } j\text{-ter Spalte} \tag{1.77}$$

Beispiel 4×4 Matrix

Was bedeuten die Formeln bzw. wie sind diese zu lesen?

- Es ist völlig egal, nach welcher Zeile oder Spalte entwickelt wird (möglichst nach der Zeile/Spalte mit den meisten Nullen)
- Term a_{ij}: Das Element a_{ij} aus der Matrix **A**
- Term $(-1)^{i+j}$: „Schachbrettregel für Vorzeichen".

  Merke dir die Matrix mit dem Vorzeichenschema $\begin{pmatrix} + & - & + & - & \cdots \\ - & + & - & + & \cdots \\ + & - & + & - & \cdots \\ - & + & - & + & \cdots \\ \vdots & \vdots & \vdots & \vdots & \ddots \end{pmatrix}$

Determinante einer Dreiecksmatrix

- Term D_{ij}: Die sogenannte *Unterdeterminante* (oder der *Minor*) der Matrix **A**, wenn die i-te Zeile und j-te Spalte von **A** heraus gestrichen wird

$$\mathbf{A} = \begin{pmatrix} 1 & 3 & 8 \\ -2 & 5 & 0 \\ 4 & 6 & 7 \end{pmatrix},\quad D_{32} = \begin{vmatrix} 1 & 8 \\ -2 & 0 \end{vmatrix},\quad D_{13} = \begin{vmatrix} -2 & 5 \\ 4 & 6 \end{vmatrix},\quad D_{22} = \begin{vmatrix} 1 & 8 \\ 4 & 7 \end{vmatrix}$$

- (Terme $(-1)^{i+j}\cdot D_{ij}$ nennen sich Kofaktoren der Matrix **A**.)

$$\det(\mathbf{A}) = \det\begin{pmatrix} -4 & 0 & \mathbf{-1} & -1 \\ 2 & 2 & \mathbf{0} & 2 \\ -2 & 3 & \mathbf{1} & -5 \\ -1 & 1 & \mathbf{0} & -2 \end{pmatrix} \quad \text{(klug: Entw. nach 3. Spalte!)}$$

$$= (\mathbf{-1}) \cdot \underbrace{\underbrace{(-1)^{1+3}}_{\text{„+“}} \cdot \underbrace{\begin{vmatrix} 2 & 2 & 2 \\ -2 & 3 & -5 \\ -1 & 1 & -2 \end{vmatrix}}_{\text{Unterdet. } D_{13}}}_{\text{Kofaktor}} \mathbf{+0} \cdot \underbrace{\underbrace{(-1)^{2+3}}_{\text{„−“}} \cdot |\dots|}_{\text{Kofaktor}} \mathbf{+1} \cdot \underbrace{\underbrace{(-1)^{3+3}}_{\text{„+“}} \cdot \underbrace{\begin{vmatrix} -4 & 0 & -1 \\ 2 & 2 & 2 \\ -1 & 1 & -2 \end{vmatrix}}_{\text{Unterdet. } D_{33}}}_{\text{Kofaktor}} \mathbf{+0} \cdot \underbrace{\underbrace{(-1)^{4+3}}_{\text{„−“}} \cdot |\dots|}_{\text{Kofaktor}}$$

$$\overset{\text{Sarrus}}{=} -1 \cdot (-12 + 10 - 4 - (-6) - (8) - (-10)) + 1 \cdot (16 + 0 + (-2) - (2) - (0) - (-8))$$

$$= -(2) + (20) = 18$$

1.8.4 Anwendung Determinanten

Alternative Anwendung Determinante in analytischer Geometrie: Lagebeziehung Geraden

Wozu sollten wir Determinanten berechnen?

Es ist ein „mathematisches Werkzeug“, mit dem wir einfach überprüfen können, ob:

- Eine (quadratische) Matrix invertierbar/regulär ist
- Eine Abbildung ein Automorphismus (und damit auch Iso-, Mono- und Epimorphismus) ist
- Ein gegebenes EZS eine Basis ist
- ... usw. ...

Für welche Parameter $a \in \mathbb{R}$ ist die Abbildung f_A ein Isomorphismus?

$$f_A : \mathbb{R}^3 \to \mathbb{R}^3, \; \vec{x} \mapsto \mathbf{A}\vec{x} \quad \text{mit} \quad \mathbf{A} = \begin{pmatrix} -1 & 2 & 9+a \\ 1+a & 4-a & -3 \\ a & 2 & 4 \end{pmatrix}$$

Kluges Vorgehen: Wenn f_A ein Isomorphismus ist, ist es auch ein Automorphismus (f_A ist schon ein Endomorphismus, da von $\mathbb{R}^3$ nach $\mathbb{R}^3$ abgebildet wird). Wenn dem so ist, existiert $\mathbf{A}^{-1}$ und damit muss $\det(\mathbf{A}) = 0$ sein.

$\det(\mathbf{A})$ berechnen: In Matrix $\mathbf{A}$ ist kein Eintrag 0. Wir können aber z. B. Zeile $3 \cdot (-1)$ nehmen und auf die erste Zeile addieren. So ändert sich die Determinante nicht, Element a_{12} wird Null und wir haben Rechenschritte gespart (Kein Muss!). Danach Entwicklung nach 2. Spalte:

$$\det(\mathbf{A}) = \det \begin{pmatrix} -1 & 2 & 9+a \\ 1+a & 4-a & -3 \\ a & 2 & 4 \end{pmatrix} \begin{matrix} \leftarrow + \\ \\ | \cdot (-1) \end{matrix} = \det \begin{pmatrix} -1-a & \overset{\downarrow}{0} & 5+a \\ 1+a & 4-a & -3 \\ a & 2 & 4 \end{pmatrix}$$

$$= +(4-a)\Big((-1-a) \cdot 4 - a(5+a)\Big) - 2\Big((-1-a)(-3) - (1+a)(5+a)\Big)$$

$$= (4-a)\left(-4 - 4a - 5a - a^2\right) - 2\left(3 + 3a - 5 - 6a - a^2\right)$$

$$= (4-a)\left(-a^2 - 9a - 4\right) - 2\left(-a^2 - 3a - 2\right) = (a-4)\left(a^2 + 9a + 4\right) + 2\left(a^2 + 3a + 2\right)$$

$$= a^3 + 9a^2 + 4a - 4a^2 - 36a - 16 + 2a^2 + 6a + 4$$

$$= a^3 + 7a^2 - 26a - 12$$

Nun $\det(\mathbf{A}) = 0$ setzen, um die a zu berechnen, die nachher ausgeschlossen werden müssen!

det(**A**) ist ein Polynom dritten Grades. Wenn eine „schöne“ Lösung für a existiert ($a \in \mathbb{Z}$), dann ist diese Teiler vom Absolutglied (-12). Also $a \in \{-12, -6, -4, -3, -2, -1, 1, 2, 3, 4, 6, 12\}$. Durch ausprobieren (Empfehlung: Funktionswert durch Horner-Schema ausrechnen) finden wir $a = 3$ als eine Lösung. Polynom durch Horner-Schema auftrennen:

	1	7	−26	−12
3		3	30	12
	1	10	4	0

$$\Rightarrow \quad a^3 + 7a^2 - 26a - 12 = \underbrace{(a-3)}_{a_1 = 3}\underbrace{(a^2 + 10a + 4)}_{a = ?} = 0 \quad \overset{pq}{\Rightarrow} \quad a_{2,3} = -5 \pm \sqrt{21}$$

Also ist f_A ein Isomorphismus, wenn $a \in \mathbb{R} \setminus \left\{3, -5 - \sqrt{21}, -5 + \sqrt{21}\right\}$

1.9 Eigenwerte/-vektoren/-räume

1.9.1 Definition, Bedeutung

Eigenwerte/-vektoren, grafisch erklärt

Grundlegend sind Eigenwerte und Eigenvektoren einer quadratischen (Abbildungs)Matrix durch folgende Gleichung definiert:

$$f_A : V \to V, \ \vec{v} \mapsto \underbrace{\mathbf{A}\vec{v} \stackrel{!}{=} \lambda\vec{v}}_{\text{wichtige Gleichung}} \tag{1.78}$$

mit

$$\begin{aligned} \text{Eigenwert:} &\quad \lambda \in \mathbb{C} \\ \text{Eigenvektor:} &\quad \vec{v} \in \mathbb{C}^n \setminus \{\vec{0}\} \\ \text{(Abbildungs)Matrix:} &\quad \mathbf{A} \in \mathbb{R}^{n\times n} \end{aligned}$$

Achtung: Obwohl die Matrix aus $\mathbb{R}^{n\times n}$ ist, können Eigenwerte und -vektoren aus $\mathbb{C}$ stammen. Vorwiegend beschränken wir uns hier aber auf $\mathbb{R}$.

Zur Gleichung (1.78) können wir auch anschaulich sagen: Ein Vektor $\vec{v}$ ist ein Eigenvektor einer quadratischen Matrix **A**, wenn er durch die Matrix auf eine Skalierung seiner selbst abgebildet wird. Diesen Skalierungsfaktor nennen wir dann Eigenwert λ zum Eigenvektor $\vec{v}$.

$$\begin{pmatrix} 3 & 0 & 1 \\ -1 & 4 & 1 \\ 2 & 0 & 2 \end{pmatrix} \cdot \begin{pmatrix} 2 \\ 5 \\ 2 \end{pmatrix} = \begin{pmatrix} 8 \\ 20 \\ 8 \end{pmatrix} = 4 \cdot \begin{pmatrix} 2 \\ 5 \\ 2 \end{pmatrix}$$

Also ist $\begin{pmatrix} 2 \\ 5 \\ 2 \end{pmatrix}$ ein Eigenvektor zum Eigenwert 4 der Matrix $\begin{pmatrix} 3 & 0 & 1 \\ -1 & 4 & 1 \\ 2 & 0 & 2 \end{pmatrix}$.

$$\begin{pmatrix} 1 & -2 \\ 2 & 1 \end{pmatrix} \cdot \begin{pmatrix} i \\ 1 \end{pmatrix} = \underbrace{\begin{pmatrix} i-2 \\ 2i+1 \end{pmatrix}}_{*^1} \stackrel{!}{=} (a+bi) \cdot \begin{pmatrix} i \\ 1 \end{pmatrix} = \underbrace{\begin{pmatrix} ai-b \\ a+bi \end{pmatrix}}_{*^2}$$

Wir vergleichen $*^1$ mit $*^2$ und sehen: Mit $a = 1$ und $b = 2$ stimmen beide Komponenten überein.

Also ist $\begin{pmatrix} i \\ 1 \end{pmatrix}$ Eigenvektor zum Eigenwert $1 + 2i$ der Matrix $\begin{pmatrix} 1 & -2 \\ 2 & 1 \end{pmatrix}$.

Dies waren Beispiele für Aufgaben, in denen Eigenvektoren bekannt waren und die zugehörigen Eigenwerte gesucht werden mussten. Wie wir Eigenwerte und -vektoren bestimmen, wenn noch nichts bekannt ist, sehen wir im Folgenden:

1.9.2 Eigenwerte

Wie lassen sich Eigenwerte berechnen? Durch Umstellen der Gleichung (1.78) erhalten wir:

$$\begin{aligned} & \mathbf{A}\vec{v} = \lambda\vec{v} && \mid -\lambda\vec{v} \\ \Leftrightarrow\quad & \mathbf{A}\vec{v} - \lambda\vec{v} = 0 && \mid \mathbf{E}_n \text{ einfügen} \\ \Leftrightarrow\quad & \mathbf{A}\vec{v} - \mathbf{E}_n\lambda\vec{v} = 0 && \mid \text{Jetzt kann } \vec{v} \text{ ausgeklammert werden} \\ \Leftrightarrow\quad & (\mathbf{A} - \lambda\mathbf{E}_n)\,\vec{v} = 0 \end{aligned} \tag{1.79}$$

Herleitung charakteristisches Polynom

Beispiel 3×3-Matrix

Gleichung (1.79) ist ein homogenes LGS. Nun wissen wir bereits: Wenn die Matrix $\mathbf{A} - \lambda\mathbf{E}_n$ nicht invertierbar ist, besitzt das LGS unendlich viele Lösungen (also nicht bloß die Lösung $\vec{v} = \vec{0}$, was sowieso wegen (1.78) verboten ist!). Das bedeutet, wenn diese Matrix nicht invertierbar ist, ist ihre Determinante gleich Null!

Die Eigenwerte λ einer (quadratischen) Matrix $\mathbf{A} \in \mathbb{R}^{n\times n}$ sind die *Nullstellen* des *charakteristischen Polynoms*:

$$\underbrace{\det(\mathbf{A} - \lambda\mathbf{E}_n)}_{\text{charakteristisches Polynom}} \overset{!}{=} 0 \tag{1.80}$$

Das charakteristische Polynom ist ein Polynom n-ten Grades. Also gibt es auch exakt n Eigenwerte (beachte, dass diese auch komplex sein können)!

Achte beim Berechnen der Determinante immer auf die Struktur der gegebenen Matrix und berechne nicht „blind" z. B. nach Sarrus. Versuche evtl. geschickt zu entwickeln und auszuklammern, sodass du die Nullstellen schnell berechnen kannst.

$$\mathbf{A} = \begin{pmatrix} 2 & 0 & 1 \\ 8 & 3 & 7 \\ 5 & 0 & 6 \end{pmatrix}, \quad \det(\mathbf{A} - \lambda\mathbf{E}_3) = \det\begin{pmatrix} 2-\lambda & 0 & 1 \\ 8 & 3-\lambda & 7 \\ 5 & 0 & 6-\lambda \end{pmatrix}$$

$$= (3-\lambda)\cdot\begin{vmatrix} 2-\lambda & 1 \\ 5 & 6-\lambda \end{vmatrix} = (3-\lambda)(\underbrace{\lambda^2 - (2+6)\lambda + (2\cdot 6 - 5\cdot 1)}_{\text{Formel (1.81)}})$$

$$= (3-\lambda)(\lambda^2 - 8\lambda + 7) = 0 \quad\Rightarrow\quad \lambda_1 = 3 \;\vee\; \lambda_{2,3} = 4 \pm \sqrt{16-7} = 4 \pm 3$$

$$\Rightarrow\quad \lambda_1 = 3 \;\vee\; \lambda_2 = 1 \;\vee\; \lambda_3 = 7$$

Charakteristisches Polynom einer 2×2-Matrix

Um Rechenzeit zu sparen, gibt es eine einfache Formel, die wir uns merken können, um das charakteristische Polynom einer 2×2-Matrix **A** zu berechnen:

$$\det(\mathbf{A} - \lambda\mathbf{E}_2) = \lambda^2 - \operatorname{Spur}(\mathbf{A})\cdot\lambda + \det(\mathbf{A}) \tag{1.81}$$

$$\mathbf{A} = \begin{pmatrix} -1 & 3 \\ -2 & 5 \end{pmatrix} \quad\Rightarrow\quad \det(\mathbf{A} - \lambda\mathbf{E}_2) = \lambda^2 - (-1+5)\lambda + \big(-1\cdot 5 - (-2)\cdot 3\big) = \lambda^2 - 4\lambda + 1$$

Eigenwerte einer Dreiecksmatrix

Eigenwerte von Dreiecksmatrizen

Die Eigenwerte einer Dreiecksmatrix sind besonders einfach zu bestimmen, denn wir müssen nicht einmal rechnen. Mit geschicktem Entwickeln der Determinante in (1.80) sehen wir schnell, dass die Eigenwerte einer Dreiecksmatrix die Elemente auf ihrer Hauptdiagonalen sind.

$$\mathbf{A} = \begin{pmatrix} 2 & 3 \\ 0 & -1 \end{pmatrix} \Rightarrow \lambda_1 = 2,\ \lambda_2 = -1, \quad \mathbf{B} = \begin{pmatrix} 3 & 0 & 0 \\ 1 & 0 & 0 \\ 1 & 4 & -2 \end{pmatrix} \Rightarrow \lambda_1 = 3,\ \lambda_2 = 0,\ \lambda_3 = -2$$

Ergebnisprüfung durch Spur der Matrix

Es ist sehr einfach möglich, die berechneten Eigenwerte auf Korrektheit zu prüfen, indem wir uns der Spur der Matrix bedienen:

$$\text{Spur}\,(\mathbf{A}) = \sum_{i=1}^{n} \lambda_i \tag{1.82}$$

Die Spur der Matrix entspricht also der Summe aller Eigenwerte. Doppelte, dreifache, ... Eigenwerte müssen wir hier natürlich auch doppelt, dreifach, ... zählen.

Die Matrix $\mathbf{A} = \begin{pmatrix} -83 & 30 & 6 \\ -234 & 85 & 18 \\ 78 & -30 & -11 \end{pmatrix}$ besitzt den doppelten Eigenwert -5. Bestimme alle weiteren Eigenwerte von **A**.

Es gilt nach (1.82):

$$\begin{aligned} \text{Spur}\,(\mathbf{A}) &= -83 + 85 - 11 \overset{!}{=} \lambda_1 + \lambda_2 + \lambda_3 = -5 - 5 + \lambda_3 \\ \Rightarrow \quad & -9 = -10 + \lambda_3 \\ \Rightarrow \quad & \lambda_3 = 1 \end{aligned}$$

1.9.3 Vielfachheiten von Eigenwerten

Algebraische Vielfachheit

Unter der algebraischen Vielfachheit eines Eigenwerts verstehen wir ganz einfach, wie oft dieser vorkommt!

EW einer Matrix sind 1, 2 und 5. Dann haben alle die alg. Vielf. 1.

EW einer Matrix sind -1, -1 und 2. Dann hat der EW -1 die alg. Vielf. 2 und der EW 2 die alg. Vielf. 1.

Geometrische Vielfachheit

Die geometrische Vielfachheit eines Eigenwerts entspricht der Anzahl an l.u. Eigenvektoren, die zu dem EW gehören. Anders gesagt entspricht die geom. Vielf. eines Eigenwerts der Dimension seines Eigenraums.

1.9.4 Eigenvektoren

Haben wir einen Eigenwert bestimmt, können wir die zugehörigen Eigenvektoren berechnen.

Punkt abbilden mit den Eigenvektoren

Eigenvektoren einer Matrix A berechnen:

1. Eigenwerte bestimmen
2. Für jeden Eigenwert separat:
   (a) Eigenwert in Gleichung (1.79) einsetzen (das zugehörige homogene LGS besitzt nun unendlich viele Lösungen)
   (b) LGS lösen
   (c) Die Lösungsvektoren sind die Eigenvektoren zu dem Eigenwert

> Präziser ist das: Basisvektoren des Lösungsraums/des Kerns von (1.79) entsprechen den Eigenvektoren zu dem Eigenwert. Daher darf ein Eigenvektor auch nicht $\vec{0}$ sein!

Alternative: Eigenvektor durch Kreuzprodukt bestimmen

1.9.5 Eigenräume

Als Eigenraum $E_A(\lambda)$ bezeichnen wir die lineare Hülle, die von den zu λ zugehörigen Eigenvektoren aufgespannt wird. Bedeutet also:

Eigenraum aufstellen

$$E_A(\lambda) = \ker(\mathbf{A} - \lambda\mathbf{E}_n) \tag{1.83}$$

Damit entspricht die geometrische Vielfachheit eines EWs dem Defekt seines Eigenraums.

Bestimme die Eigenräume zu $\mathbf{A} = \begin{pmatrix} 3 & 0 & 1 \\ -1 & 4 & 1 \\ 2 & 0 & 2 \end{pmatrix}$

EW berechnen:

$$\det\begin{pmatrix} 3-\lambda & 0 & 1 \\ -1 & 4-\lambda & 1 \\ 2 & 0 & 2-\lambda \end{pmatrix} \overset{\text{2. Spalte}}{=} (4-\lambda)\cdot\begin{vmatrix} 3-\lambda & 1 \\ 2 & 2-\lambda \end{vmatrix} = (4-\lambda)\underbrace{(\lambda^2 - 5\lambda + 4)}_{\text{Formel (1.81)}} = 0$$

$$\Rightarrow \quad \lambda_1 = 4 \vee \lambda_{2,3} = \frac{5}{2} \pm \sqrt{\frac{25}{4} - 4} = \frac{5}{2} \pm \sqrt{\frac{9}{4}} = \frac{5}{2} \pm \frac{3}{2}$$

$$\Rightarrow \quad \lambda_1 = 4 \vee \lambda_2 = 1 \vee \lambda_3 = 4$$

EW sind 4 (alg. Vielf. 2) und 1 (alg. Vielf. 1).

Eigenraum $E_A(1)$ berechnen:

$$\left(\begin{array}{ccc|c} 2 & 0 & 1 & 0 \\ -1 & 3 & 1 & 0 \\ 2 & 0 & 1 & 0 \end{array}\right) \begin{array}{l} \\ \mid \cdot 2 \\ \mid \cdot(-1) \end{array} \rightsquigarrow \left(\begin{array}{ccc|c} 2 & 0 & 1 & 0 \\ 0 & 6 & 3 & 0 \\ 0 & 0 & 0 & 0 \end{array}\right)$$

$$\Rightarrow \quad v_3 \in \mathbb{R}, \quad v_2 = -\frac{1}{2}v_3, \quad v_1 = -\frac{1}{2}v_3$$

$$\Rightarrow \quad E_A(1) = \mathcal{L}\left(\begin{pmatrix} -\frac{1}{2} \\ -\frac{1}{2} \\ 1 \end{pmatrix}\right) = \underbrace{\mathcal{L}\left(\begin{pmatrix} -1 \\ -1 \\ 2 \end{pmatrix}\right)}_{\text{sieht ohne Brüche einfach schöner aus}}$$

$E_A(4)$ berechnen:

$$\left(\begin{array}{ccc|c} -1 & 0 & 1 & 0 \\ -1 & 0 & 1 & 0 \\ -2 & 0 & -2 & 0 \end{array}\right) \begin{array}{l} \mid \cdot(-1) \quad \mid \cdot 2 \\ \mid \\ \mid \end{array} \rightsquigarrow \left(\begin{array}{ccc|c} -1 & 0 & 1 & 0 \\ 0 & 0 & 0 & 0 \\ 0 & 0 & 0 & 0 \end{array}\right)$$

$$\Rightarrow \quad v_3 \in \mathbb{R}, \quad v_2 \in \mathbb{R}, \quad v_1 = v_3$$

$$\Rightarrow \quad E_A(4) = \left\{ v_2 \begin{pmatrix} 0 \\ 1 \\ 0 \end{pmatrix} + v_3 \begin{pmatrix} 1 \\ 0 \\ 1 \end{pmatrix} \;\middle|\; v_2, v_3 \in \mathbb{R} \right\} = \mathcal{L}\left(\begin{pmatrix} 0 \\ 1 \\ 0 \end{pmatrix}, \begin{pmatrix} 1 \\ 0 \\ 1 \end{pmatrix}\right)$$

EW 1 hat also eine geom. Vielf. von 1 und EW 4 hat eine geom. Vielf. von 2

1.9.6 Diagonalisierbarkeit

Matrix diagonalisieren Übersicht

Unter Diagonalisierbarkeit einer quadratischen Matrix **A** verstehen wir, dass es eine Transformationsmatrix **T** gibt, sodass wir Folgendes tun können:

$$\mathbf{D} = \mathbf{T}^{-1}\mathbf{A}\mathbf{T} \tag{1.84}$$

$$\text{mit} \quad \mathbf{D} = \begin{pmatrix} \lambda_1 & 0 & 0 & \dots \\ 0 & \lambda_2 & 0 & \dots \\ 0 & 0 & \lambda_3 & \dots \\ \vdots & \vdots & \vdots & \ddots \end{pmatrix} \quad \text{Diagonalmat. mit den EW von } \mathbf{A} \text{ auf der Diagonalen} \tag{1.85}$$

$$\mathbf{T} = (\vec{v_1}\vec{v_2}\vec{v_3}\dots) \quad \text{invertierbare Mat. mit den zugehörigen EV als Spaltenvektoren} \tag{1.86}$$

Die Positionen der EV in T müssen mit den Positionen der EW in D übereinstimmen.

Im Prinzip vollführen wir hier mit der (Abbildungs)Matrix **A** einen Basiswechsel von der Standardbasis auf die Basis, die sich aus den EV von **A** zusammensetzt (sowohl im Definitions- als auch im Bildbereich).

Beispiel

Transformationsmatrix

Prüfen, ob eine Matrix A diagonalisierbar ist:

1. EW von **A** bestimmen
2. Algebraische und geometrische Vielfachheiten bestimmen

   Wenn jeder EW eine alg. Vielf. von 1 hat, dann folgt daraus sofort, dass auch jeder EW eine geom. Vielf. von 1 hat!

3. Stimmen diese für jeden EW überein, ist **A** diagonalisierbar

Jede symmetrische Matrix A ist diagonalisierbar.

Ist $\mathbf{A} = \begin{pmatrix} 3 & 0 & 1 \\ -1 & 4 & 1 \\ 2 & 0 & 2 \end{pmatrix}$ diagonalisierbar? Wenn ja, gib die Transformations- und Diagonalmatrix an!

EW berechnen:...(siehe vorherige Seite)... $\Rightarrow \quad \lambda_1 = 4 \lor \lambda_2 = 1 \lor \lambda_3 = 4$

EW sind 4 (alg. Vielf. 2) und 1 (alg. Vielf. 1).

$E_A(1)$ berechnen:...(siehe vorherige Seite)... $\Rightarrow \quad E_A(1) = \mathcal{L}\left(\begin{pmatrix} -1 \\ -1 \\ 2 \end{pmatrix}\right)$

$E_A(4)$ berechnen:...(siehe vorherige Seite)... $\Rightarrow \quad E_A(4) = \mathcal{L}\left(\begin{pmatrix} 0 \\ 1 \\ 0 \end{pmatrix}, \begin{pmatrix} 1 \\ 0 \\ 1 \end{pmatrix}\right)$

EW 1 hat also eine geom. Vielf. von 1 und EW 4 hat eine geom. Vielf. von 2.

Matrix **A** ist also diagonalisierbar (Vielfachheiten stimmen überein)!

$$\mathbf{D} = \begin{pmatrix} 1 & 0 & 0 \\ 0 & 4 & 0 \\ 0 & 0 & 4 \end{pmatrix}, \quad \mathbf{T} = \begin{pmatrix} -1 & 0 & 1 \\ -1 & 1 & 0 \\ 2 & 0 & 1 \end{pmatrix}$$

Achtung: Matrix **T** ist nicht eindeutig. Wir könnten als Eigenvektoren genauso LKs aus den jew. Eigenräumen nehmen. **T** könnte bei gleicher Matrix **D** auch so aussehen: $\mathbf{T} = \begin{pmatrix} -3 & 0 & 2 \\ -3 & 5 & 5 \\ 6 & 0 & 2 \end{pmatrix}$, denn $\begin{pmatrix} -3 \\ -3 \\ 6 \end{pmatrix} = 3 \cdot \begin{pmatrix} -1 \\ -1 \\ 2 \end{pmatrix}$ ist eine l.u. LK aus $E(1)$ und $\begin{pmatrix} 0 \\ 5 \\ 0 \end{pmatrix} = 5 \cdot \begin{pmatrix} 0 \\ 1 \\ 0 \end{pmatrix}$ und $\begin{pmatrix} 2 \\ 5 \\ 2 \end{pmatrix} = 5 \cdot \begin{pmatrix} 0 \\ 1 \\ 0 \end{pmatrix} + 2 \cdot \begin{pmatrix} 1 \\ 0 \\ 1 \end{pmatrix}$ sind l.u. LKs aus $E(4)$.

Ist $\mathbf{A} = \begin{pmatrix} 1 & -2 \\ 2 & 1 \end{pmatrix}$ diagonalisierbar? Wenn ja, gib die Transformations- und Diagonalmatrix an!

EW berechnen:

$$\det\begin{pmatrix} 1-\lambda & -2 \\ 2 & 1-\lambda \end{pmatrix} = \underbrace{\lambda^2 - (1+1)\lambda + (1+4)}_{\text{Formel (1.81)}} = \lambda^2 - 2\lambda + 5 = 0$$

$$\Rightarrow \quad \lambda_{1,2} = -\frac{-2}{2} \pm \sqrt{1^2 - 5} = 1 \pm 2i \quad \text{(komplex konjugierte Eigenwerte)}$$

$$\Rightarrow \quad \lambda_1 = 1 + 2i, \ \lambda_2 = \overline{\lambda_1} = \overline{1 + 2i} = 1 - 2i$$

$E_A(1 + 2i)$ berechnen:

Es reicht hier, für einen der beiden komplex konjugierten EW (λ_1) den EV ($\vec{v_1}$) zu bestimmen. Der EV zu $\lambda_2 = \overline{\lambda_1}$ ist der komplex konjugierte EV zu $\vec{v_1}$, also $\vec{v_2} = \overline{\vec{v_1}}$ (alle Komponenten komplex konjugieren).

$$E_A(1+2i): \quad \left(\begin{array}{cc|c} -2i & -2 & 0 \\ 2 & -2i & 0 \end{array}\right) \begin{array}{l} \\ \cdot i \end{array} \overset{*^1}{\rightsquigarrow} \left(\begin{array}{cc|c} -2i & -2 & 0 \\ 0 & 0 & 0 \end{array}\right)$$

$$\Rightarrow \quad v_2 \in \mathbb{C}$$

$$\Rightarrow \quad -2i \cdot v_1 - 2 \cdot v_2 = 0 \quad \Rightarrow \quad v_1 = \frac{2v_2}{-2i} = -\frac{v_2}{i} = -\frac{v_2 i}{-1} = v_2 i$$

$$\Rightarrow \quad E_A(1+2i) = \left\{ \begin{pmatrix} v_2 \cdot i \\ v_2 \end{pmatrix} \,\middle|\, v_2 \in \mathbb{C} \right\} = \left\{ v_2 \begin{pmatrix} i \\ 1 \end{pmatrix} \,\middle|\, v_2 \in \mathbb{C} \right\}$$

$*^1$: Bei einer 2×2 Matrix brauchen wir in diesem Schritt gar nicht lange rechnen. Denn wir wissen genau, dass eine Nullzeile entstehen muss, da das LGS unendlich viele Lösungen besitzt (sonst gäbe es keinen Eigenvektor).

Bei einer 3×3 Matrix müssen wir den ersten Schritt des Gauß-Algorithmus durchführen. Ist dann noch keine Nullzeile vorhanden, wissen wir, dass im zweiten Schritt wieder auf jeden Fall eine Nullzeile entstehen muss (Erklärung siehe oben).

Also gilt für $E_A(1 - 2i)$ (Komponenten im Lösungsvektor komplex konjugieren)

$$\Rightarrow \quad E_A(1-2i) = \left\{ \begin{pmatrix} -v_2 \cdot i \\ v_2 \end{pmatrix} \,\middle|\, v_2 \in \mathbb{C} \right\} = \left\{ v_2 \begin{pmatrix} -i \\ 1 \end{pmatrix} \,\middle|\, v_2 \in \mathbb{C} \right\}$$

$$\mathbf{D} = \begin{pmatrix} 1+2i & 0 \\ 0 & 1-2i \end{pmatrix}, \quad \mathbf{T} = \begin{pmatrix} i & -i \\ 1 & 1 \end{pmatrix}$$

1.10 Definitheit

1.10.1 Definition

Die reine Definition der Definitheit einer Matrix ist ein wenig abstrakt. Was diese mathematisch genau aussagt, soll uns hier auch nicht weiter interessieren. Wichtig ist, dass wir die Definitheit einer (symmetrischen) Matrix später als Kriterium brauchen!

Für symmetrische zu untersuchende Matrizen $\mathbf{A} \in \mathbb{R}^{n \times n}$:

$$\forall \vec{x} \in \mathbb{R}^n \setminus \{\vec{0}\}: \quad \vec{x}^T \mathbf{A} \vec{x} \begin{cases} > 0 & \mathbf{A} \text{ ist positiv definit} \\ \geq 0 & \mathbf{A} \text{ ist positiv semidefinit} \\ < & \mathbf{A} \text{ ist negativ definit} \\ \leq 0 & \mathbf{A} \text{ ist negativ semidefinit} \\ \text{sonst} & \mathbf{A} \text{ ist indefinit} \end{cases} \tag{1.87}$$

Für später (hinreichendes Kriterium für Extremstellen bei Funktionen mit mehreren Veränderlichen) sind lediglich die Vorgehen zur Bestimmung der Definitheit für symmetrische Matrizen wichtig!

1.10.2 Nachweis per Eigenwerte

Mit diesem Kriterium können wir alle Fälle der Definitheit einer Matrix eindeutig bestimmen:

A ist positiv definit	$\Leftrightarrow$	alle EW von **A** sind > 0
A ist positiv semidefinit	$\Leftrightarrow$	alle EW von **A** sind ≥ 0
A ist indefinit	$\Leftrightarrow$	EW von **A** sind sowohl < 0 als auch > 0
A ist negativ semidefinit	$\Leftrightarrow$	alle EW von **A** sind ≤ 0
A ist negativ definit	$\Leftrightarrow$	alle EW von **A** sind < 0

Besonders schnell lässt sich hier die Definitheit bestimmen, wenn A eine Diagonalmatrix ist (EW sind direkt ablesbar).

1.10.3 Nachweis per Hurwitz-Kriterium/Sylvester-Kriterium/Hauptminoren

Mit diesem Kriterium können wir *ausschließlich* nachweisen, ob eine Matrix positiv- oder negativ definit ist. *Wenn* es so ist (und die Matrix keine Diagonalmatrix ist), *dann* geht der Nachweis mit dieser Methode normalerweise schneller:

A ist positiv definit	$\Leftrightarrow$	$\det(\mathbf{A}_k) > 0$ für alle $k = 1, \dots, n$
A ist negativ definit	$\Leftrightarrow$	$(-1)^k \cdot \det(\mathbf{A}_k) > 0$ für alle $k = 1, \dots, n$

Dabei sind die $\det(\mathbf{A}_k)$ mit $k = 1, \dots, n$ die (führenden) Hauptminoren der Matrix **A**.

Für „negativ definit" muss also $\det(\mathbf{A}_1) < 0$, $\det(\mathbf{A}_2) > 0$, $\det(\mathbf{A}_3) < 0$ usw. gelten (das Vorzeichen muss alternieren, beginnend mit einem „$-$")

$$\mathbf{A} = \begin{pmatrix} -1 & 2 & 0 \\ 2 & -6 & 0 \\ 1 & 0 & -5 \end{pmatrix}, \quad \det(\mathbf{A}_1) = \det(-1) = -1 < 0$$

$$\det(\mathbf{A}_2) = \det \begin{pmatrix} -1 & 2 \\ 2 & -6 \end{pmatrix} = 2 > 0, \quad \det(\mathbf{A}_3) = \det(\mathbf{A}) = -5 \cdot \det(\mathbf{A}_2) = -10 < 0$$

Also ist **A** negativ definit.

1.11 Zusammenhängende Eigenschaften – Übersicht

Wie bereits ganz zu Beginn erwähnt, sind die Einzelthemen dieses Kapitels sehr eng ineinander verflochten und es gibt zahlreiche Eigenschaften, aus denen sich andere Eigenschaften ableiten lassen. Damit du diesen Gesamtüberblick trainierst, empfehlen wir dir, bei jeder deiner Aufgaben etwas über den Tellerrand zu schauen.

Wir verweisen hier nochmals ausdrücklich auf die Zusammenhänge, die im Schaubild auf S. 34 visualisiert sind!

1) Voraussetzung ist, dass $\mathbf{A} \in \mathbb{R}^{n \times n}$ (also quadratisch) ist. Dann sind die Aussagen äquivalent:

A ist invertierbar/regulär ($\mathbf{A}^{-1}$ existiert).

$\Leftrightarrow$ LGS $\mathbf{A}\vec{x} = \vec{b}$ ist *eindeutig* lösbar ($\vec{x} = \mathbf{A}^{-1}\vec{b}$ liefert eindeutige Lösung).

$\Leftrightarrow$ Beim Gauß-Algorithmus entsteht keine Nullzeile.

$\Leftrightarrow$ Spalten-/Zeilenvektoren sind linear unabhängig.

$\Leftrightarrow$ Spalten-/Zeilenvektoren bilden eine Basis des $\mathbb{R}^n$.

$\Leftrightarrow$ $\ker(\mathbf{A}) = \{\vec{0}\}$.

$\Leftrightarrow$ $\dim(\ker(\mathbf{A})) = 0$.

$\Leftrightarrow$ $\text{Bild}(\mathbf{A}) = \mathbb{R}^n$.

$\Leftrightarrow$ $\dim(\text{Bild}(\mathbf{A})) = \text{rg}(\mathbf{A}) = n$.

$\Leftrightarrow$ Lineare Abbildung mit **A** als Abbildungsmatrix ist ein Isomorphismus (und damit auch ein Mono- und Epimorphismus).

$\Leftrightarrow$ $\det(\mathbf{A}) \neq 0$.

$\Leftrightarrow$ Kein Eigenwert von **A** ist Null.

2) Voraussetzung ist, dass $\mathbf{A} \in \mathbb{R}^{n \times n}$ (also quadratisch) ist. Dann sind die Aussagen äquivalent:

A ist nicht invertierbar ($\mathbf{A}^{-1}$ existiert nicht).

$\Leftrightarrow$ LGS $\mathbf{A}\vec{x} = \vec{b} \neq \vec{0}$ hat keine oder unendlich viele Lösungen.

$\Leftrightarrow$ LGS $\mathbf{A}\vec{x} = \vec{0}$ hat unendlich viele Lösungen.

$\Leftrightarrow$ Beim Gauß-Algorithmus entsteht mindestens eine Nullzeile.

$\Leftrightarrow$ Spalten-/Zeilenvektoren sind linear abhängig.

$\Leftrightarrow$ Spalten-/Zeilenvektoren bilden keine Basis des $\mathbb{R}^n$.

$\Leftrightarrow$ $\ker(\mathbf{A}) \neq \{\vec{0}\}$.

$\Leftrightarrow$ $\dim(\ker(\mathbf{A})) \geq 1$.

$\Leftrightarrow$ $\text{Bild}(\mathbf{A}) \neq \mathbb{R}^n$.

$\Leftrightarrow$ $\dim(\text{Bild}(\mathbf{A})) = \text{rg}(\mathbf{A}) < n$.

$\Leftrightarrow$ Lineare Abbildung mit **A** als Abbildungsmatrix ist kein Isomorphismus (und auch kein Mono- oder Epimorphismus).

$\Leftrightarrow$ $\det(\mathbf{A}) = 0$.

$\Leftrightarrow$ Mindestens ein Eigenwert von **A** ist Null.

1.12 Übungsaufgaben – Lineare Algebra

Lösungen

1.1) Level: Berechne – sofern möglich – die Terme für die folgenden Matrizen:

$$\mathbf{A}=\begin{pmatrix}2&1\\-3&0\end{pmatrix}\quad \mathbf{B}=\begin{pmatrix}1&2\\1&-4\\0&1\end{pmatrix}\quad \mathbf{C}=\begin{pmatrix}0&0&3\\-1&1&1\\2&0&4\end{pmatrix}$$

$$\mathbf{D}=\begin{pmatrix}3&1&0\\3&-1&1\end{pmatrix}\quad \mathbf{E}=\begin{pmatrix}1&1&1\end{pmatrix}\quad \mathbf{F}=\begin{pmatrix}2&0\end{pmatrix}$$

a) $\mathbf{A}+\mathbf{BD}$ **b)** $\mathbf{E}^T\mathbf{F}-\mathbf{D}^T$ **c)** $\mathbf{DCB}$ **d)** $\mathbf{D}+\mathbf{AB}$ **e)** $\mathbf{FD}+\mathbf{E}$ **f)** $(\mathbf{DB})^T-\mathbf{A}+\mathbf{F}^T\mathbf{F}$

1.2) Level: Bestimme die Lösungsmengen der folgenden linearen Gleichungssysteme:

a) $\begin{cases}-3x+3y&=&-15\\9x-9y-5z&=&-5\\-3y-4z&=&14\end{cases}$ **b)** $\begin{cases}x+2y-z&=&2\\3x-2y+z&=&2\\2x-4y+2z&=&0\end{cases}$ **c)** $\begin{cases}y+z&=&0\\4x-y+2z&=&7\\8x-y+5z&=&12\end{cases}$

1.3) Level: Bestimme die Inverse – sofern sie existiert – der folgenden Matrizen:

$$\mathbf{A}=\begin{pmatrix}5&-2\\-1&1\end{pmatrix}\quad \mathbf{B}=\begin{pmatrix}12&3&-8\\0&-7&0\\1&-1&1\end{pmatrix}\quad \mathbf{C}=\begin{pmatrix}0&1&-4\\2&1&-5\\-2&-6&0\end{pmatrix}\quad \mathbf{D}=\begin{pmatrix}2&-1&2\\-3&7&1\\3&-7&-1\end{pmatrix}$$

1.4) Level: Bestimme alle Parameter $a\in\mathbb{R}$, sodass die folgenden Matrizen regulär sind und bestimme die Inverse in Abhängigkeit von a:

$$\mathbf{A}=\begin{pmatrix}0&-1&-4\\1&-2&a\\-2&4&-5\end{pmatrix}\quad \mathbf{B}=\begin{pmatrix}0&1&1-a\\4&-3&-(4+a)\\-1&3&a\end{pmatrix}\quad \mathbf{C}=\begin{pmatrix}0&3&1&0\\-1&-4&-1&0\\-a&3&1&1\\0&-3&a&4\end{pmatrix}$$

1.5) Level: Begründe, ob die folgenden Familien von Vektoren linear unabhängig oder linear abhängig sind:

a) $\left(\begin{pmatrix}1\\0\end{pmatrix},\begin{pmatrix}2\\2\end{pmatrix}\right)$ **b)** $\left(\begin{pmatrix}3\\4\end{pmatrix},\begin{pmatrix}4\\3\end{pmatrix}\right)$ **c)** $\left(\begin{pmatrix}1\\-4\\3\end{pmatrix},\begin{pmatrix}-2\\8\\-6\end{pmatrix}\right)$ **d)** $\left(\begin{pmatrix}3\\2\\-5\end{pmatrix},\begin{pmatrix}6\\4\\-12\end{pmatrix}\right)$

1.6) Level: Begründe, ob die folgenden Familien von Vektoren linear unabhängig oder linear abhängig sind:

a) $\left(\begin{pmatrix}2\\1\\0\end{pmatrix},\begin{pmatrix}1\\2\\0\end{pmatrix},\begin{pmatrix}1\\1\\1\end{pmatrix}\right)$ **b)** $\left(\begin{pmatrix}-4\\1\\1\end{pmatrix},\begin{pmatrix}-1\\2\\3\end{pmatrix},\begin{pmatrix}-2\\-3\\-5\end{pmatrix}\right)$ **c)** $\left(\begin{pmatrix}1\\2\\1\end{pmatrix},\begin{pmatrix}-3\\4\\7\end{pmatrix},\begin{pmatrix}0\\-3\\-3\end{pmatrix}\right)$

1.7) Level: ♣♣♣ Für welche Parameter $a \in \mathbb{R}$ sind die Familien von Vektoren linear unabhängig?

$$\textbf{a)}\ \left(\begin{pmatrix}-1\\-a\\0\end{pmatrix},\begin{pmatrix}4\\-3\\3\end{pmatrix},\begin{pmatrix}-1\\1\\a\end{pmatrix}\right)\quad \textbf{b)}\ \left(\begin{pmatrix}0\\4\\-3\end{pmatrix},\begin{pmatrix}3\\a\\-a\end{pmatrix},\begin{pmatrix}1\\-2\\a\end{pmatrix}\right)\quad \textbf{c)}\ \left(\begin{pmatrix}1\\1\\0\end{pmatrix},\begin{pmatrix}a\\a\\1\end{pmatrix},\begin{pmatrix}a^2\\2a\\2\end{pmatrix}\right)$$

1.8) Level: ♣ Ist B eine Basis des jeweiligen UVRs?

$$\textbf{a)}\ \text{UVR} = \left\{x\begin{pmatrix}1\\-4\end{pmatrix}+y\begin{pmatrix}2\\1\end{pmatrix}\ \middle|\ x,y\in\mathbb{R}\right\},\ B=\left(\begin{pmatrix}1\\0\end{pmatrix},\begin{pmatrix}0\\1\end{pmatrix}\right)$$

$$\textbf{b)}\ \text{UVR} = \left\{x\begin{pmatrix}2\\-5\end{pmatrix}+y\begin{pmatrix}-4\\10\end{pmatrix}\ \middle|\ x,y\in\mathbb{R}\right\},\ B=\left(\begin{pmatrix}-2\\5\end{pmatrix},\begin{pmatrix}0\\0\end{pmatrix}\right)$$

1.9) Level: ♣♣ Ist B eine Basis des jeweiligen UVRs?

$$\textbf{a)}\ \text{UVR} = \left\{\begin{pmatrix}x\\y\\z\end{pmatrix}\in\mathbb{R}^3\ \middle|\ 4x+y-z=0\right\},\ B=\left(\begin{pmatrix}2\\-3\\5\end{pmatrix},\begin{pmatrix}-1\\1\\-3\end{pmatrix}\right)$$

$$\textbf{b)}\ \text{UVR} = \left\{\begin{pmatrix}x\\y\\z\end{pmatrix}\in\mathbb{R}^3\ \middle|\ 3x-y=4z+y\right\},\ B=\left(\begin{pmatrix}8\\6\\3\end{pmatrix},\begin{pmatrix}4\\2\\1\end{pmatrix}\right)$$

1.10) Level: ♣♣♣ Bestimme alle Parameter $a, b \in \mathbb{R}$, sodass $\mathcal{L}(F) = U$ gilt:

$$\textbf{a)}\ U = \left\{\begin{pmatrix}x\\y\\z\end{pmatrix}\in\mathbb{R}^3\ \middle|\ 4x=2y\ \wedge\ 4y=2z\right\},\ F=\left(\begin{pmatrix}2a-b\\a+b\\a+3b\end{pmatrix}\right)$$

$$\textbf{b)}\ U = \left\{\begin{pmatrix}x_1\\x_2\\x_3\\x_4\end{pmatrix}\in\mathbb{R}^4\ \middle|\ x_1+3x_2-x_3=0\ \wedge\ 2x_1-x_2+x_4=0\right\},\ F=\left(\begin{pmatrix}-a\\b\\4b\\a\end{pmatrix},\begin{pmatrix}1\\-1\\-2\\-3\end{pmatrix}\right)$$

1.11) Level: ♣♣ Transformiere die folgenden Basen B in Orthogonalbasen mit Hilfe des Gram-Schmidt-Verfahrens:

$$\textbf{a)}\ B=\left(\begin{pmatrix}6\\\sqrt{3}\end{pmatrix},\begin{pmatrix}0\\2\end{pmatrix}\right)\quad \textbf{b)}\ B=\left(\begin{pmatrix}1\\3\\3\end{pmatrix},\begin{pmatrix}0\\-1\\1\end{pmatrix}\right)$$

1.12) Level: ♣♣♣ Transformiere die folgenden Basen B in Orthonormalbasen mit Hilfe des Gram-Schmidt-Verfahrens:

$$\textbf{a)}\ B=\left(\begin{pmatrix}0\\3\\4\end{pmatrix},\begin{pmatrix}1\\0\\1\end{pmatrix},\begin{pmatrix}1\\1\\3\end{pmatrix}\right)\quad \textbf{b)}\ B=\left(\begin{pmatrix}1\\1\\2\end{pmatrix},\begin{pmatrix}0\\1\\1\end{pmatrix},\begin{pmatrix}-1\\2\\0\end{pmatrix}\right)\quad \textbf{c)}\ B=\left(\begin{pmatrix}4\\0\\\sqrt{2}\end{pmatrix},\begin{pmatrix}0\\2\\0\end{pmatrix},\begin{pmatrix}0\\2\\1\end{pmatrix}\right)$$

1.13) Level: ♠♠ Bestimme die Koeffizientenmatrix **A** zu der Abbildung $f:\ \mathbb{R}^2 \to \mathbb{R}^2$, die die folgenden Eigenschaften erfüllt.

- Die Summe aller Elemente aus **A** ist 2
- Spur (**A**) = 4
- Es gilt: $\mathbf{A}\begin{pmatrix}1\\3\end{pmatrix} = \begin{pmatrix}0\\-2\end{pmatrix}$

1.14) Level: ♠♠♠ Bestimme die Koeffizientenmatrix **A** zu der Abbildung $f:\ \mathbb{R}^2 \to \mathbb{R}^2$, die die folgenden Eigenschaften erfüllt.

- $\mathbf{A} = \mathbf{A}^{\mathrm{T}}$
- $\mathbf{A}^{-1}$ existiert nicht
- Spur (**A**) = 2
- Die Summe aller Elemente aus $\mathbf{A}^2$ ist 6

1.15) Level: ♠♠♠♠ Bestimme die Koeffizientenmatrix **A** zu der Abbildung $f:\ \mathbb{R}^2 \to \mathbb{R}^2$, die die folgenden Eigenschaften erfüllt.

- $a_{12} > 0$
- Eine durch f abgebildete Fläche vergrößert sich um das zweifache und ändert dabei ihre Orientierung
- Ein Eigenwert von **A** ist 2
- Spur (**A**) · Spur (**AA**) = 0
- Die Summe aller Elemente aus $\mathbf{A}^2$ ist 0

1.16) Level: ♠♠ Bestimme eine Basis des Kerns sowie eine Basis des Bildes der folgenden Abbildungen:

a) $f:\ \mathbb{R}^4 \to \mathbb{R}^3,\ \vec{x} \mapsto \begin{pmatrix}1 & 2 & -1\\ 2 & -1 & 1\\ 5 & 0 & 3\end{pmatrix}$ **b)** $f:\ \mathbb{R}^4 \to \mathbb{R}^3,\ \vec{x} \mapsto \begin{pmatrix}1 & 1 & 3 & -1\\ 0 & 1 & 1 & 1\\ -1 & 2 & 0 & 4\end{pmatrix}$

c) $f:\ \mathbb{R}^4 \to \mathbb{R}^3,\ \vec{x} \mapsto \begin{pmatrix}1 & 0 & -2 & 1\\ 2 & 1 & -4 & 3\\ -1 & 0 & 2 & 5\end{pmatrix}$ **d)** $f:\ \mathbb{R}^3 \to \mathbb{R}^4,\ \vec{x} \mapsto \begin{pmatrix}2 & 2 & 0\\ 8 & -1 & 3\\ 6 & -6 & 4\\ 0 & -3 & 1\end{pmatrix}$

1.17) Level: Für welche Parameter $a \in \mathbb{R}$ werden die folgenden Abbildungen gleichzeitig zu Mono- und Epimorphismen?

a) $f: \mathbb{R} \to \mathbb{R},\ \vec{x} \mapsto \begin{pmatrix} 3 & 1 & -4 & 1 \\ 2 & 1 & a & 3a \\ 0 & a & 5 & 5 \end{pmatrix}$ **b)** $f: \mathbb{R} \to \mathbb{R},\ \vec{x} \mapsto \begin{pmatrix} 3 & a & -4 & a \\ 2 & a & 6 & 3 \\ 0 & a & 5 & 5 \\ 0 & 2 & 5 & 5 \end{pmatrix}$

1.18) Level: Bestimme die neue Abbildungsmatrix der Abbildung f, wenn Vektoren bzgl. der Basis $B = \left(\begin{pmatrix} 1 \\ 1 \end{pmatrix}, \begin{pmatrix} -1 \\ 3 \end{pmatrix}\right)$ auf Vektoren bzgl. der Basis $B' = \left(\begin{pmatrix} 0 \\ 2 \end{pmatrix}, \begin{pmatrix} 1 \\ 2 \end{pmatrix}\right)$ abgebildet werden sollen (die Koordinaten der Basen B und B' sind bzgl. der Standardbasis angegeben):

$$f: \mathbb{R}^2 \to \mathbb{R}^2,\ \vec{x} \mapsto \begin{pmatrix} 1 & 0 \\ 1 & 2 \end{pmatrix}$$

1.19) Level: Bestimme die neue Abbildungsmatrix der Abbildung f, wenn Vektoren bzgl. der Basis $B = \left(\begin{pmatrix} 0 \\ -1 \\ 1 \end{pmatrix}, \begin{pmatrix} -\frac{1}{2} \\ \frac{1}{2} \\ \frac{3}{2} \end{pmatrix}, \begin{pmatrix} 1 \\ 0 \\ -1 \end{pmatrix}\right)$ auf Vektoren bzgl. der Basis $B' = \left(\begin{pmatrix} 2 \\ 0 \end{pmatrix}, \begin{pmatrix} 2 \\ \frac{1}{2} \end{pmatrix}\right)$ abgebildet werden sollen. Die Koordinaten von B sind hier bzgl. der Basis $\left(\begin{pmatrix} 3 \\ 2 \\ 1 \end{pmatrix}, \begin{pmatrix} 0 \\ 1 \\ 1 \end{pmatrix}, \begin{pmatrix} 1 \\ 1 \\ 0 \end{pmatrix}\right)$ und von B' bzgl. der Basis $\left(\begin{pmatrix} 1 \\ 0 \end{pmatrix}, \begin{pmatrix} -2 \\ 2 \end{pmatrix}\right)$ angegeben. Die Abbildungsmatrix der Abbildung f bildet derzeit Vektoren bzgl. Basis $\left(\begin{pmatrix} 1 \\ 0 \\ 0 \end{pmatrix}, \begin{pmatrix} 1 \\ 1 \\ 0 \end{pmatrix}, \begin{pmatrix} 1 \\ 1 \\ 1 \end{pmatrix}\right)$ auf Vektoren bzgl. der Basis $\left(\begin{pmatrix} 2 \\ 1 \end{pmatrix}, \begin{pmatrix} -1 \\ 0 \end{pmatrix}\right)$ ab (die Koordinaten dieser Basen sind bzgl. der Standardbasis angegeben).

$$f: \mathbb{R}^3 \to \mathbb{R}^2,\ \vec{x} \mapsto \begin{pmatrix} 1 & 4 & -1 \\ 0 & -1 & 2 \end{pmatrix}$$

1.20) Level: Bestimme die Determinante der folgenden Matrizen:

$$\mathbf{A} = \begin{pmatrix} 1 & 5 \\ 2 & 2 \end{pmatrix} \quad \mathbf{B} = \begin{pmatrix} 3 & -4 \\ -1 & 1 \end{pmatrix} \quad \mathbf{C} = \begin{pmatrix} 0 & 7 \\ 7 & 2 \end{pmatrix} \quad \mathbf{D} = \begin{pmatrix} 2 & 4 \\ -4 & -8 \end{pmatrix}$$

1.21) Level: Bestimme die Determinante der folgenden Matrizen:

$$\mathbf{A} = \begin{pmatrix} 1 & 1 & 2 \\ 3 & -1 & 1 \\ 0 & 2 & 0 \end{pmatrix} \quad \mathbf{B} = \begin{pmatrix} 5 & 4 & 2 \\ -1 & 3 & 0 \\ 3 & 8 & 1 \end{pmatrix} \quad \mathbf{C} = \begin{pmatrix} 2 & -1 & 1 & 4 \\ 3 & 2 & 0 & 1 \\ 0 & 4 & 1 & 1 \\ -1 & -1 & 0 & 2 \end{pmatrix}$$

1.22) Level: ♦♦♦ Bestimme alle Parameter $a \in \mathbb{R}$, sodass die Matrizen eine Inverse besitzen:

$$\mathbf{A} = \begin{pmatrix} 1 & a & 4a \\ a & -1 & 0 \\ 0 & -2 & -2 \end{pmatrix} \quad \mathbf{B} = \begin{pmatrix} 3 & a^2 & 4 \\ a & -1 & 1-a \\ 0 & a & a \end{pmatrix} \quad \mathbf{C} = \begin{pmatrix} \cos(a) & 1 & 2 \\ 1 & \sin^2\left(\frac{a}{2}\right) & 2 \\ \cos(a) & 0 & \cos(a) \end{pmatrix}$$

1.23) Level: ♦♦ Entscheide, ob die folgenden Matrizen diagonalisierbar sind:

$$\mathbf{A} = \begin{pmatrix} 1 & 60 & 9 \\ 0 & -4 & 0 \\ 0 & 10 & -2 \end{pmatrix} \quad \mathbf{B} = \begin{pmatrix} 6 & 11 & -79 \\ 11 & -1 & 17 \\ -79 & 17 & 0 \end{pmatrix} \quad \mathbf{C} = \begin{pmatrix} 3 & 0 & 1 \\ -1 & 4 & 1 \\ 2 & 0 & 2 \end{pmatrix} \quad \mathbf{D} = \begin{pmatrix} -7 & -3 & \frac{3}{2} \\ 0 & -1 & 0 \\ -12 & -6 & 2 \end{pmatrix}$$

1.24) Level: ♦♦♦ Bestimme die fehlenden Parameter aus $\mathbb{R}$ in den Matrizen:

$$\mathbf{A} = \begin{pmatrix} 1 & a \\ 2 & b \end{pmatrix} \quad \text{EW: } \lambda_1 = 3,\ \lambda_2 = -1$$

$$\mathbf{B} = \begin{pmatrix} a & b & c \\ d & f & g \\ h & k & l \end{pmatrix} \quad \text{EW: } \lambda_1 = -2,\ \lambda_2 = -3,\ \lambda_3 = -4, \text{ EV: } \vec{v_1} = \begin{pmatrix} 0 \\ 1 \\ 0 \end{pmatrix}, \vec{v_2} = \begin{pmatrix} 5 \\ 3 \\ 3 \end{pmatrix}, \vec{v_3} = \begin{pmatrix} 2 \\ 0 \\ 1 \end{pmatrix}$$

Notizen

2 Analysis mehrerer Veränderlicher

Bisher waren Funktionen immer so aufgebaut, dass sie eine Variable enthielten und das Ergebnis wieder eine Zahl war (Def.- und Wertebereich also eindimensional). Das soll sich nun ändern!

Kurz-Überblick: Analysis mehrerer Veränderlicher

Skalarfeld und Vektorfeld

Skalare Funktionen/Skalarfelder

Skalarfelder sind Funktionen, deren Definitionsbereich ein- oder mehrdimensional und deren Wertebereich eindimensional ist.

$f: \mathbb{R}^2 \to \mathbb{R},\ f(x,y) = x^2 - y^2 + e^{xy}$

$g: \mathbb{R}^3 \to \mathbb{R},\ g(x,y,z) = \sin(xy) \cdot yz \cdot \cos(xz)$

$h: \mathbb{R} \to \mathbb{R},\ h(x) = x^2 + 1$

> Funktion h bildet aus einem eindimensionalen Definitionsbereich in einen eindimensionalen Wertebereich ab. Das kennen wir schon aus „Mathematik 1 für Ingenieure“.

Anschaulich sind die Skalarfelder der Art $f: \mathbb{R}^2 \to \mathbb{R}$. Drei Beispiele:

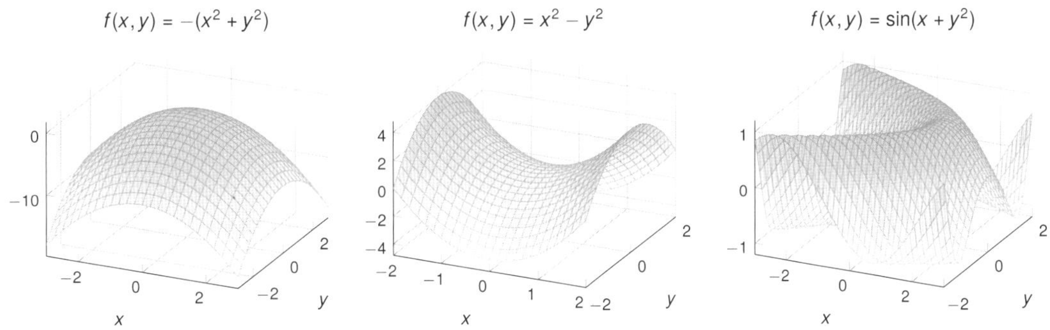

Vektorielle Funktionen/Vektorfelder

Vektorfelder sind Funktionen, deren Definitionsbereich ein- oder mehrdimensional und deren Wertebereich mehrdimensional ist. Die linearen Abbildungen ab Kapitel 1.7 sind ebenfalls Vektorfelder. Wir untersuchen jetzt aber auch Funktionen, die nicht-linear sind.

$$f: \mathbb{R}^3 \to \mathbb{R}^2,\ f(x,y,z) = \begin{pmatrix} x^2 - 3y + 1 \\ \sin(xyz) \end{pmatrix} = \begin{pmatrix} f_1(x,y,z) \\ f_2(x,y,z) \end{pmatrix}$$

$$g: \mathbb{R}^2 \to \mathbb{R}^3,\ g(x,y) = \begin{pmatrix} 4y \\ -2 \\ x^2+y^2 \end{pmatrix} = \begin{pmatrix} g_1(x,y) \\ g_2(x,y) \\ g_3(x,y) \end{pmatrix}$$

Anschaulich sind die Vektorfelder der Art $f: \mathbb{R}^2 \to \mathbb{R}^2$. Drei Beispiele (Vektorlänge stark verkürzt, da sonst nicht sinnvoll darstellbar):

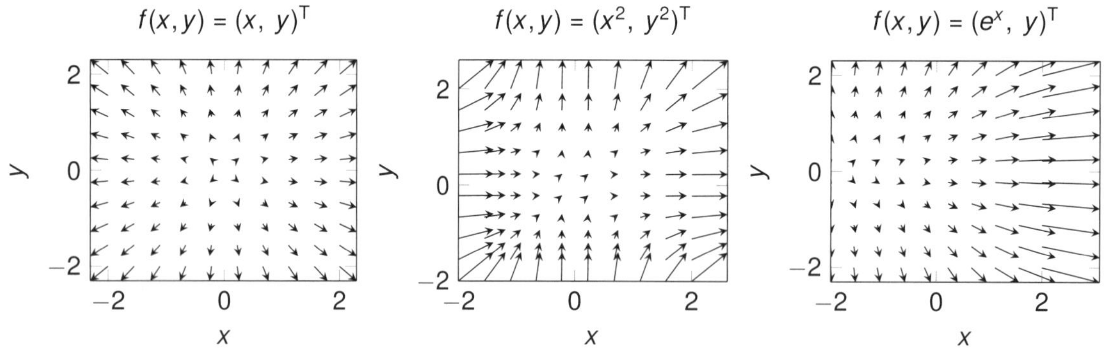

2.1 Folgen

Bei Folgen im Mehrdimensionalen betrachten wir die Folgen komponentenweise und bestimmen die Grenzwerte – falls sie existieren – separat. Folgen konvergieren nur, sofern jede Folge in den Komponenten ebenfalls konvergiert (es gelten dabei alle bekannten Rechneregeln für Folgen).

$$a_n = \begin{pmatrix} n^{-2}+2 \\ e^{-n} \\ \sqrt[n]{3^n+2^n}+\sqrt[n]{n^2} \end{pmatrix},\quad \lim_{n\to\infty} a_n = \begin{pmatrix} 0+2 \\ 0 \\ 3+1 \end{pmatrix} = \begin{pmatrix} 2 \\ 0 \\ 4 \end{pmatrix} \quad \text{(konvergent)}$$

$$b_n = \begin{pmatrix} \sqrt{n^2+1}-n \\ 3n \end{pmatrix} \quad \text{divergent aufgrund der zweiten Komponente:} \quad \lim_{n\to\infty} 3n = \infty$$

2.2 Stetigkeit

Stetigkeit für skalare Funktionen der Art $f: \mathbb{R}^2 \to \mathbb{R}$

Anschauliche Definition: Eine Funktion f ist in einem Punkt (x_0, y_0) stetig, wenn der Graph von f dort keine Sprungstelle besitzt bzw. durch keinen „Riss" unterbrochen wird.

Definition über Folgen: Eine Funktion f ist in einem Punkt (x_0, y_0) stetig, wenn für *alle* Folgen (x_n, y_n) mit $\lim_{n\to\infty}(x_n, y_n) = (x_0, y_0)$ gilt:

$$\lim_{n\to\infty} f(x_n, y_n) = f(x_0, y_0) \tag{2.1}$$

Diese Notation ist eher zu gebrauchen, wenn wir Stetigkeit *widerlegen* wollen, als sie zu zeigen. Allgemeine Schreibweise, ohne Folgen zu definieren, wäre:

$$\lim_{(x,y)\to(x_0,y_0)} f(x,y) = f(x_0,y_0) \tag{2.2}$$

Im Gegensatz zu Funktionen mit einer Veränderlichen ist die Überprüfung der Stetigkeit (in einem Punkt) viel aufwendiger, da es eine alleinige Untersuchung durch links- und rechtsseitige Grenzwerte (wie im Eindimensionalen) nicht gibt. Wir können uns nämlich aus jeder erdenklichen Richtung in der x-y-Ebene einem Punkt (x_0, y_0) nähern.

Stetigkeit zeigen

Hinweise vorab:

- Links- und rechtsseitige Grenzwerte (wie bei Funktionen $f : \mathbb{R} \to \mathbb{R}$) ergeben hier keinen Sinn
- Beispielfolgen nur benutzen, um Stetigkeit (in einem Punkt) *zu widerlegen*
- Regel von l'hospital funktioniert *nicht* bei Funktionen mit mehr als einer Variablen

Wie in der Analysis mit einer Veränderlichen, sind in sich geschlossene Funktionsterme aus stetigen Funktionen zusammengesetzt (Summe, Differenz, Produkt, Quotient (Nenner ungleich 0) und Verkettung von Polynomen, Exponentialfunktionen, trigonometrischen Funktionen, usw.).

Probleme gibt es wieder an solchen Stellen, die aus der eigentlichen Funktion herausgenommen werden (z. B. da dort durch Null geteilt werden würde) und mit einem expliziten Funktionswert neu definiert/gesetzt werden. An diesen Stellen zeigen wir die Stetigkeit am besten durch (2.2).

Sehr oft ist $f(0,0) = 0$ separat definiert. Dann muss $\lim\limits_{(x,y)\to(0,0)} f(x,y) = 0$ und damit auch $\lim\limits_{(x,y)\to(0,0)} |f(x,y)| = 0$ gelten für Stetigkeit in $(0,0)$. Dann empfiehlt es sich, eine Art „Sandwich-Kriterium" durchzuführen:

$$0 \leq |f(x,y)| = |\ldots| \overset{*^1}{\leq} \ldots \xrightarrow{(x,y)\to(0,0)} 0 \tag{2.3}$$

Bei $*^1$ müssen wir den Funktionsterm wieder in einer Art und Weise nach oben abschätzen, sodass der Term für $(x,y) \to (0,0)$ noch immer gegen 0 geht (ähnlich wie in Mathematik 1 – Reihen – Majorantenkriterium).

Falls nicht $f(0,0) = 0$ sondern allgemein $f(x_0,y_0) = f_0$ separat definiert ist, schreiben wir die Funktion äquivalent um, sodass wieder $f(0,0) = 0$ gilt:

- Ersetzte x durch $\tilde{x} + x_0$
- Ersetzte y durch $\tilde{y} + y_0$
- Ersetze den Funktionsterm $f(x,y)$ (der außerhalb von x_0, y_0 gilt) durch $\tilde{f}(\tilde{x},\tilde{y}) - f_0$

Für Funktionen der Art $f : \mathbb{R}^2 \to \mathbb{R}, f(x,y) = \begin{cases} \ldots & \text{für } x \neq 0 \\ \ldots & \text{sonst} \end{cases}$

müssen zwei Fälle (separat) geprüft werden:

$$\begin{aligned} &(x_n, y_n) \xrightarrow{n\to\infty} (0, y_0) \text{ mit } y_0 \neq 0 \\ \text{und } &(x_n, y_n) \xrightarrow{n\to\infty} (0,0) \end{aligned}$$

Für (x,y) mit $x \neq 0$ und $y \in \mathbb{R}$ ist f in der Regel stetig, da aus stetigen Funktionen zusammengesetzt.

Stetigkeit widerlegen

Wir kehren die Folgendefinition der Stetigkeit einfach um: Eine Funktion f ist in einem Punkt (x_0, y_0) unstetig, wenn für *mindestens eine* Folge (x_n, y_n) mit $\lim_{n\to\infty}(x_n, y_n) = (x_0, y_0)$ gilt:

$$\lim_{n\to\infty} f(x_n, y_n) \neq f(x_0, y_0) \tag{2.4}$$

Wir versuchen also immer ein Gegenbeispiel zu finden. Das ist nicht immer einfach, da es kein allgemeingültiges „Kochrezept" gibt und du evtl. erst einmal ein Gespür dafür entwickeln musst, aber es gibt Anhaltspunkte:

- Nicht immer ist schon in der Aufgabenstellung gegeben, dass du Unstetigkeit in einer Stelle zeigen sollst. Manchmal musst du auch von selbst drauf kommen, dass die Funktion (an einer Stelle) unstetig ist. Anhaltspunkt bei Funktionen mit Polynomen in Zähler und Nenner *kann* ein Vergleich des Totalgrads[1]des Nennerpolynoms mit den Graden jedes Summanden (jedes Monoms) des Zählerpolynoms sein. Ist der Totalgrad(Nennerpolynom) größer(/evtl. gleich) des kleinsten Grades der Summanden im Zählerpolynom, ist die Funktion an der Stelle *wahrscheinlich* unstetig.

  Zu überprüfende Stelle ist $(x_0, y_0) = (0, 0)$ (und damit $f(0, 0) = 0$). Nennen wir A = Totalgrad(Nennerpolynom) und B = kleinster Grad der Summanden im Zählerpolynom.

$f(x, y)$ für $(x_0, y_0) \neq (0, 0)$	A , B	$\Rightarrow$	Vorüberlegung zeigt:
$\dfrac{x^2y + xy^2}{x^2 + y^2}$	2 , 3	$\Rightarrow$	*wahrscheinlich* stetig
$\dfrac{x^2 + y^3}{x^4 + y^4}$,	4 , 2	$\Rightarrow$	*wahrscheinlich* unstetig
$\dfrac{(x^2 + y)^2}{x^4 + y^2} = \dfrac{x^4 + 2x^2y + y^2}{x^4 + y^2}$,	4 , 2	$\Rightarrow$	*wahrscheinlich* unstetig
$\dfrac{x^6y^2 + x^5 + y^5}{x^2 + y^4}$,	4 , 5	$\Rightarrow$	*wahrscheinlich* stetig

- Wenn der zu prüfende Funktionsterm aus Polynomen zusammengesetzt ist (Zähler und Nenner), wähle die Folge (x_n, y_n) so, dass sich der Nenner zu einem einzelnen Term addieren lässt.

  Zu überprüfende Stelle ist $(x_0, y_0) = (0, 0)$

Nenner	Gewählte Folge	$\Rightarrow$	Resultat
$x^2 + y^2$,	$(x_n, y_n) := \left(\frac{1}{n}, \frac{1}{n}\right)$	$\Rightarrow$	$\left(\frac{1}{n}\right)^2 + \left(\frac{1}{n}\right)^2 = \frac{2}{n^2}$
$x^2 + y^4$,	$(x_n, y_n) := \left(\frac{1}{n^2}, \frac{1}{n}\right)$	$\Rightarrow$	$\left(\frac{1}{n^2}\right)^2 + \left(\frac{1}{n}\right)^4 = \frac{2}{n^4}$
$x^6 + y^2$,	$(x_n, y_n) := \left(\frac{1}{n}, \frac{1}{n^3}\right)$	$\Rightarrow$	$\left(\frac{1}{n}\right)^6 + \left(\frac{1}{n^3}\right)^2 = \frac{2}{n^6}$
$x^4 + y^6$,	$(x_n, y_n) := \left(\frac{1}{n^3}, \frac{1}{n^2}\right)$	$\Rightarrow$	$\left(\frac{1}{n^3}\right)^4 + \left(\frac{1}{n^2}\right)^6 = \frac{2}{n^{12}}$

[1]Der Totalgrad ist die maximale Summe der Exponenten der enthaltenen Variablenpotenzen von allen Summanden des Polynoms, z. B. hat Polynom $x^2y + y^2 + x^2 + 1$ den Totalgrad $\max\{2 + 1, 2, 2, 0\} = 3$, Polynom $-y^6 + x^4y^3 + x^4$ den Totalgrad $\max\{6, 4 + 3, 4\} = 7$.

$$f : \mathbb{R}^2 \to \mathbb{R},\ f(x,y) = \begin{cases} \frac{x^2 y}{x^2+y^2} & \text{für } (x,y) \neq (0,0) \\ 0 & \text{sonst} \end{cases}$$

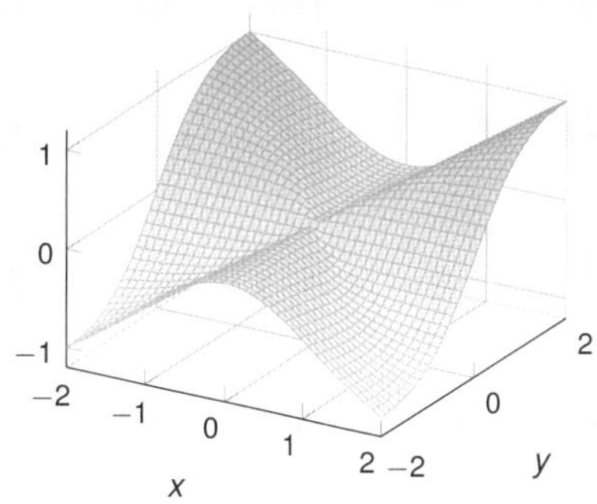

f ist für alle $(x,y) \neq (0,0)$ stetig, da es der Quotient aus stetigen Funktionen ist (Summe und Produkt von Polynomen; Nenner niemals Null)

Prüfe nun $(x,y) \to (0,0)$:

$$0 \leq \left| \frac{x^2 y}{x^2+y^2} \right| \overset{*^1}{\leq} \left| \frac{x^2 y}{x^2+0} \right| = |y| \xrightarrow{(x,y)\to(0,0)} 0$$

f ist auf ganz $\mathbb{R}^2$ stetig.

$*^1$: Wir haben erkannt, dass wenn y^2 im Nenner fehlt, x^2 gekürzt werden kann und dann nur noch y als restlicher Term übrig bleibt. Wir dürfen y^2 aus dem Nenner herausstreichen/gleich Null setzen, weil y^2 immer größer/gleich Null ist und deshalb der Nenner kleiner und der Gesamtbruch größer wird.

$$g : \mathbb{R}^2 \to \mathbb{R},\ g(x,y) = \begin{cases} \frac{y^3 e^x}{(x^2+y^2)^2} & \text{für } (x,y) \neq (0,0) \\ 0 & \text{sonst} \end{cases}$$

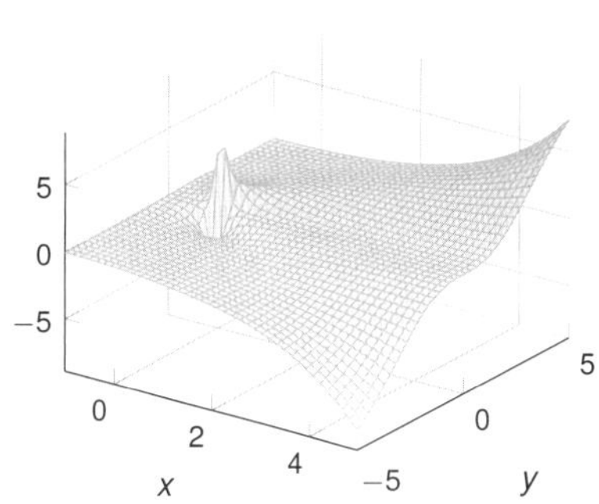

g ist für alle $(x,y) \neq (0,0)$ stetig, da es der Quotient aus stetigen Funktionen ist (Summe und Produkt von Polynomen; Nenner niemals Null)

Vermute, dass g in $(0,0)$ unstetig ist. Wähle $(x_n, y_n) := \left(\frac{1}{n}, \frac{1}{n}\right) \xrightarrow{n\to\infty} (0,0)$

$$\frac{y_n^3 e^{x_n}}{(x_n^2+y_n^2)^2} = \frac{\left(\frac{1}{n}\right)^3 e^{\frac{1}{n}}}{\left(\left(\frac{1}{n}\right)^2 + \left(\frac{1}{n}\right)^2\right)^2} = \frac{\frac{1}{n^3} e^{\frac{1}{n}}}{\left(\frac{2}{n^2}\right)^2} = \frac{\frac{1}{n^3} e^{\frac{1}{n}}}{\frac{4}{n^4}} = \frac{1}{4} \cdot n \cdot e^{\frac{1}{n}} \xrightarrow{n\to\infty} \infty$$

g ist in $(0,0)$ unstetig und auf $\mathbb{R}^2 \setminus \{(0,0)\}$ stetig.

In dem Graphen von g solltest du sehen, dass der Funktionswert an der Stelle $(0,0)$ gegen $+\infty$ oder $-\infty$ strebt – je nachdem, von welcher Richtung aus an die Stelle $(0,0)$ heran gegangen wird. In der Grafik kommt das „gegen $\pm\infty$" vielleicht nicht ganz zur Geltung, da der Bereich nahe $(0,0)$ nur schwer gezeichnet werden kann.

$$h : \mathbb{R}^2 \to \mathbb{R},\ h(x,y) = \begin{cases} \frac{y(x-2)^6 + x(y+1)^5}{(x-2)^4+(y+1)^4} + 3 & \text{für } (x,y) \neq (2,-1) \\ 3 & \text{sonst} \end{cases}$$

$$\rightsquigarrow \quad \tilde{h} : \mathbb{R}^2 \to \mathbb{R},\ \tilde{h}(\tilde{x},\tilde{y}) = \begin{cases} \frac{(\tilde{y}-1)\tilde{x}^6 + (\tilde{x}+2)\tilde{y}^5}{\tilde{x}^4+\tilde{y}^4} & \text{für } (\tilde{x},\tilde{y}) \neq (0,0) \\ 0 & \text{sonst} \end{cases}$$

$\tilde{h}$ ist für alle $(\tilde{x},\tilde{y}) \neq (0,0)$ stetig, da es der Quotient aus stetigen Funktionen ist (Summe und Produkt von Polynomen; Nenner niemals Null)

Prüfe nun $(\tilde{x},\tilde{y}) \to (0,0)$:

$$0 \leq \left| \frac{(\tilde{y}-1)\tilde{x}^6 + (\tilde{x}+2)\tilde{y}^5}{\tilde{x}^4+\tilde{y}^4} \right| = \left| \frac{(\tilde{y}-1)\tilde{x}^6}{\tilde{x}^4+\tilde{y}^4} + \frac{(\tilde{x}+2)\tilde{y}^5}{\tilde{x}^4+\tilde{y}^4} \right|$$

$$\leq \left| \frac{(\tilde{y}-1)\tilde{x}^6}{\tilde{x}^4+0} + \frac{(\tilde{x}+2)\tilde{y}^5}{0+\tilde{y}^4} \right| = \left| (\tilde{y}-1)\tilde{x}^2 + (\tilde{x}+2)\tilde{y} \right| \xrightarrow{(\tilde{x},\tilde{y})\to(0,0)} (0-1)\cdot 0 + (0+2)\cdot 0 = 0$$

$\tilde{h}$ ist auf ganz $\mathbb{R}^2$ stetig. Somit ist auch h auf ganz $\mathbb{R}^2$ stetig.

$$k : \mathbb{R}^2 \to \mathbb{R},\ h(x,y) = \begin{cases} \frac{y^2(1-e^x)}{x} & \text{für } x \neq 0 \\ 0 & \text{sonst} \end{cases}$$

k ist für alle $(x,y) \neq (0,y),\ y \in \mathbb{R}$ stetig, da es der Quotient aus stetigen Funktionen ist (Summe und Produkt von Polynomen und e-Fkt.; Nenner niemals Null)

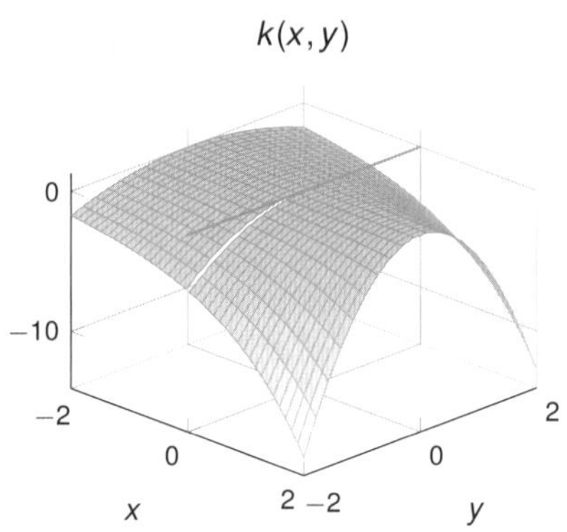

Prüfe nun $(x_n, y_n) \xrightarrow{n\to\infty} (0, y_0)$:

$$\lim_{n\to\infty} \frac{y_n^2(1-e^{x_n})}{x_n} = \lim_{n\to\infty} y_n^2 \cdot \lim_{n\to\infty} \frac{1-e^{x_n}}{x_n} \overset{\text{l'h.}}{=} y_0^2 \cdot \lim_{n\to\infty} \frac{-e^{x_n}(x_n)'}{(x_n)'}$$

$$= y_0^2 \cdot \lim_{n\to\infty} (-e^{x_n}) = y_0^2 \cdot (-e^0) = -y_0^2 \begin{cases} = 0 & \text{für } y_0 = 0 \\ \neq 0 & \text{für } y_0 \neq 0 \end{cases}$$

Also ist k in $(x,y) = (0,y_0)$ für $y_0 \neq 0$ unstetig, in $(x,y) = (0,0)$ jedoch stetig.

$\Rightarrow k$ ist stetig in $\{(x,y) \in \mathbb{R}^2 \,|\, x \neq 0\} \cup \{(0,0)\}$

L'hospital durfte hier verwendet werden, weil wir x und y durch Folgen ersetzt haben. Die einzige Variable ist dann sozusagen nur noch n und dann dürfen wir l'hospital wieder verwenden.

Stetigkeit für Vektorfelder:

Verfahren genauso wie bei Skalarfeldern – lediglich für jede Komponente separat.

2.3 Differentiation, Ableitungen

2.3.1 Differenzierbarkeit

Bei Skalarfeldern mit zwei oder mehr Veränderlichen gibt es nicht nur den *einen* Begriff für Differenzierbarkeit, sondern:

- Funktion ist: partiell differenzierbar
- Funktion ist: (total) differenzierbar

Dabei gilt:

$$\text{(total) differenzierbar} \Rightarrow \text{partiell differenzierbar} \tag{2.5}$$
$$\text{aber: partiell differenzierbar} \not\Rightarrow \text{(total) differenzierbar} \tag{2.6}$$

Partielle Ableitung – Grenzwertdefinition: Siehe nächstes Kapitel

(Total) Differenzierbar in einem Punkt – Grenzwertdefinition: Siehe Kapitel 2.4.3 (S. 104)

2.3.2 Partielle Ableitung

Eine partielle Ableitung (z. B. nach x) gibt uns die Steigung des Graphen in jedem Punkt in Richtung derjenigen Achse (z. B. der x-Achse) an.

Grundlagen Verständnis (1)

Partiell ableiten bedeutet, eine Funktion nach nur einer Variablen abzuleiten und die anderen Variablen als Konstanten anzusehen/gedanklich festzusetzen.

Schreibweisen

Funktion: $f(x_1, x_2, \ldots)$

Partielle Ableitung nach x_1 : $\frac{\partial f}{\partial x_1}(x_1, x_2, \ldots) = f_{x_1}(x_1, x_2, \ldots)$

Partielle Ableitung nach x_2 : $\frac{\partial f}{\partial x_2}(x_1, x_2, \ldots) = f_{x_2}(x_1, x_2, \ldots)$

. . . usw. . . .

Grundlagen Verständnis (2)

> Mathematisch korrekt ist die Notation mit ∂. Wir werden uns hier in den Beispielen an die andere (in vielen Veranstaltungen geläufige und leserfreundlichere) Notation halten. Lediglich bei allgemeinen Notationen (auch in Kombination des noch kommenden Nabla-Operators (2.9)) nutzen wir die Notation mit ∂.

Variablen identifizieren

Partielle Ableitung – Grenzwertdefinition

Natürlich existiert auch eine rein mathematische Definition:

$$\frac{\partial f}{\partial x_1}(x_1, x_2, x_3, \ldots) = \lim_{h \to 0} \frac{f(x_1 + h, x_2, x_3, \ldots) - f(x_1, x_2, x_3, \ldots)}{h} \tag{2.7}$$
$$\frac{\partial f}{\partial x_2}(x_1, x_2, x_3, \ldots) = \lim_{h \to 0} \frac{f(x_1, x_2 + h, x_3, \ldots) - f(x_1, x_2, x_3, \ldots)}{h} \tag{2.8}$$

. . . usw. . . .

Beispiel (1) (mit Kettenregel)

Das sollte dich an die Differenzierbarkeit einer Funktion aus der „Mathematik 1“ Veranstaltung mit der h-Methode erinnern, denn im Prinzip sagt diese nichts anderes aus.

Beispiel (2) (mit Produktregel)

Du kannst $\frac{\partial f}{\partial x_1}, \frac{\partial f}{\partial x_2}, \ldots$ intuitiv lesen als „Leite f partiell ab nach x_1, x_2, ...“.

Ansonsten gelten alle bekannten Ableitungsregeln:

Beispiel (3) (mit ln(x) und e^x)

1. Summenregel: $(f \pm g)' = f' \pm g'$
2. Produktregel: $(f \cdot g)' = f' \cdot g + f \cdot g'$
3. Quotientenregel: $\left(\frac{f}{g}\right)' = \frac{f'g - fg'}{g^2}$
4. Kettenregel: $\big(f(g(x))\big)' = f'\big(g(x)\big) \cdot g'(x)$

Beispiel (4) (mit e^x)

Identifiziere bei jeder partiellen Ableitung aufs Neue, wo sich überall die Variable im Funktionsterm befindet, nach der abgeleitet werden muss. Bei ein und derselben Funktion müssen wir bei unterschiedlichen partiellen Ableitungen normalerweise auch andere Ableitungsregeln verwenden!

Beispiel (5) (mit sin(xy))

Bestimme alle part. Ableitungen von $f: \mathbb{R}^3 \to \mathbb{R},\ f(x,y,z) = x \cdot e^{y \cdot z^2} + x \cdot y \cdot z + \sin(z) \cdot \cos(y)$

Partielle Ableitung nach x, bedeutet, dass y und z Konstanten sind. Wir identifizieren:

$$f(x,y,z) = x \cdot e^{y \cdot z^2} + x \cdot y \cdot z + \sin(z) \cdot \cos(y)$$
$$\Rightarrow \quad f_x(x,y,z) = e^{y \cdot z^2} + y \cdot z + 0$$

Partielle Ableitung nach y, bedeutet, dass x und z Konstanten sind. Wir identifizieren:

$$f(x,y,z) = x \cdot e^{y \cdot z^2} + x \cdot y \cdot z + \sin(z) \cdot \cos(y)$$
$$\Rightarrow \quad f_y(x,y,z) = x \cdot e^{y \cdot z^2} \cdot z^2 + x \cdot z + \sin(z) \cdot (-\sin(y))$$

Partielle Ableitung nach z, bedeutet, dass x und y Konstanten sind. Wir identifizieren:

$$f(x,y,z) x \cdot e^{y \cdot z^2} + x \cdot y \cdot z + \sin(z) \cdot \cos(y)$$
$$\Rightarrow \quad f_z(x,y,z) = x \cdot e^{y \cdot z^2} \cdot y \cdot 2z + x \cdot y + \cos(z) \cdot \cos(y)$$

Beispiel (1)

Beispiel (2)

Partielle Ableitung 1. und 2. Ordnung

Wenn wir ein Skalarfeld f partiell ableiten, nennen wir die Ableitungen „partielle Ableitungen 1. Ordnung“. Leiten wir die partiellen Ableitungen 1. Ordnung wiederum partiell ab, so sind das die „partiellen Ableitungen 2. Ordnung“:

Beispiel eines Skalarfeldes mit zwei Veränderlichen:

$$f: \mathbb{R}^2 \to \mathbb{R},\ f(x,y) = x^3 + \sin(2y)$$

Partielle Ableitungen 1. Ordnung:

$$f_x(x,y) = 3x^2 \quad \text{und} \quad f_y(x,y) = 2\cos(2y)$$

Partielle Ableitungen 2. Ordnung:

$f_{xx}(x,y) = 6x$
$f_{yx}(x,y) = 0$ (erst nach y, dann nach x abgeleitet)
$f_{xy}(x,y) = 0$ (erst nach x, dann nach y abgeleitet)
$f_{yy}(x,y) = -4\sin(2x)$

Dass in dem Beispiel $f_{yx}(x,y) = f_{xy}(x,y)$ gilt, ist kein Zufall, denn hier gilt der folgende Satz:

Satz von Schwarz

Satz von Schwarz

Anwendung partielle Ableitung 3. Ordnung Zeitersparnis

Vorausgesetzt eine Funktion f (Skalarfeld) ist n-mal stetig partiell differenzierbar. Dann ist die Reihenfolge egal, in welcher wir die Funktion n-mal partiell ableiten. Das Ergebnis ändert sich dadurch nicht.

$$f_{xy}(x,y) = f_{yx}(x,y)$$

oder z. B. auch $f_{xy}(x,y,z) = f_{yx}(x,y,z)$
oder z. B. auch $f_{xz}(x,y,z) = f_{zx}(x,y,z)$
oder z. B. auch $f_{yz}(x,y,z) = f_{zy}(x,y,z)$
oder z. B. auch $f_{xxy}(x,y,z) = f_{xyx}(x,y,z) = f_{yxx}(x,y,z)$
oder z. B. auch $f_{xyz}(x,y,z) = f_{xzy}(x,y,z) = f_{yxz}(x,y,z) = f_{yzx}(x,y,z) = f_{zxy}(x,y,z) = f_{zyx}(x,y,z)$

Das ist völlig unabhängig vom ursprünglichen Funktionsterm von f.

Für einen in sich geschlossenen Funktionsterm werden die gemischten Ableitungen immer gleich sein. Problematisch wird es an Stellen, die aus der „eigentlichen" Funktion herausgenommen und eigens definiert werden (z. B. wenn der Nenner Null wird). An diesen Stellen kann es passieren, dass die Werte der gemischten Ableitung nicht übereinstimmen. In Anwendungsaufgaben wird dir das aber normalerweise nicht begegnen.

Nabla-Operator ∇

Differential-operator vs. partieller Differential-operator

Nabla Operator und Anwendungen

Der Nabla-Operator ist ein „vektorieller Differentialoperator". Wir führen diesen hier ein, um die folgenden Begriffe rund um Funktionen mehrerer Veränderlicher mathematisch kurz und sauber zu definieren:

$$\nabla := \begin{pmatrix} \frac{\partial}{\partial x} \\ \frac{\partial}{\partial y} \\ \vdots \end{pmatrix} \qquad (2.9)$$

Wir haben den Nabla-Operator hier als Spaltenvektor definiert. Es ist möglich, dass dieser in deiner Mathematik Veranstaltung ein Zeilenvektor ist. Das ist aber nicht weiter schlimm.

Bei den Definitionen wird normalerweise $x_1, x_2, \ldots$ verwendet statt $x, y, \ldots$ (um zu zeigen, dass es z. B. bis zum n-ten Eintrag weitergeht). Wir verwenden trotzdem das $x, y, \ldots$, weil es besser lesbar ist.

Die Begriffe in den folgenden Unterkapiteln sind in deiner Mathematik Vorlesung möglicherweise formal durch den Nabla-Operator in anderer Weise definiert (je nachdem, ob der Nabla-Operator selbst als Spalten- oder Zeilenvektor definiert wurde und ob die folgenden Begriffe (z. B. der Gradient) als Spalten- oder Zeilenvektor definiert wurden). Auch das ist nicht weiter schlimm. Du solltest lediglich nachher wissen, was du damit in Anwendungsaufgaben anfangen kannst und dann nicht „blind" in Formeln einsetzt, in deren Rechnung die Dimensionen auf einmal nicht mehr stimmen (weil du Spalten- und Zeilenvektor verwechselt hast).

2.3.3 Divergenz

Divergenz eines Vektorfeldes

Die Divergenz eines Vektorfeldes f ist das Skalarprodukt des Nabla-Operators mit der Funktionsvorschrift von f. Dabei wird der Nabla-Operator mit so vielen Differentialoperatoren aufgefüllt, wie die Funktion f Variablen besitzt (also die Dimension des Definitionsbereichs):

$$f:\ \mathbb{R}^n \to \mathbb{R}^n,\ f(x,y,\ldots) = \begin{pmatrix} f_1(x,y,\ldots) \\ f_2(x,y,\ldots) \\ \vdots \end{pmatrix} \quad \text{gegeben.} \tag{2.10}$$

$$\begin{aligned} \operatorname{div} f(x,y,\ldots) :&= \nabla \bullet f(x,y,\ldots) = \begin{pmatrix} \frac{\partial}{\partial x} \\ \frac{\partial}{\partial y} \\ \vdots \end{pmatrix} \bullet \begin{pmatrix} f_1(x,y,\ldots) \\ f_2(x,y,\ldots) \\ \vdots \end{pmatrix} \\ &= \frac{\partial}{\partial x} f_1(x,y,\ldots) + \frac{\partial}{\partial y} f_2(x,y,\ldots) + \ldots \\ &= f_{1,x}(x,y,\ldots) + f_{2,y}(x,y,\ldots) + \ldots \end{aligned} \tag{2.11}$$

Wir leiten also die erste Komponente des Vektorfeldes nach der ersten Variable ab, die zweite Komponente nach der zweiten Variable usw. und addieren hinterher alles.

Damit die Divergenz einer Funktion existiert, müssen Definitions- und Wertebereich von f die gleiche Dimension haben (wie in (2.10))!

$$f:\ \mathbb{R}^2 \to \mathbb{R}^2,\ f(x,y) = \begin{pmatrix} x^2 - xy + \sin(x) + x \\ y^3 + \sin(y)\cos(x) + x \end{pmatrix}$$

$$\operatorname{div} f(x,y) = \begin{pmatrix} \frac{\partial}{\partial x} \\ \frac{\partial}{\partial y} \end{pmatrix} \bullet \begin{pmatrix} x^2 - xy + \sin(x) + x \\ y^3 + \sin(y)\cos(x) + x \end{pmatrix} = 2x - y + \cos(x) + 1 + 3y^2 + \cos(y)\cos(x)$$

2.3.4 Rotation

Rotation eines Vektorfeldes

Die Rotation eines Vektorfeldes ist das Kreuzprodukt des Nabla-Operators mit der Funktionsvorschrift von f:

$$f:\ \mathbb{R}^3 \to \mathbb{R}^3,\ f(x,y,z) = \begin{pmatrix} f_1(x,y,z) \\ f_2(x,y,z) \\ f_3(x,y,z) \end{pmatrix} \quad \text{gegeben.} \tag{2.12}$$

$$\operatorname{rot} f(x,y,z) := \nabla \times f(x,y,z) = \begin{pmatrix} \frac{\partial}{\partial x} \\ \frac{\partial}{\partial y} \\ \frac{\partial}{\partial z} \end{pmatrix} \times \begin{pmatrix} f_1(x,y,z) \\ f_2(x,y,z) \\ f_3(x,y,z) \end{pmatrix} \tag{2.13}$$

$$= \begin{pmatrix} \frac{\partial}{\partial y} f_3(x,y,z) - \frac{\partial}{\partial z} f_2(x,y,z) \\ \frac{\partial}{\partial z} f_1(x,y,z) - \frac{\partial}{\partial x} f_3(x,y,z) \\ \frac{\partial}{\partial x} f_2(x,y,z) - \frac{\partial}{\partial y} f_1(x,y,z) \end{pmatrix} = \begin{pmatrix} f_{3,y}(x,y,z) - f_{2,z}(x,y,z) \\ f_{1,z}(x,y,z) - f_{3,x}(x,y,z) \\ f_{2,x}(x,y,z) - f_{1,y}(x,y,z) \end{pmatrix} \tag{2.14}$$

Damit die Rotation einer Funktion existiert, muss sowohl der Definitions- als auch der Wertebereich von *f* *dreidimensional* sein (wie in (2.12))!

$$f: \mathbb{R}^3 \to \mathbb{R}^3,\ f(x,y,z) = \begin{pmatrix} 3x+4y+5z \\ xyz \\ x^2-y^2-z^2 \end{pmatrix}$$

$$\operatorname{rot} f(x,y,z) = \nabla \times \begin{pmatrix} 3x+4y+5z \\ xyz \\ x^2-y^2-z^2 \end{pmatrix} = \begin{pmatrix} \frac{\partial}{\partial x} \\ \frac{\partial}{\partial y} \\ \frac{\partial}{\partial z} \end{pmatrix} \times \begin{pmatrix} 3x+4y+5z \\ xyz \\ x^2-y^2-z^2 \end{pmatrix} = \begin{pmatrix} -2y-xy \\ 5-2x \\ yz-4 \end{pmatrix}$$

2.3.5 Jacobi-Matrix

Die Jacobi-Matrix können wir als „Ableitung eines Vektorfeldes *f*" bezeichnen:

Jacobi-Matrix

$$f: \mathbb{R}^n \to \mathbb{R}^m,\ f(x,y,\ldots) = \begin{pmatrix} f_1(x,y,\ldots) \\ f_2(x,y,\ldots) \\ \vdots \end{pmatrix} \quad \text{gegeben.} \tag{2.15}$$

$$J_f(x,y,\ldots) := f(x,y,\ldots)\cdot\nabla^T = \underbrace{\begin{pmatrix} f_1(x,y,\ldots) \\ f_2(x,y,\ldots) \\ \vdots \end{pmatrix} \cdot \left(\frac{\partial}{\partial x}, \frac{\partial}{\partial y}, \ldots\right)}_{\text{Matrix-Multiplikation: Zeile mal Spalte ergibt...}}$$

$$= \begin{pmatrix} \frac{\partial}{\partial x} f_1(x,y,\ldots) & \frac{\partial}{\partial y} f_1(x,y,\ldots) & \cdots \\ \frac{\partial}{\partial x} f_2(x,y,\ldots) & \frac{\partial}{\partial y} f_2(x,y,\ldots) & \cdots \\ \vdots & \vdots & \ddots \end{pmatrix} = \begin{pmatrix} f_{1,x}(x,y,\ldots) & f_{1,y}(x,y,\ldots) & \cdots \\ f_{2,x}(x,y,\ldots) & f_{2,y}(x,y,\ldots) & \cdots \\ \vdots & \vdots & \ddots \end{pmatrix} \tag{2.16}$$

Die erste Spalte von $J_f(x,y,\ldots)$ ist also das originale Vektorfeld *f*, bei dem jede Komponente nach *x* abgeleitet wurde. Die zweite Spalte von $J_f(x,y,\ldots)$ ist *f*, bei dem jede Komponente nach *y* abgeleitet wurde, usw.

An die Dimension von $J_f(x,y,\ldots)$ ist keine Bedingung geknüpft im Gegensatz zur Divergenz und Rotation (daher auch in (2.15) durch *m* und *n* variabel gelassen.)

$$f: \mathbb{R}^3 \to \mathbb{R}^2,\ f(x,y,z) = \begin{pmatrix} \frac{x+y}{y+z} \\ z\sin\left(x^2-y^2\right) \end{pmatrix}$$

$$J_f(x,y,z) = \begin{pmatrix} \frac{x+y}{y+z} \\ z\sin\left(x^2-y^2\right) \end{pmatrix} \cdot \nabla^T = \begin{pmatrix} \frac{x+y}{y+z} \\ z\sin\left(x^2-y^2\right) \end{pmatrix} \cdot \left(\frac{\partial}{\partial x}, \frac{\partial}{\partial y}, \frac{\partial}{\partial z}\right)$$

$$= \begin{pmatrix} \frac{1\cdot(y+z)-(x+y)\cdot 0}{(y+z)^2} & \frac{1\cdot(y+z)-(x+y)\cdot 1}{(y+z)^2} & \frac{0\cdot(y+z)-(x+y)\cdot 1}{(y+z)^2} \\ z\cos\left(x^2-y^2\right)\cdot 2x & z\cos\left(x^2-y^2\right)\cdot(-2y) & \sin\left(x^2-y^2\right) \end{pmatrix}$$

$$= \begin{pmatrix} \frac{1}{y+z} & \frac{z-x}{(y+z)^2} & -\frac{x+y}{(y+z)^2} \\ 2xz\cos\left(x^2-y^2\right) & -2yz\cos\left(x^2-y^2\right) & \sin\left(x^2-y^2\right) \end{pmatrix}$$

Divergenz und Rotation durch Jacobi-Matrix

Wir können mit Hilfe der Jacobi-Martix die Divergenz und Rotation durch ein einfaches Schema bestimmen (vorausgesetzt, es existieren überhaupt Divergenz und Rotation!).

Wenn $J_f(x, y, \ldots)$ quadratisch ist, entspricht die Spur (vgl. Seite 11) von $J_f(x, y, \ldots)$ der Divergenz von f. Beispielhaft für eine 3×3 Jacobi-Matrix:

$$J_f = \begin{pmatrix} f_{1,x} & f_{1,y} & f_{1,z} \\ f_{2,x} & f_{2,y} & f_{2,z} \\ f_{3,x} & f_{3,y} & f_{3,z} \end{pmatrix} \quad \Rightarrow \quad \operatorname{div} f = f_{1,x} + f_{2,y} + f_{3,z} \tag{2.17}$$

Wenn $J_f(x, y, \ldots)$ eine 3×3 Matrix ist, kannst du die Komponenten für $\operatorname{rot} f(x, y, z)$ einfach ablesen:

$$J_f = \begin{pmatrix} f_{1,x} & f_{1,y} & \boldsymbol{f_{1,z}} \\ f_{2,x} & f_{2,y} & f_{2,z} \\ \boldsymbol{f_{3,x}} & f_{3,y} & f_{3,z} \end{pmatrix} \quad \Rightarrow \quad \operatorname{rot} f = \begin{pmatrix} f_{3,y} - f_{2,z} \\ \boldsymbol{f_{1,z}} - \boldsymbol{f_{3,x}} \\ f_{2,x} - f_{1,y} \end{pmatrix} \tag{2.18}$$

Zur Übersicht haben wir die Funktionsargumente (x, y, z) hier weggelassen.

$$f:\ \mathbb{R}^3 \to \mathbb{R}^3,\ f(x,y,z) = \begin{pmatrix} 3x+4y+5z \\ xyz \\ x^2-y^2-z^2 \end{pmatrix}, \quad J_f(x,y,z) = \begin{pmatrix} 3 & 4 & 5 \\ yz & xz & xy \\ 2x & -2y & -2z \end{pmatrix}$$

$$\Rightarrow \quad \operatorname{div} f(x,y,z) = 3 + xz - 2z, \quad \operatorname{rot} f(x,y,z) = \begin{pmatrix} -2y - xy \\ 5 - 2x \\ yz - 4 \end{pmatrix}$$

2.3.6 Gradient

Gradient (als Spaltenvektor)

Gradient anschaulich

Äquivalent ist der Gradient die „erste Ableitung eines Skalarfeldes f". Er ist das Produkt des transponierten Nabla-Operators mit der Funktionsvorschrift von f.

$f:\ \mathbb{R}^n \to \mathbb{R},\ f(x, y, \ldots) = \ldots$ gegeben.

$$\operatorname{grad} f(x,y,\ldots) := \nabla^{\mathrm{T}} \cdot f(x,y,\ldots) = \left(\frac{\partial}{\partial x}, \frac{\partial}{\partial y}, \cdots\right) \cdot f(x,y,\ldots)$$
$$= \left(\frac{\partial}{\partial x} f(x,y,\ldots), \frac{\partial}{\partial y} f(x,y,\ldots), \cdots\right) = \left(f_x(x,y,\ldots), f_y(x,y,\ldots), \cdots\right) \tag{2.19}$$

Anders ausgedrückt: Der Gradient ist ein Vektor, in dem alle partiellen Ableitungen (1. Ordnung) der Reihenfolge nach aufgelistet sind.

> Der Gradient wird manchmal auch als Spaltenvektor definiert bzw. mit diesem als Spaltenvektor gerechnet.
>
> Falls $f: \mathbb{R}^3 \to \mathbb{R}$, ist der Gradient $\operatorname{grad} f: \mathbb{R}^3 \to \mathbb{R}^3$ und es gilt $\operatorname{rot}(\operatorname{grad} f(x,y,z)) = \vec{0}$.

Der Gradient zeigt immer in die Richtung des stärksten Anstiegs/der größten Steigung in dem jeweiligen Punkt.

Funktion

$$f: \mathbb{R}^2 \to \mathbb{R},\ f(x,y) = -\frac{1}{2}x^2 - \frac{1}{2}y^2$$

abgebildet. Die Pfeile oben stellen den Gradienten

$$\operatorname{grad} f(x,y) = \begin{pmatrix} -x \\ -y \end{pmatrix}^{\mathrm{T}}$$

dar. Sie zeigen immer in Richtung des stärksten Anstiegs (in der Mitte wird die Pfeillänge Null).

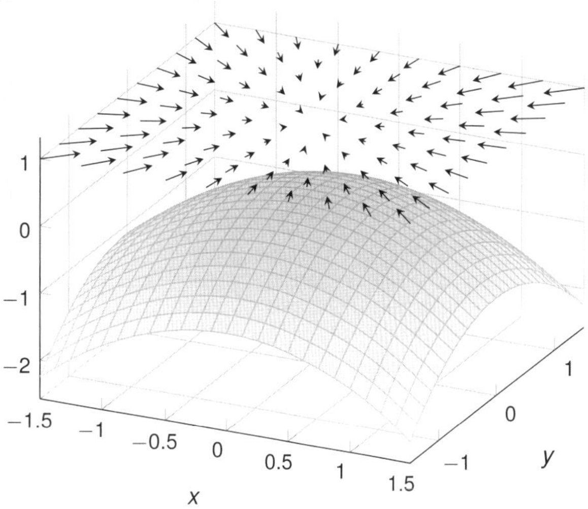

$$f: \mathbb{R}^2 \to \mathbb{R},\ f(x,y) = e^{x\sin(y)} \cdot y\ln(x^2+1)$$

$$\operatorname{grad} f(x,y) = (f_x(x,y),\ f_y(x,y)) = \begin{pmatrix} e^{x\sin(y)}\sin(y)y\ln(x^2+1) + e^{x\sin(y)} \cdot y\frac{1}{x^2+1}2x \\ e^{x\sin(y)}x\cos(y) \cdot y\ln(x^2+1) + e^{x\sin(y)} \cdot \ln(x^2+1) \end{pmatrix}^{\mathrm{T}}$$

2.3.7 Hesse-Matrix

Die Hesse-Matrix entspricht der „zweiten Ableitung eines Skalarfeldes f".

$$\mathbf{H}_f(x,y,\ldots) := \left(\frac{\partial}{\partial x}\nabla f(x,y,\ldots) \quad \frac{\partial}{\partial y}\nabla f(x,y,\ldots) \quad \cdots\right)^{\mathrm{T}}$$

$$= \begin{pmatrix} \frac{\partial^2}{\partial x \partial x} f(x,y,\ldots) & \frac{\partial^2}{\partial y \partial x} f(x,y,\ldots) & \cdots \\ \frac{\partial^2}{\partial x \partial y} f(x,y,\ldots) & \frac{\partial^2}{\partial y \partial y} f(x,y,\ldots) & \cdots \\ \vdots & \vdots & \ddots \end{pmatrix}^{\mathrm{T}} = \begin{pmatrix} f_{xx}(x,y,\ldots) & f_{yx}(x,y,\ldots) & \cdots \\ f_{xy}(x,y,\ldots) & f_{yy}(x,y,\ldots) & \cdots \\ \vdots & \vdots & \ddots \end{pmatrix}^{\mathrm{T}} \quad (2.20)$$

Wenn wir den Gradienten eines Skalarfeldes als Vektorfeld interpretieren, dann entspricht die Jacobi-Matrix des Gradienten/des Vektorfelds der (transponierten) Hesse-Matrix des Skalarfeldes.

Hesse-Matrix

Hesse-Matrix andere Schreibweise (mit Anwendung)

> Die Matrix ist symmetrisch. Daher spielt es keine Rolle, ob du sie transponierst oder nicht (das ist hier nur wegen der Definition angegeben).

$f : \mathbb{R}^2 \to \mathbb{R},\ f(x,y) = x^3 + \sin(2y)$

$$f_x(x,y) = 3x^2, \quad f_y(x,y) = 2\cos(2y)$$

$$f_{xx}(x,y) = 6x, \quad f_{yx}(x,y) = 0 = f_{xy}(x,y), \quad f_{yy}(x,y) = -4\sin(2y)$$

Hesse-Matrix:

$$\mathbf{H}_f = \begin{pmatrix} 6x & 0 \\ 0 & -4\sin(2y) \end{pmatrix}$$

2.3.8 Richtungsableitung

Die Richtungsableitung ist die allgemeine Ableitung einer skalaren Funktion in eine bestimmte Richtung. Für Funktionen der Art $f : \mathbb{R} \to \mathbb{R}$ gibt es lediglich eine Tangente in einem Punkt, die die Steigung in diesem Punkt exakt angibt. Bei Fkt. z. B. der Art $f : \mathbb{R}^2 \to \mathbb{R}$ gibt es ganze Ebenen, die tangential an den Funktionsgraphen in einem Punkt gelegt werden; je nach „Blickrichtung" ist die Steigung in einem Punkt bei diesen Funktionen damit unterschiedlich groß:

Die Richtungsableitung von f in Richtung des Vektors $\vec{v}$ ist gegeben durch:

$$D_{\vec{v}}f(x,y,\ldots) := \frac{\operatorname{grad} f(x,y,\ldots) \cdot \vec{v}}{\|\vec{v}\|} \tag{2.21}$$

Die Richtungsableitung stellt sozusagen die „herkömmliche" Ableitung einer Funktion dar, bei der wir uns auf eine explizite Richtung geeinigt haben. Da diese Richtung feststeht, ist der Term der Richtungsableitung auch eindimensional (er gibt wirklich die Steigung als Zahl an).

Der Gradient einer Funktion ist ein Vektor, der zwei Informationen enthält: Erstens zeigt er in jedem Punkt, den wir einsetzen, in die Richtung des größten Anstiegs und zweitens gibt der Betrag des Gradienten diese Steigung als Zahl wieder.

Manchmal wird die Normierung des Vektors $\vec{v}$ (indem durch seinen Betrag $\|\vec{v}\|$ geteilt wird) auch weggelassen. Um die Richtungsableitung jedoch unabhängig von der Länge von $\vec{v}$ zu machen, ist die Normierung sinnvoll.

Bestimme die Richtungsableitung von $f : \mathbb{R}^2 \to \mathbb{R},\ f(x,y) = x^3 - y^2 + 1$ in Richtung $\begin{pmatrix} 3 \\ 4 \end{pmatrix}$.

$$\|\vec{v}\| = \left\| \begin{pmatrix} 3 \\ 4 \end{pmatrix} \right\| = \sqrt{3^2 + 4^2} = \sqrt{25} = 5$$

$$\operatorname{grad} f(x,y) = \left(3x^2,\ -2y\right)$$

$$\Rightarrow \quad D_{\vec{v}}f(x,y) = \frac{\left(3x^2,\ -2y\right) \cdot \begin{pmatrix} 3 \\ 4 \end{pmatrix}}{5} = \frac{1}{5} \cdot \left(9x^2 - 8y\right) = \frac{9}{5}x^2 - \frac{8}{5}y$$

2.3.9 Zusammenhänge: Schaubild der Begriffe

Die zentralen Begriffe aus den vorherigen Unterkapiteln haben wir im folgenden Schaubild übersichtlich für dich sortiert: Was können wir bei gegebenem Skalarfeld (Funktion) f bzw. bei gegebenem Vektorfeld (Funktion) g alles berechnen und in welcher Kategorie befinden sich die berechneten Gebilde?

Begriffe anschaulich (anderes Schaubild: Was bewirkt der Nabla-Operator)

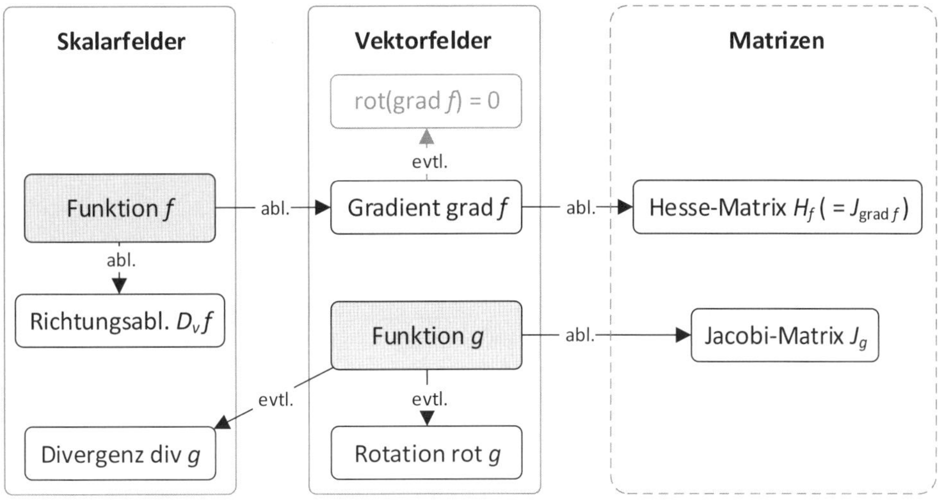

2.4 Anwendungen der Differentiation

2.4.1 Taylorfunktion

Genau wie im Eindimensionalen werden mit Taylorfunktionen komplizierte Funktionen auf Polynome in der Nähe eines Entwicklungspunktes (x_0, y_0) reduziert.

Taylorpolynom bestimmen

0-ter Ordnung: $$T_0(x,y) = f(x_0,y_0) \tag{2.22}$$

1-ter Ordnung: $$T_1(x,y) = f(x_0,y_0) + \operatorname{grad} f(x_0,y_0)\cdot\begin{pmatrix} x-x_0 \\ y-y_0\end{pmatrix} \tag{2.23}$$

2-ter Ordnung: $$T_2(x,y) = f(x_0,y_0) + \operatorname{grad} f(x_0,y_0)\cdot\begin{pmatrix} x-x_0 \\ y-y_0\end{pmatrix} + \frac{1}{2}(x-x_0\ ,\ y-y_0)\cdot \mathbf{H}_f(x_0,y_0)\cdot\begin{pmatrix} x-x_0 \\ y-y_0\end{pmatrix} \tag{2.24}$$

> $\operatorname{grad} f(x_0, y_0)$ ist in (2.24) ein Zeilenvektor (in anderen Skripten auch mal ein Spaltenvektor; dann müsste in dem Term u. a. die Reihenfolge der Vektoren geändert oder der Gradient transponiert werden).

Taylorfunktion vom Grad 2 bestimmen

Funktion $f : \mathbb{R}^2 \to \mathbb{R}$ und Entwicklungspunkt (x_0, y_0) gegeben:

1. Gradient $\operatorname{grad} f$ und Hesse-Matrix $\mathbf{H}_f$ bestimmen
2. Wert $f(x_0, y_0)$, $\operatorname{grad} f(x_0, y_0)$ und $\mathbf{H}_f(x_0, y_0)$ berechnen
3. Alle Werte in die Taylorfunktion (2.24) einsetzen

$f : \mathbb{R}^2 \to \mathbb{R},\ f(x,y) = e^{x^2-y^2} + x, \quad (x_0, y_0) = (0,0)$

Gradient und Hesse-Matrix:

$$\operatorname{grad} f(x,y) = \left(2xe^{x^2-y^2} + 1,\ -2ye^{x^2-y^2}\right)$$

$$\mathbf{H}_f(x,y) = \begin{pmatrix} 2e^{x^2-y^2} + 4x^2e^{x^2-y^2} & -4xye^{x^2-y^2} \\ -4xye^{x^2-y^2} & -2e^{x^2-y^2} + 4y^2e^{x^2-y^2} \end{pmatrix}$$

Werte berechnen:

$$f(0,0) = 1, \quad \operatorname{grad} f(0,0) = (1,\ 0), \quad \mathbf{H}_f(0,0) = \begin{pmatrix} 2 & 0 \\ 0 & -2 \end{pmatrix}$$

Taylorfunktion:

$$T_2(x,y) = 1 + (1,\ 0)\begin{pmatrix} x-0 \\ y-0 \end{pmatrix} + \frac{1}{2}(x-0\ ,\ y-0)\begin{pmatrix} 2 & 0 \\ 0 & -2 \end{pmatrix}\begin{pmatrix} x-0 \\ y-0 \end{pmatrix}$$

$$= 1 + x + \frac{1}{2}(x\ ,\ y)\begin{pmatrix} 2x \\ -2y \end{pmatrix} = 1 + x + \frac{1}{2}(2x^2 - 2y^2) = x^2 - y^2 + x + 1$$

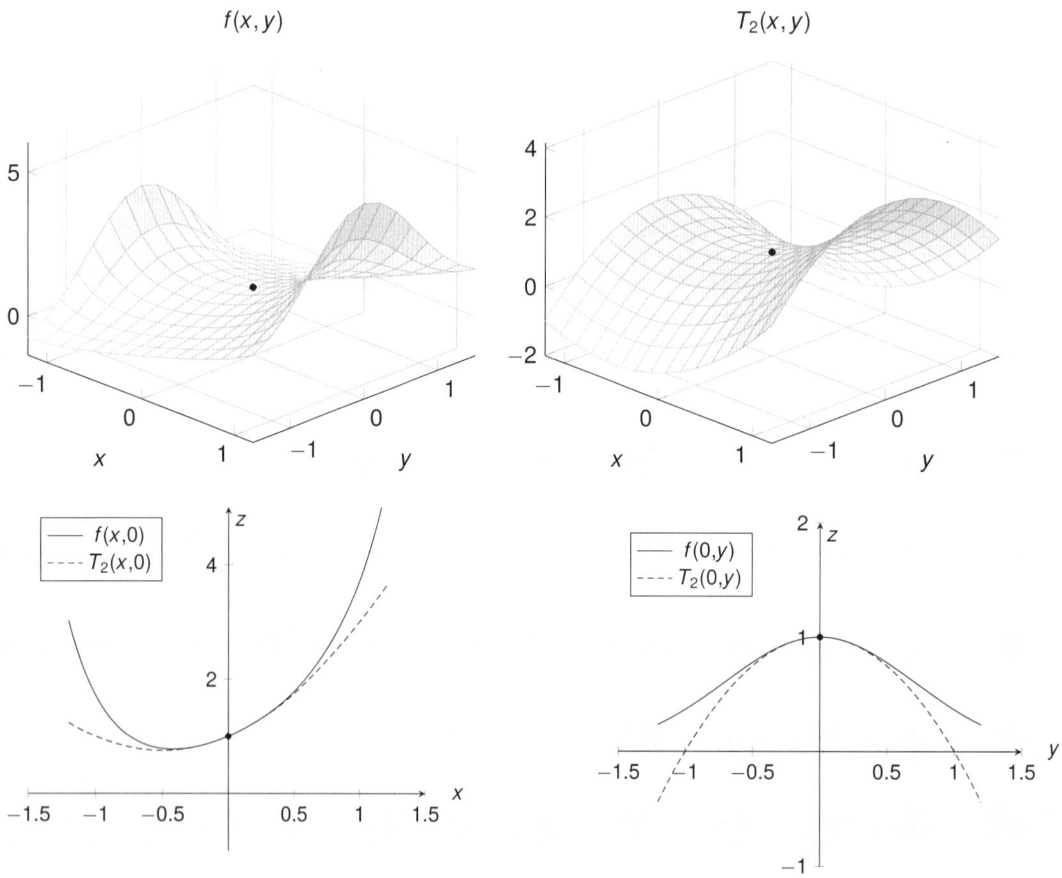

Wie wir sehen, schmiegt sich der Graph von T_2 dem Graphen von f an der Stelle $(0,0)$ sehr gut an. Je weiter wir uns von $(0,0)$ in der x-y-Ebene entfernen, desto größer wird der Fehler zwischen T_2 und f.

2.4.2 Tangentialebenen

Die Gleichung einer Tangentialebene an einen bestimmten Punkt (x_0, y_0, z_0) (oder $(x_0, y_0, f(x_0, y_0))$) einer Funktion f ist nichts anderes als die Taylorfunktion 1. Ordnung (Gleichung (2.23)) in diesem Punkt (x_0, y_0) (genau wie im eindimensionalen Fall die Tangentengleichung an einen Punkt des Graphen).

Tang.ebene (1)

Tang.ebene (2)

Herleitung

Bestimme die Tangentialebene an den Graphen der Funktion f im Punkt $(1, 1, f(1, 1))$ mit

$$f : \mathbb{R}^2 \to \mathbb{R},\ f(x, y) = x\sin(x^2 - y) - y\cos(y^2 - x)$$

Vorgehen siehe Kap. 2.4.1: Partielle Ableitungen:

$$\begin{aligned}
f_x(x, y) &= 1 \cdot \sin(x^2 - y) + x\cos(x^2 - y) \cdot 2x + y\sin(y^2 - x) \cdot (-1) \\
&= \sin(x^2 - y) + 2x^2\cos(x^2 - y) - y\sin(y^2 - x) \\
f_y(x, y) &= x\cos(x^2 - y) \cdot (-1) - (1 \cdot \cos(y^2 - x) - y\sin(y^2 - x) \cdot 2y) \\
&= -x\cos(x^2 - y) - \cos(y^2 - x) + 2y^2\sin(y^2 - x)
\end{aligned}$$

Funktionswerte:

$$\begin{aligned}
f(1, 1) &= 1 \cdot \sin(0) - 1 \cdot \cos(0) = 0 - 1 = -1 \\
f_x(1, 1) &= \sin(0) + 2 \cdot 1^2\cos(0) - 1 \cdot \sin(0) = 0 + 2 \cdot 1 - 0 = 2 \\
f_y(1, 1) &= -1 \cdot \cos(0) - \cos(0) + 2 \cdot 1^2\sin(0) = -1 - 1 + 2 \cdot 0 = -2 \\
\Rightarrow\quad \operatorname{grad} f(1, 1) &= (2,\ -2)
\end{aligned}$$

Tangentialebene (Taylorfunktion 1. Ordnung):

$$T_1(x, y) = -1 + (2,\ -2) \cdot \begin{pmatrix} x - 1 \\ y - 1 \end{pmatrix} = -1 + 2(x - 1) - 2(y - 1) = 2x - 2y - 1$$

$\Rightarrow\quad E : z = 2x - 2y - 1 \quad\Leftrightarrow\quad E : 1 = 2x - 2y - z$ ist die Tangentialebene in Koordinaten-/Normalenform.

2.4.3 Totales Differential

Das totale Differential df einer Funktion f liefert uns eine Approximation der Änderung eines Funktionswerts, wenn sich die Variablen $(x, y, \ldots)$ um kleine Werte verändern (also von einem allgemeinen Punkt $(x, y, \ldots)$ zu einem anderen Punkt $(x - x_0, y - y_0, \ldots)$ mit Werten für $x_0, y_0, \ldots$, die nahe an den ursprünglichen $(x, y, \ldots)$ liegen):

Herleitung und Eselsbrücke

Merkzusatz

$$df(x, y, \ldots) = dz = \frac{\partial f}{\partial x}dx + \frac{\partial f}{\partial y}dy + \ldots \tag{2.25}$$

Dabei ist:

$$df(x, y, \ldots) \approx \underbrace{f(x, y, \ldots) - f(x_0, y_0, \ldots)}_{\text{exakte Änderung}}$$

$$dx = x - x_0, \quad dy = y - y_0, \quad \ldots \quad \text{jew. kleine Änderungen}$$

Das ist im Großen und Ganzen wieder nichts anderes als das Taylorpolynom 1. Ordnung (Gleichung (2.23) umgestellt).

Bestimme durch das totale Differential der Funktion f eine Näherung des Funktionswerts, wenn sich x von 20 auf 21 erhöht und sich y von 10 auf 9 absenkt, mit

$$f:\ \mathbb{R}^2 \to \mathbb{R},\ f(x,y) = \frac{x^2(1-y)}{x^2-y^2}$$

Partielle Ableitungen:

$$f_x(x,y) = \frac{2x(1-y)(x^2-y^2) - x^2(1-y)2x}{(x^2-y^2)^2}$$

$$f_y(x,y) = \frac{-x^2(x^2-y^2) - x^2(1-y)(-2y)}{(x^2-y^2)^2}$$

Totales Differential:

$$\begin{aligned} df(20,10) = dz &= f_x(20,10)\cdot(21-20) + f_y(20,10)\cdot(9-10) \\ &= \frac{2}{5}\cdot 1 + \left(-\frac{32}{15}\right)\cdot(-1) = \frac{38}{15} \approx 2,5333 \end{aligned}$$

$\Big($exakte Änderung: $f(21,9) - f(20,10) = -9,8 - (-12) = 2,2\Big)$

Funktion (total) differenzierbar in einem Punkt – Grenzwertdefinition

Eine Funktion f ist (total) differenzierbar in einem Punkt $\vec{x}$, wenn alle partiellen Ableitungen in $\vec{x}$ existieren und die folgende Gleichung erfüllt ist:

$$\lim_{\vec{h}\to 0} \frac{f(\vec{x}+\vec{h}) - f(\vec{x}) - \operatorname{grad} f(\vec{x})\cdot\vec{h}}{|\vec{h}|} \tag{2.26}$$

mit $\vec{x} = (x_1, x_2, x_3, \ldots)$
$\vec{h} = (h_1, h_2, h_3, \ldots)$

Das erinnert – wie bei den partiellen Ableitungen – an die Differenzierbarkeit einer Funktion aus der „Mathematik 1" Veranstaltung. h ist hier jetzt ein Vektor, da die totale Differenzierbarkeit darauf abzielt, zu zeigen, dass f aus jeder Richtung differenzierbar ist und nicht bloß in Richtung der Koordinatenachsen (wie bei der partiellen Differenzierbarkeit).

Auf totales Differential prüfen

Beispiel

Hintergrund verstehen

Um herauszufinden, ob ein gegebener Ausdruck in Form von (2.25) wirklich ein totales Differential ist, müssen wir uns die Terme an den Stellen der partiellen Ableitung anschauen.

Gleichung

$$df(x,y,z,\ldots) = (g_1(x,y,z,\ldots))dx + (g_2(x,y,z,\ldots))dy + (g_3(x,y,z,\ldots))dz + \ldots \tag{2.27}$$

ist gegeben. Verfahren nun beispielhaft für die drei angegebenen Teilfunktionen g_1, g_2, g_3:

1. g_1 muss die partielle Ableitung nach x eines (unbekannten) Skalarfeldes sein, g_2 die part. Abl. nach y und g_3 die part. Abl. nach z, damit (2.27) ein totales Differential ist.
2. Prüfe, ob die jeweils gemischten partiellen Ableitungen demnach gleich sind.
3. Wenn $g_{1,y} = g_{2,x}$ und $g_{1,z} = g_{3,x}$ und $g_{2,z} = g_{3,y}$ gilt, ist (2.27) ein totales Differential.

Das gleiche Verfahren benutzen wir auch, um zu überprüfen, ob ein gegebenes Vektorfeld ein Gradientenfeld ist und ob es demnach zu dem Vektorfeld ein sogenanntes *Potential* gibt (siehe Kapitel 2.5). In diesem Zusammenhang sind das (Punkt 3) auch die Integrabilitätsbedingungen (IBs).

2.4.4 Extremstellenberechnung ohne Nebenbedingung

Extremstellenberechnungen ohne Nebenbedingung beschränken sich hier auf (skalare) Funktionen der Art $f: \mathbb{R}^2 \to \mathbb{R}$, $f(x, y) = \ldots$.

Vorgehen

Wie schon bei Funktionen im Eindimensionalen, suchen wir Punkte, die lokal (in einem beliebig kleinen Gebiet des Graphen um diesen Punkt) den höchsten oder niedrigsten Funktionswert besitzen. Im Eindimensionalen haben wir uns der Steigung des Funktionsgraphen bedient, die in Extremstellen Null wurde und mit der wir die Extremstellen somit ausfindig machen konnten. Bei Funktionen mit mehreren Veränderlichen bedienen wir uns dem Gradienten der Funktion. Wenn dieser zum Nullvektor wird, ist Null der größte Anstieg in dem Punkt (die Tangentialebene in diesem Punkt wäre eine parallel verschobene x-y-Ebene, die eben zu keiner Seite gekippt ist).

Art der Extremstelle mit Definitheit

Alternative: Art der Extremstelle mit Determinante

Warum EW als (hinr.) Kriterium

Funktion $f: \mathbb{R}^2 \to \mathbb{R}$, $f(x, y) = \ldots$ gegeben:

1. Gradient $\operatorname{grad} f(x, y)$ bestimmen.
2. Hesse-Matrix $\mathbf{H}_f(x, y)$ bestimmen.
3. $\operatorname{grad} f(x, y) = (0, 0)$ setzen (nicht-lineares Gleichungssystem!)

   $\Rightarrow$ Alle (x_0, y_0), die $\operatorname{grad} f(x_0, y_0) = (0, 0)$ erfüllen, sind mögliche Extremstellen.

   Achte hier immer auf den Definitionsbereich von x und y, besonders wenn trigonometrische Funktionen in f vorkommen!

4. $\mathbf{H}_f(x_0, y_0)$ berechnen und die Definitheit prüfen.
5. $$\mathbf{H}_f(x_0, y_0) \text{ ist } \begin{cases} \text{pos. definit} & \to (x_0, y_0) \text{ ist lokale Minimalstelle} \\ \text{pos. semidefinit} & \to (x_0, y_0) \text{ ist lokale Minimal- oder Sattelstelle} \\ \text{indefinit} & \to (x_0, y_0) \text{ ist Sattelstelle} \\ \text{neg. semidefinit} & \to (x_0, y_0) \text{ ist lokale Maximal- oder Sattelstelle} \\ \text{neg. definit} & \to (x_0, y_0) \text{ ist lokale Maximalstelle} \end{cases}$$

   Für Definitheit, siehe Kapitel 1.10 (Seite 78).

6. Sind die berechneten Extrema auch globale Extrema?
   - Falls nicht, lassen sich evtl. Gegenbeispiele finden (Funktionswert der lokalen Extremstellen berechnen: Bei lok. Min. Gegenbeispiel finden, sodass der Funktionswert kleiner wird. Bei lok. Max. suchen wir entsprechend größere Funktionswerte)
   - Falls nicht, passendes Grenzverhalten für $x \to \pm\infty$ und/oder $y \to \pm\infty$ untersuchen
   - Falls ja, gibt es leider kein allgemeingültiges Kochrezept. Wir können versuchen, aus der Funktionsdefinition z. B. durch Abschätzungen Rückschlüsse zu ziehen

Punkt 2 und 3 kannst du auch in der Bearbeitungsreihenfolge vertauschen. Wir denken aber, wenn du schon beim Ableiten bist, kannst du auch gleich die zweite Ableitung (Hesse-Matrix) bestimmen, bevor die anderen Schritte kommen.

Am schwierigsten ist normalerweise das Lösen des nicht-linearen Gleichungssystems (Punkt 3), denn hier gibt es kein allgemeingültiges Lösungskonzept!

Wir fangen am besten mit der Gleichung an, für die eindeutige Aussagen getroffen werden können, z. B. wenn diese in Faktoren zerlegt werden kann.

Wenn es sich anbietet (z. B. wenn Terme in den beiden partiellen Ableitungen gleich sind), können wir die Gleichungen wie beim Gauß-Algorithmus miteinander verrechnen. Dadurch könnten sich Abhängigkeiten zwischen den Variablen ergeben, welche uns weiterhelfen.

In manchen Fällen ist es tatsächlich ein LGS. Dann können wir es per Gauß-Algorithmus lösen.

$f: \mathbb{R}^2 \to \mathbb{R},\ f(x,y) = (x+y)^3 - 12xy$

Gradient und Hesse-Matrix:

$$\operatorname{grad} f(x,y) = \begin{pmatrix} f_x(x,y) \\ f_y(x,y) \end{pmatrix}^T = \begin{pmatrix} 3(x+y)^2 - 12y \\ 3(x+y)^2 - 12x \end{pmatrix}^T$$

$$\mathbf{H}_f(x,y) = \begin{pmatrix} 6(x+y) & 6(x+y) - 12 \\ 6(x+y) - 12 & 6(x+y) \end{pmatrix}$$

Gradient Null setzen:

$$\operatorname{grad} f(x,y) = \begin{pmatrix} 3(x+y)^2 - 12y \\ 3(x+y)^2 - 12x \end{pmatrix}^T \overset{!}{=} \begin{pmatrix} 0 \\ 0 \end{pmatrix}^T \quad \begin{matrix} \text{(I)} \\ \text{(II)} \end{matrix}$$

$$\overset{\text{(I)}-\text{(II)}:}{\Rightarrow} \quad -12y + 12x = 0 \quad \Leftrightarrow \quad x = y$$

$$\overset{\text{in (I)}:}{\Rightarrow} \quad 3(y+y)^2 - 12y = 12y^2 - 12y = 12y(y-1) = 0 \quad \Rightarrow \quad y = 0 \lor y = 1$$

$$\overset{x=y}{\Rightarrow} \quad \text{Mögliche Extremstellen sind also: } (0,0),\ (1,1)$$

Mögliche Stellen in Hesse-Matrix einsetzen:

$$\mathbf{H}_f(0,0) = \begin{pmatrix} 0 & -12 \\ -12 & 0 \end{pmatrix} \quad \Rightarrow \quad \text{EW: } \underbrace{\lambda^2 - 0\lambda + (-144) \overset{!}{=} 0}_{\text{Formel (1.81)}} \quad \Rightarrow \quad \lambda_{1,2} = \pm 12$$

$$\overset{\text{Kap. 1.10.2}}{\Rightarrow} \mathbf{H}_f(0,0) \text{ ist indefinit}$$

$$\Rightarrow \quad (0,0) \text{ ist eine Sattelstelle.}$$

$$\mathbf{H}_f(1,1) = \begin{pmatrix} 12 & 0 \\ 0 & 12 \end{pmatrix}$$

$\Rightarrow$ Diagonalmatrix, EW ablesbar!

$\Rightarrow$ EW: $\lambda_{1,2} = 12 > 0$

$\overset{\text{Kap. 1.10.2}}{\Rightarrow}$ $\mathbf{H}_f(1,1)$ ist positiv definit.

$\Rightarrow$ $(1,1)$ ist lok. Minimalstelle.

$f(1,1) = -4$ ist der Minimalwert.

Da z. B. $f(-1,-1) = -20 < -4$, ist (1,1) kein globales Minimum.

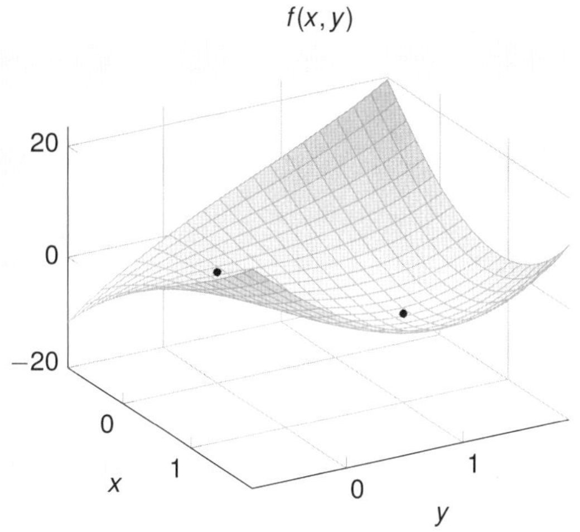

$f : \mathbb{R}^2 \to \mathbb{R},\ f(x,y) = \frac{1}{2}x^2 e^y - \frac{1}{3}x^3 - ye^{3y}$

Gradient und Hesse-Matrix:

$$\operatorname{grad} f(x,y) = \begin{pmatrix} f_x(x,y) \\ f_y(x,y) \end{pmatrix}^T = \begin{pmatrix} xe^y - x^2 \\ \frac{1}{2}x^2e^y - \left(e^{3y} + y \cdot 3e^{3y}\right) \end{pmatrix}^T = \begin{pmatrix} xe^y - x^2 \\ \frac{1}{2}x^2e^y - e^{3y} - 3ye^{3y} \end{pmatrix}^T$$

$$\mathbf{H}_f(x,y) = \begin{pmatrix} f_{xx}(x,y) & f_{xy}(x,y) \\ f_{yx}(x,y) & f_{yy}(x,y) \end{pmatrix} = \begin{pmatrix} e^y - 2x & xe^y \\ xe^y & \frac{1}{2}x^2e^y - 3e^{3y} - 3\left(e^{3y} + 3ye^{3y}\right) \end{pmatrix}$$

$$= \begin{pmatrix} e^y - 2x & xe^y \\ xe^y & \frac{1}{2}x^2e^y - (6+3y)e^{3y} \end{pmatrix}$$

Gradient Null setzen:

$$\begin{pmatrix} xe^y - x^2 \\ \frac{1}{2}x^2e^y - e^{3y} - 3ye^{3y} \end{pmatrix}^T \overset{!}{=} \begin{pmatrix} 0 \\ 0 \end{pmatrix}^T \quad \begin{matrix} \text{(I)} \\ \text{(II)} \end{matrix}$$

$$\overset{\text{(I)}}{\Rightarrow} \quad xe^y - x^2 = 0 \quad \Leftrightarrow \quad x\left(e^y - x\right) = 0 \quad \Leftrightarrow \quad x = 0 \vee x = e^y$$

$$\overset{x=0 \text{ in (II)}}{\Rightarrow} (-1-3y)e^{3y} = 0 \quad \overset{:e^y}{\Leftrightarrow} \quad -1 - 3y = 0 \quad \Leftrightarrow \quad y = -\frac{1}{3}$$

$$\Rightarrow \quad \text{Mögliche Extremstelle: } \left(0, -\frac{1}{3}\right)$$

$$\overset{x=e^y \text{ in (II)}}{\Rightarrow} \frac{1}{2}\left(e^y\right)^2 e^y - e^{3y} - 3ye^{3y} = 0 \quad \Leftrightarrow \quad e^{3y}\left(\frac{1}{2} - 1 - 3y\right) = 0$$

$$\Leftrightarrow \quad -\frac{1}{2} - 3y = 0 \quad \Leftrightarrow \quad y = -\frac{1}{6}$$

$$\overset{x=e^y}{\Rightarrow} \quad x = e^{-\frac{1}{6}}$$

$$\Rightarrow \quad \text{Mögliche Extremstelle: } \left(e^{-\frac{1}{6}}, -\frac{1}{6}\right)$$

Mögliche Stellen in Hesse-Matrix einsetzen:

$$\mathbf{H}_f\left(0,-\frac{1}{3}\right)=\begin{pmatrix} e^{-\frac{1}{3}} & 0 \\ 0 & -(6+(-1))\,e^{-1}\end{pmatrix}=\begin{pmatrix} e^{-\frac{1}{3}} & 0 \\ 0 & -5e^{-1}\end{pmatrix}$$

$\Rightarrow$ Diagonalmatrix, EW ablesbar!

$\Rightarrow$ EW: $\lambda_1 = e^{-\frac{1}{3}} > 0$ und $\lambda_2 = -5e^{-1} < 0$

$\overset{\text{Kap. 1.10.2}}{\Rightarrow} \mathbf{H}_f\left(0,-\frac{1}{3}\right)$ ist indefinit.

$\Rightarrow \left(0,-\frac{1}{3}\right)$ ist eine Sattelstelle.

$$\mathbf{H}_f\left(e^{-\frac{1}{6}},-\frac{1}{6}\right)=\begin{pmatrix} e^{-\frac{1}{6}}-2e^{-\frac{1}{6}} & e^{-\frac{1}{6}}e^{-\frac{1}{6}} \\ e^{-\frac{1}{6}}e^{-\frac{1}{6}} & \frac{1}{2}e^{-\frac{2}{6}}e^{-\frac{1}{6}}-(6-\frac{1}{2})e^{-\frac{3}{6}}\end{pmatrix}=\begin{pmatrix} -e^{-\frac{1}{6}} & e^{-\frac{1}{3}} \\ e^{-\frac{1}{3}} & -5e^{-\frac{1}{2}}\end{pmatrix}$$

Nachweis per Hurwitz-Kriterium versuchen (Kap. 1.10.3):

$$\det\left(\left(\mathbf{H}_f\left(e^{-\frac{1}{6}},-\frac{1}{6}\right)\right)_1\right)=\det\left(-e^{-\frac{1}{6}}\right)=-e^{-\frac{1}{6}}<0$$

$$\det\left(\left(\mathbf{H}_f\left(e^{-\frac{1}{6}},-\frac{1}{6}\right)\right)_2\right)=\det\left(\mathbf{H}_f\left(e^{-\frac{1}{6}},-\frac{1}{6}\right)\right)=-e^{-\frac{1}{6}}\left(-5e^{-\frac{1}{2}}\right)-e^{-\frac{1}{3}}e^{-\frac{1}{3}}$$

$$=5e^{-\frac{1}{6}-\frac{1}{2}}-e^{-\frac{1}{3}-\frac{1}{3}}=4e^{-\frac{2}{3}}>0$$

$\Rightarrow \mathbf{H}_f\left(e^{-\frac{1}{6}},-\frac{1}{6}\right)$ ist negativ definit.

$\Rightarrow \left(e^{-\frac{1}{6}},-\frac{1}{6}\right)$ ist eine lok. Maximalstelle.

$\left(\left(e^{-\frac{1}{6}},-\frac{1}{6}\right)=\frac{1}{2}e^{-\frac{1}{3}}e^{-\frac{1}{6}}-\frac{1}{3}e^{-\frac{1}{2}}+\frac{1}{6}e^{-\frac{1}{2}}=\frac{1}{3}e^{-\frac{1}{2}}=\frac{1}{3\sqrt{e}}\approx 0{,}202\right.$ ist der Maximalwert.$\Big)$

Bei einer Grenzwertbetrachtung von $f(x,y)$ für $x\to-\infty$ und $y\to-\infty$ sehen wir, dass $f(x,y)\to 0-(-\infty)-0=\infty$ strebt (e-Fkt. dominieren die Polynome und laufen gegen Null, aber der Term $-\frac{1}{3}x^3$ läuft gegen $+\infty$). Also kann es keine globalen Maximalstellen geben.

So brauchst du nicht einmal den Funktionswert der Maximalstelle ausrechnen.

2.4.5 Extremstellenberechnung mit Nebenbedingung

Aufgaben hierzu sind oft praxisbezogene Problemstellungen. Es geht um Minimierungs-/Maximierungsprobleme, bei denen bei einer (Haupt)Funktion f (auch Zielfunktion genannt) Minima/Maxima bestimmt werden sollen, die gleichzeitig gewisse Nebenbedingungen (NB) erfüllen müssen:

Hauptfunktion (HF): $f:\mathbb{R}^n\to\mathbb{R},\ f(x,y,\dots)=\dots$ (soll min./max. werden) (2.28)

Nebenbedingungen (NB): „Gleichungen abhängig von $x,y,\dots$" (2.29)

HF: $f:\ \mathbb{R}^2 \to \mathbb{R},\ f(x,y) = 2x + 4y^2$, NB: $x^2 + y^2 = 4$

Die Nebenbedingungen verursachen im Allgemeinen eine (starke) Einschränkung des Definitionsbereichs von f.

Bei Extremstellen solcher Art wird der Gradient normalerweise *nicht* Null, also kann dieser alleinstehend nicht als Kriterium herangezogen werden. Um solche Extremstellen ausfindig zu machen, haben wir zwei Möglichkeiten:

1. Substitutionsmethode
2. Lagrange-Verfahren

Substitutionsmethode

Das ist die „handwerklich" plausiblere (oft auch die schnellere) Methode, um solche Probleme zu lösen. Substitution deshalb, weil wir Variablen aus der Hauptfunktion durch die Nebenbedingung(en) ersetzen.

Beispiel

1. Nebenbedingung(en) **eindeutig** auf eine Variable umformen
2. Diese in der Hauptfunktion substituieren
3. Die „Informationen" der Nebenbedingung stecken nun in der (neuen) Hauptfunktion
4. Extremstellen der (neuen) Hauptfunktion jetzt nach Kapitel 2.4.4 (oder sogar per Extremstellenberechnung mit einer Variablen) wie gewohnt berechnen
5. Durch die Nebenbedingung nun die substituierten Variablen bestimmen, um die ursprünglichen Punkte zu bestimmen

HF: $f:\ \mathbb{R}^2 \to \mathbb{R},\ f(x,y) = x^2 \cdot y$, NB: $x + 2y = 10$

Die NB formen wir auf *y eindeutig* um und setzen dann den Term in die HF ein (wir könnten auch auf *x eindeutig* umformen, jedoch ist das beim Einsetzen in die HF nicht ganz so schön zu rechnen).

$$x + 2y = 10 \quad \Leftrightarrow \quad y = 5 - \frac{1}{2}x$$

$$\Rightarrow \quad f_{\text{neu}}:\ \mathbb{R} \to \mathbb{R},\ f_{\text{neu}}(x) = x^2\left(5 - \frac{1}{2}x\right) = -\frac{1}{2}x^3 + 5x^2$$

Nun die Extremstellenberechnung mit einer Variable:

$$f'_{\text{neu}}(x) = -\frac{3}{2}x^2 + 10x \overset{!}{=} 0 \quad \Leftrightarrow \quad x\left(-\frac{3}{2}x + 10\right) = 0$$

$$\Rightarrow \quad x = 0 \lor x = \frac{20}{3} \text{ sind mögliche Extremstellen.}$$

$$f''_{\text{neu}}(x) = -3x + 10$$

$$f''_{\text{neu}}(0) = -3 \cdot 0 + 10 = 10 > 0 \ \to\ x = 0 \text{ ist Minimalstelle (von } f_{\text{neu}}).$$

$$f''_{\text{neu}}\left(\frac{20}{3}\right) = -3 \cdot \frac{20}{3} + 10 = -10 < 0 \ \to\ x = \frac{20}{3} \text{ ist Maximalstelle (von } f_{\text{neu}}).$$

Nun zurück zur HF: Die x-Werte in die NB $y = 5 - \frac{1}{2}x$ einsetzen:

$$y = 5 - \frac{1}{2} \cdot 0 = 5 \quad \Rightarrow \quad (0,5) \text{ ist Minimalstelle.}$$

$$y = 5 - \frac{1}{2} \cdot \frac{20}{3} = \frac{5}{3} \quad \Rightarrow \quad \left(\frac{20}{3}, \frac{5}{3}\right) \text{ ist Maximalstelle.}$$

Lagrange-Verfahren

Beispiel

Das Lagrange-Verfahren ist auf den ersten Blick nicht sehr intuitiv (aber es funktioniert!). Zentraler Ansatz ist das Aufstellen der Lagrange-Funktion:

$$L(x, y, \ldots, \lambda_1, \lambda_2, \ldots) := f(x, y, \ldots) + \lambda_1 \cdot g_1(x, y, \ldots) + \lambda_2 \cdot g_2(x, y, \ldots) + \ldots \tag{2.30}$$

- $f(x, y, \ldots)$ ist der Funktionsterm der Hauptfunktion, die minimiert/maximiert werden soll
- $g_{1,2,\ldots}$ sind die Funktionsterme der Nebenbedingungen, wenn diese auf 0 umgeformt werden
- $\lambda_{1,2,\ldots}$ heißen *Lagrange'sche Multiplikatoren*. Diese werden vor die Funktionsterme der Nebenbedingungen multipliziert

Die $\lambda_{1,2,\ldots}$ kannst du dir als „Hilfsvariablen" vorstellen. Die Vorzeichen vor den $\lambda_{1,2,\ldots}$ dürften demnach auch „–" sein, wie es in mancher Literatur der Fall ist.

1. Hauptfunktion f und Nebenfunktionen $g_{1,2,\ldots}$ (falls noch nicht explizit gegeben) aufstellen
2. Daraus die Lagrange-Funktion (2.30) aufstellen
3. Gradient der Lagrange-Funktion grad $L(x, y, \ldots, \lambda_1, \lambda_2, \ldots)$ berechnen (bzw. alle partiellen Ableitungen). Die partiellen Ableitungen nach den Lambdas entsprechen den ursprünglichen Nebenbedingungen
4. Den Gradienten $\vec{0}$ setzen (bzw. alle partiellen Ableitungen 0 setzen)
5. Das Gleichungssystem lösen, um Extremstellen zu bestimmen

   Kein einheitlicher Lösungsweg hier, da es fast immer ein nicht-lineares Gleichungssystem ist!

   Tipp 1: Lass die partiellen Ableitungen nach den lagrange'schen Multiplikatoren (also die NBs) erst einmal beiseite und eliminiere die Lambdas aus den übrigen Gleichungen. Danach setze in die NBs ein.

   Tipp 2: Falls durch Additionen der Gleichungen Variablen wegfallen oder sich Terme bilden, die einer NB entsprechen, mache das zuerst.

   Tipp 3: Manchmal kannst du auch aus einer Gleichung direkt Terme ausklammern und kommst so zu einer Fallunterscheidung. Hier musst du nur den Überblick bewahren!
6. Extremstellen in die Hauptfunktion f einsetzen und Extremwert bestimmen

   Wenn die *NBs* eine *kompakte Menge*[2] beschreiben, ist der kleinste berechnete Extremwert das globale Minimum und der größte Extremwert das globale Maximum.

[2] Also abgeschlossen („in allen Randbereichen der Menge gehört der Rand zur Menge") und beschränkt („die Menge dehnt sich nicht unendlich weit aus vom Ursprung aus betrachtet")

$f : \mathbb{R}^2 \to \mathbb{R}, f(x,y) = 2x + 4y^2,$ NB: $x^2 + y^2 = 4$

$$\Rightarrow \quad g(x,y) := x^2 + y^2 - 4 = 0 \text{ ist die Nebenfunktion.}$$
$$\Rightarrow \quad L(x,y,\lambda) := 2x + 4y^2 + \lambda\left(x^2 + y^2 - 4\right)$$

$$\begin{aligned} \Rightarrow \quad & L_x(x,y,\lambda) = 2 + \lambda 2x &= 0 \quad \text{(I)}\\ \wedge\ & L_y(x,y,\lambda) = 8y + \lambda 2y &= 0 \quad \text{(II)}\\ \wedge\ & L_\lambda(x,y,\lambda) = x^2 + y^2 - 4 &= 0 \quad \text{(III)} \end{aligned}$$

$$\overset{(I)}{\Rightarrow} \quad \lambda = -\frac{1}{x} \text{ (}x = 0\text{ ist ausgeschl., da in I sonst ein Widerspruch entsteht } (2 = 0))$$
$$\overset{\text{in (II)}}{\Rightarrow} \quad 8y - \frac{1}{x}2y = 0 \quad \Rightarrow \quad y\left(8 - \frac{2}{x}\right) = 0 \quad \Rightarrow \quad x = \frac{1}{4} \vee y = 0$$
$$\overset{x=\frac{1}{4} \text{ in (III)}}{\Rightarrow} \frac{1}{16} + y^2 - 4 = 0 \quad \Rightarrow \quad y^2 = \frac{63}{16} \quad \Rightarrow \quad y = -\frac{\sqrt{63}}{4} \vee y = \frac{\sqrt{63}}{4}$$
$$\overset{y=0 \text{ in (III)}}{\Rightarrow} x^2 + 0 - 4 = 0 \quad \Rightarrow \quad x^2 = 4 \quad \Rightarrow \quad x = -2 \vee x = 2$$

Extremstellen: $(-2,0)$, $(2,0)$, $\left(\frac{1}{4}, -\frac{\sqrt{63}}{4}\right)$ und $\left(\frac{1}{4}, \frac{\sqrt{63}}{4}\right)$

$f(-2,0) = -4, \quad f(2,0) = 4, \quad f\left(\frac{1}{4}, -\frac{\sqrt{63}}{4}\right) = \frac{65}{4}$ und $f\left(\frac{1}{4}, \frac{\sqrt{63}}{4}\right) = \frac{65}{4}$

Da die NB kompakt ist (Kreis um den Ursprung mit Radius 2), ist $(-2,0)$ globale Minimumstelle und $\left(\frac{1}{4}, -\frac{\sqrt{47}}{4}\right)$ sowie $\left(\frac{1}{4}, \frac{\sqrt{47}}{4}\right)$ globale Maximumstellen ($(2,0)$ ist lok. Minimumstelle).

$f : \mathbb{R}^2 \to \mathbb{R}, f(x,y) = x^2 + y^2 + 3,$ NB: $x^2 + y = 2$

$$\Rightarrow \quad g(x,y) := x^2 + y - 2 = 0 \text{ ist die Nebenfunktion}$$
$$\Rightarrow \quad L(x,y,\lambda) := x^2 + y^2 + 3 + \lambda\left(x^2 + y - 2\right)$$

$$\begin{aligned} \Rightarrow \quad & L_x(x,y,\lambda) = 2x + \lambda 2x &= 0 \quad \text{(I)}\\ \wedge\ & L_y(x,y,\lambda) = 2y + \lambda &= 0 \quad \text{(II)}\\ \wedge\ & L_\lambda(x,y,\lambda) = x^2 + y - 2 &= 0 \quad \text{(III)} \end{aligned}$$

$$\overset{(II)}{\Rightarrow} \quad \lambda = -2y$$
$$\overset{\text{in (I)}}{\Rightarrow} \quad 2x - 4xy = 0 \quad \Rightarrow \quad 2x(1 - 2y) = 0 \quad \Rightarrow \quad x = 0 \vee y = \frac{1}{2}$$
$$\overset{x=0 \text{ in (III)}}{\Rightarrow} 0 + y - 2 = 0 \quad \Rightarrow \quad y = 2$$
$$\overset{y=\frac{1}{2} \text{ in (III)}}{\Rightarrow} x^2 + \frac{1}{2} - 2 = 0 \quad \Rightarrow \quad x^2 = \frac{3}{2} \quad \Rightarrow \quad x = -\sqrt{\frac{3}{2}} \vee x = \sqrt{\frac{3}{2}}$$

Extremstellen: $(0,2)$, $\left(-\sqrt{\frac{3}{2}}, \frac{1}{2}\right)$ und $\left(\sqrt{\frac{3}{2}}, \frac{1}{2}\right)$

$f(0,2) = 7$ (lok. Max.), $f\left(-\sqrt{\frac{3}{2}}, \frac{1}{2}\right) = \frac{19}{4}$ (glob. Min.) und $f\left(\sqrt{\frac{3}{2}}, \frac{1}{2}\right) = \frac{19}{4}$ (glob. Min.) (hier anhand Graph, da NB nicht kompakt (da nicht beschränkt))

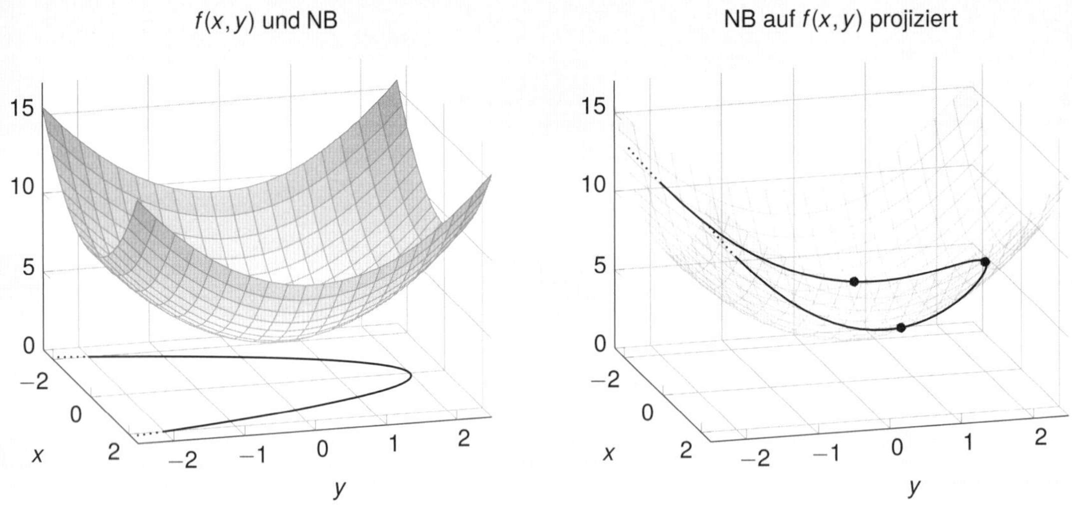

$f : \mathbb{R}^3 \to \mathbb{R}, f(x,y,z) = 2x + 4y + 9z,\qquad NB_1\colon x^2 + y^2 + z^2 = 1,\ NB_2\colon x + y + z = 0$

$\Rightarrow\ g_1(x,y,z) := x^2 + y^2 + z^2 - 1 = 0$ ist die erste Nebenfunktion

$\Rightarrow\ g_2(x,y,z) := x + y + z = 0$ ist die zweite Nebenfunktion

$\Rightarrow\ L(x,y,z,\lambda_1,\lambda_2) := 2x + 4y + 9z + \lambda_1\left(x^2 + y^2 + z^2 - 1\right) + \lambda_2\,(x + y + z)$

$$\begin{aligned}
\Rightarrow\ & L_x(x,y,z,\lambda_1,\lambda_2) = 2 + 2\lambda_1 x + \lambda_2 &&= 0 \quad \text{(I)}\\
\wedge\ & L_y(x,y,z,\lambda_1,\lambda_2) = 4 + 2\lambda_1 y + \lambda_2 &&= 0 \quad \text{(II)}\\
\wedge\ & L_z(x,y,z,\lambda_1,\lambda_2) = 9 + 2\lambda_1 z + \lambda_2 &&= 0 \quad \text{(III)}\\
\wedge\ & L_{\lambda_1}(x,y,z,\lambda_1,\lambda_2) = x^2 + y^2 + z^2 - 1 &&= 0 \quad \text{(IV)}\\
\wedge\ & L_{\lambda_2}(x,y,z,\lambda_1,\lambda_2) = x + y + z &&= 0 \quad \text{(V)}
\end{aligned}$$

Wir erkennen, dass bei dem λ_1 jeweils $2x$, $2y$ und $2z$ steht. Durch Addieren der drei Gleichungen und NB_2 kommen wir elegant weiter:

$$\overset{\text{(I)+(II)+(III)}}{\Rightarrow} 15 + 2\lambda_1 \underbrace{(x + y + z)}_{=0} + 3\lambda_2 = 0 \quad \Rightarrow \quad 15 + 3\lambda_2 = 0 \quad \Rightarrow \quad \lambda_2 = -5$$

$$\overset{\lambda_2 \text{ in (II)}}{\Rightarrow} 4 + 2\lambda_1 y - 5 = 0 \quad \Rightarrow \quad 2\lambda_1 y = 1$$

$$\Leftrightarrow \quad \lambda_1 = \frac{1}{2y} \ (y = 0 \text{ ist ausgeschl., da in II sonst ein Widerspruch entsteht } (-1 = 0))$$

$$\overset{\lambda_{1,2} \text{ in (III)}}{\Rightarrow} 9 + 2 \cdot \frac{1}{2y} z - 5 = 0 \quad \Rightarrow \quad \frac{z}{y} = -4 \quad \Rightarrow \quad z = -4y$$

$$\overset{z \text{ in (V)}}{\Rightarrow} x + y - 4y = 0 \quad \Rightarrow \quad x = 3y$$

$$\overset{x,z \text{ in (IV)}}{\Rightarrow} (3y)^2 + y^2 + (-4)^2 = 1 \quad \Rightarrow \quad 26y^2 = 1 \quad \Rightarrow \quad y_1 = -\frac{1}{\sqrt{26}} \vee y_2 = \frac{1}{\sqrt{26}}$$

$$\Rightarrow \quad z_1 = -4y_1 = \frac{4}{\sqrt{26}} \wedge x_1 = 3y_1 = -\frac{3}{\sqrt{26}}$$

$$\Rightarrow \quad z_2 = -4y_2 = -\frac{4}{\sqrt{26}} \wedge x_2 = 3y_2 = \frac{3}{\sqrt{26}}$$

Extremstellen: $\left(-\frac{3}{\sqrt{26}}, -\frac{1}{\sqrt{26}}, \frac{4}{\sqrt{26}}\right)$ und $\left(\frac{3}{\sqrt{26}}, \frac{1}{\sqrt{26}}, -\frac{4}{\sqrt{26}}\right)$

$f\left(-\frac{3}{\sqrt{26}}, -\frac{1}{\sqrt{26}}, \frac{4}{\sqrt{26}}\right) = \sqrt{26}$, $f\left(\frac{3}{\sqrt{26}}, \frac{1}{\sqrt{26}}, -\frac{4}{\sqrt{26}}\right) = -\sqrt{26}$

Da die NB kompakt ist (NB_1 ist eine Kugel um den Ursprung mit Radius 1 (kompakt) und NB_2 ist eine Ebene durch den Ursprung (abgeschlossen aber nicht beschränkt); im Schnitt ergibt das eine kompakte Menge), ist $\left(\frac{3}{\sqrt{26}}, \frac{1}{\sqrt{26}}, -\frac{4}{\sqrt{26}}\right)$ globale Minimumstelle und $\left(-\frac{3}{\sqrt{26}}, -\frac{1}{\sqrt{26}}, \frac{4}{\sqrt{26}}\right)$ globale Maximumstelle.

2.5 Potentiale

Unter einem Potential können wir uns eine „Stammfunktion" eines Vektorfelds vorstellen (meistens wird das Vektorfeld mit φ und das Potential mit Φ notiert – ähnlich zu Funktionen mit einer Variable: Funktion f und Stammfunktion F). Ein Potential ist somit ein Skalarfeld.

2.5.1 Existenz eines Potentials – Integrabilitätsbedingungen

Nun kannst du dir vorstellen, dass nicht jedes beliebige Vektorfeld φ ein Potential Φ besitzt. Es muss gelten:

$$\operatorname{grad} \Phi(x, y, \ldots) = \varphi(x, y, \ldots) \qquad (2.31)$$

Um zu entscheiden, ob ein Vektorfeld ein Potential besitzt (gleichbedeutend mit, ob ein Vektorfeld ein Gradientenvektorfeld ist), gibt es die so genannten **I**ntegrabilitäts**b**edingungen (IBs). In vielen Büchern und Vorlesungsskripten sind die IBs recht kryptisch notiert:

$$\text{Vektorfeld} \quad \varphi : \mathbb{R}^n \to \mathbb{R}^n, \; \varphi(x_1, \ldots, x_n) = \begin{pmatrix} \varphi_1(x_1, \ldots, x_n) \\ \vdots \\ \varphi_n(x_1, \ldots, x_n) \end{pmatrix} \quad \text{gegeben.}$$

Es existiert ein Potential Φ zum Vektorfeld φ, wenn die IBs erfüllt sind:

$$\forall i, j \in \{1, \ldots, n\}, \; i \neq j : \quad \frac{\partial \varphi_i}{\partial x_j} = \frac{\partial \varphi_j}{\partial x_i} \qquad (2.32)$$

Wir geben hier eine (lesbarere) Alternative, die das Gleiche aussagt:

$$\text{Allgemeines Vektorfeld } \varphi : \mathbb{R}^n \to \mathbb{R}^n, \; \varphi(x, y, \ldots) = \begin{pmatrix} \varphi_1(x, y, \ldots) \\ \vdots \\ \varphi_n(x, y, \ldots) \end{pmatrix} \text{ gegeben.}$$

1. Jacobi-Matrix $J_\varphi(x, y, \ldots)$ bestimmen.

   Die Einträge auf der Hauptdiagonalen von $J_\varphi(x, y, \ldots)$ müssen wir nicht bestimmen.

2. Wenn $J_\varphi(x, y, \ldots)$ symmetrisch ist, sind die IBs erfüllt und Φ existiert.

   Wenn $J_\varphi(x, y, \ldots)$ symmetrisch ist, bedeutet das nichts anderes, als dass $J_\varphi(x, y, \ldots)$ die Hesse-Matrix $\mathbf{H}_\Phi(x, y, \ldots)$ der Potentialfunktion Φ ist.

Alternative 2: Wenn $\varphi : \mathbb{R}^3 \to \mathbb{R}^3$ gegeben ist, können wir auch prüfen, ob $\operatorname{rot}\varphi(x, y, \ldots) = \vec{0}$ gilt.

Streng genommen sind die beschriebenen IBs nur die notwendige Bedingung für die Existenz eines Potentials. Die hinreichende Bedingung ist noch, dass der Definitionsbereich des zu untersuchenden Vektorfelds *einfach zusammenhängend* (z. B. ein *Sterngebiet*) ist. Das ist allerdings fast immer gegeben ($\mathbb{R}^n$ ist einfach zusammenhängend).

Das Ganze zur Einordnung in den Gesamtkontext noch einmal als Schaubild:

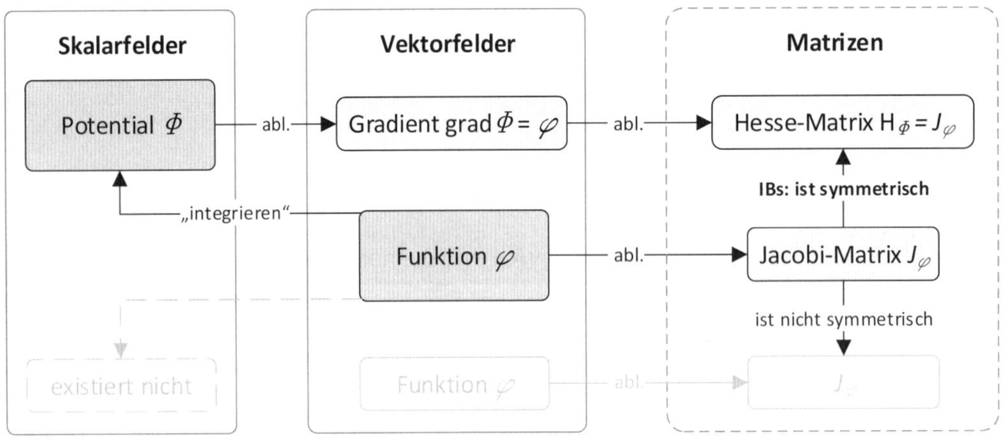

Ist das Vektorfeld $\varphi : \mathbb{R}^3 \to \mathbb{R}^3$, $\varphi(x, y, z) = \begin{pmatrix} e^{y^2 z} + 6xy - 2z \\ 2xyze^{y^2 z} + 3x^2 \\ xy^2 e^{y^2 z} - 2x \end{pmatrix}^T$ ein Gradientenfeld?

Bzw.: Existiert ein Potential Φ zum Vektorfeld φ?

$$\Rightarrow \quad J_\varphi(x, y, z) = \begin{pmatrix} \cdots & 2yze^{y^2 z} + 6x & y^2 e^{y^2 z} - 2 \\ 2yze^{y^2 z} + 6x & \cdots & 2xye^{y^2 z} + 2xy^3 ze^{y^2 z} \\ y^2 e^{y^2 z} - 2 & 2xye^{y^2 z} + 2xy^3 ze^{y^2 z} & \cdots \end{pmatrix}$$

$J_\varphi(x, y, z)$ ist symmetrisch (und $\mathbb{R}^3$ ist einfach zusammenhängend). Die IBs sind also erfüllt. φ ist ein Gradientenfeld und ein Potential Φ zum Vektorfeld φ existiert.

2.5.2 Potential bestimmen

Um ein Potential zu bestimmen, müssen wir integrieren. Hierbei müssen wir aufpassen, nach welcher Variable integriert wird (ähnlich wie bei partiellen Ableitungen):

$\int f(x, y, z)dx \quad \to \quad$ x ist die Integr.variable. y und z werden wie Konstanten behandelt.

$\int f(x, y, z)dy \quad \to \quad$ y ist die Integr.variable. x und z werden wie Konstanten behandelt.

$\int f(x, y, z)dz \quad \to \quad$ z ist die Integr.variable. x und y werden wie Konstanten behandelt.

$$\int xy + \cos(y) - \frac{x^2}{z} + 2\,dx = \frac{1}{2}x^2y + x\cos(y) - \frac{1}{3}\frac{x^3}{z} + 2x + C,\ C \in \mathbb{R}$$

$$\int xy + \cos(y) - \frac{x^2}{z} + 2\,dy = x\frac{1}{2}y^2 + \sin(y) - y\frac{x^2}{z} + 2y + C,\ C \in \mathbb{R}$$

$$\int xy + \cos(y) - \frac{x^2}{z} + 2\,dz = xyz + z\cos(y) - x^2\ln|z| + 2z + C,\ C \in \mathbb{R}$$

Es existieren mehrere Möglichkeiten, ein Potential zu einem Gradientenfeld zu bestimmen. Wir geben dir hier das unserer Meinung nach einfachste Verfahren an:

Allgemeines Vektorfeld $\varphi:\ \mathbb{R}^n \to \mathbb{R}^n,\ \varphi(x_1, x_2 \ldots, x_n) = \begin{pmatrix} \varphi_1(x_1, x_2 \ldots, x_n) \\ \vdots \\ \varphi_n(x_1, x_2 \ldots, x_n) \end{pmatrix}$ gegeben.

Wenn die IBs erfüllt sind, dann ist die Potentialfunktion $\Phi(x, y, z, \ldots)$ gegeben durch:

$$\int_0^{x_1} \varphi_1(t, 0, \ldots, 0)\,dt + \int_0^{x_2} \varphi_2(x_1, t, \ldots, 0)\,dt + \ldots + \int_0^{x_n} \varphi(x_1, x_2 \ldots, t)\,dt + C,\ C \in \mathbb{R} \quad (2.33)$$

Du kannst dir t als eine Art Hilfsvariable vorstellen. Rein mathematisch werden hier Wege/Kurven – mit Variable t parallel zu den Koordinatenachsen parametrisiert – genutzt.

Bestimme das Potential zu $\varphi:\ \mathbb{R}^3 \to \mathbb{R}^3,\ \varphi(x, y, z) = \begin{pmatrix} e^{y^2z} + 6xy - 2z \\ 2xyze^{y^2z} + 3x^2 \\ xy^2e^{y^2z} - 2x \end{pmatrix}^T$.

φ ist ein Gradientenfeld (siehe Bsp. in 2.5.1). Es ist $\begin{pmatrix} e^{y^2z} + 6xy - 2z \\ 2xyze^{y^2z} + 3x^2 \\ xy^2e^{y^2z} - 2x \end{pmatrix}^T = \begin{pmatrix} \varphi_1(x, y, z) \\ \varphi_2(x, y, z) \\ \varphi_3(x, y, z) \end{pmatrix}^T$

$$\begin{aligned}
\Phi(x, y, z) &= \int_0^x \varphi_1(t, 0, 0)\,dt + \int_0^y \varphi_2(x, t, 0)\,dt + \int_0^z \varphi_3(x, y, t)\,dt + C \\
&= \int_0^x e^0 + 0 - 0\,dt + \int_0^y 0 + 3x^2\,dt + \int_0^z xy^2e^{y^2t} - 2x\,dt + C \\
&= \int_0^x 1\,dt + \int_0^y 3x^2\,dt + \int_0^z xy^2e^{y^2t} - 2x\,dt + C \\
&= [t]_0^x + \left[3x^2t\right]_0^y + \left[xy^2\frac{1}{y^2}e^{y^2t} - 2xt\right]_0^z + C \\
&= ((x) - (0)) + \Big((3x^2y) - (0)\Big) + \Big((xe^{y^2z} - 2xz) - (x - 0)\Big) + C \\
&= x + 3x^2y + xe^{y^2z} - 2xz - x + C \\
&= xe^{y^2z} + 3x^2y - 2xz + C,\ C \in \mathbb{R}
\end{aligned}$$

2.6 Übungsaufgaben – Analysis mehrerer Veränderlicher

Lösungen

2.1) Level: Entscheide, in welchen Punkten die folgenden Skalarfelder f stetig sind und in welchen nicht:

a) $f:\ \mathbb{R}^2 \to \mathbb{R},\ f(x,y) = \begin{cases} \frac{x^2y^2}{x^2+y^2} & \text{für } (x,y) \neq (0,0) \\ 0 & \text{sonst} \end{cases}$

b) $f:\ \mathbb{R}^2 \to \mathbb{R},\ f(x,y) = \begin{cases} \frac{x^2y}{x^3+y^6} & \text{für } (x,y) \neq (0,0) \\ 0 & \text{sonst} \end{cases}$

2.2) Level: Entscheide, in welchen Punkten die folgenden Skalarfelder f stetig sind und in welchen nicht:

a) $f:\ \mathbb{R}^2 \to \mathbb{R},\ f(x,y) = \begin{cases} \frac{(x+1)^4+y^3}{\sqrt[3]{(x+1)^6+y^8}} & \text{für } (x,y) \neq (-1,0) \\ 0 & \text{sonst} \end{cases}$

b) $f:\ \mathbb{R}^2 \to \mathbb{R},\ f(x,y) = \begin{cases} \frac{(1-x)\ln(y^2+1)}{y^2} & \text{für } y \neq 0 \\ 0 & \text{sonst} \end{cases}$

2.3) Level: Bestimme den Gradienten der folgenden Skalarfelder f:

a) $f(x,y) = x^2 + yx + y^2$ **b)** $f(x,y) = \mathrm{e}^{2xy} - \dfrac{y}{x}$ **c)** $f(x,y,z) = \ln(y) + xz$

d) $f(x,y) = x^2 + \sqrt{y^2+1}$ **e)** $f(x,y) = \sqrt{xy}$ **f)** $f(x,y,z) = x\mathrm{e}^y + \sin(z)$

g) $f(x,y) = xy - 3\mathrm{e}^{xy}$ **h)** $f(x,y) = x^2y + \sin(x)\cdot(y+1)$ **i)** $f(x,y,z) = \dfrac{xyz}{x+y+z}$

2.4) Level: Bestimme den Gradienten der folgenden Skalarfelder f:

a) $f(x,y) = \dfrac{x^2+2}{y+4}$ **b)** $f(x,y) = x^2(y^2+x)^2$ **c)** $f(x,y,z) = x\ln(y^2) + z$

d) $f(x,y) = \ln(x^2 + \mathrm{e}^{xy})$ **e)** $f(x,y) = \dfrac{x\sin(y)}{x^2+\cos(x)}$ **f)** $f(x,y,z) = x\mathrm{e}^{y+z} + \sin(yz)$

g) $f(x,y) = x\ln^2(y^2+x) - y$ **h)** $f(x,y) = x^y$ **i)** $f(x,y,z) = \sinh(xy) + \cosh(yz)$

2.5) Level: Bestimme den Gradienten der folgenden Skalarfelder f:

a) $f(x,y,z) = x^{(y^z)}$ **b)** $f(x,y,z) = \sin\big(x\sin(y\sin(z))\big)$ **c)** $f(x,y,z) = \arctan^2\left(x^2\sqrt{y+z^2}\right)$

d) $f(x,y,z) = \sqrt[3]{y\cdot x^z}$ **e)** $f(x,y,z) = \dfrac{x}{1+\frac{y}{1+zyx}}$ **f)** $f(x,y,z) = \tan\left(x^y\cdot 2\sin\left(\frac{1}{z}\right)\right)$

2.6) Level: Bestimme die Jacobi-Matrix und – sofern möglich – die Divergenz und Rotation der folgenden Vektorfelder f:

a) $f:\ \mathbb{R}^2 \to \mathbb{R}^3,\ f(x,y) = \begin{pmatrix} y(x+2)^3 \\ (y-1)^2+x \\ \sin(xy) \end{pmatrix}$ **b)** $f:\ \mathbb{R}^3 \to \mathbb{R}^3,\ f(x,y,z) = \begin{pmatrix} \sin(2xz) \\ \cos(y^2z) \\ \tan(xy) \end{pmatrix}$

2.7) Level: Bestimme die Jacobi-Matrix und – sofern möglich – die Divergenz und Rotation der folgenden Vektorfelder f:

a) $f:\ \mathbb{R}^2 \to \mathbb{R}^2,\ f(x,y) = \frac{1}{e^{x^2-y^2}} \begin{pmatrix} 2x^y \\ -y^x \end{pmatrix}$

b) $f:\ \left\{(x,y,z) \in \mathbb{R}^3 \mid x \neq 0 \wedge y \neq 0 \wedge z \neq 0\right\} \to \mathbb{R}^3,\ f(x,y,z) = \begin{pmatrix} \frac{x}{y}e^z \\ \frac{y}{z}e^x \\ \frac{z}{x}e^y \end{pmatrix}$

2.8) Level: Bestimme das Taylorpolynom 2. Ordnung der Skalarfelder f im angegebenen Entwicklungspunkt:

a) $f:\ \mathbb{R}^2 \to \mathbb{R},\ f(x,y) = (y + \cos(y))\sin(x),\ (x_0,y_0) = \left(\frac{\pi}{2}, 0\right)$

b) $f:\ \mathbb{R}^2 \to \mathbb{R},\ f(x,y) = y(x^2-1)^2e^y,\ (x_0,y_0) = (2,0)$

2.9) Level: Bestimme das Taylorpolynom 2. Ordnung des Skalarfeldes f im angegebenen Entwicklungspunkt:

a) $f:\ \left\{(x,y,z) \in \mathbb{R}^3 \mid x > 0 \wedge y > 0\right\} \to \mathbb{R},\ f(x,y,z) = \ln(x)y^z,\ (x_0,y_0,z_0) = (\sqrt{e}, e, 1)$

2.10) Level: Bestimme die Extrem-/Sattelstellen der folgenden Skalarfelder f:

a) $f:\ \mathbb{R}^2 \to \mathbb{R},\ f(x,y) = x^2 + y^2 - xy$

b) $f:\ \mathbb{R}^2 \to \mathbb{R},\ f(x,y) = xe^{x^2} + xy - y$

c) $f:\ \mathbb{R}^2 \to \mathbb{R},\ f(x,y) = \ln\left(e^{-(x^2+y^2)} + 1\right) + 1$

d) $f:\ \mathbb{R}^2 \setminus \{(0,0)\} \to \mathbb{R},\ f(x,y) = \frac{x^2y - y}{x^2+y^2}$

2.11) Level: Bestimme die Extrem-/Sattelstellen der folgenden Skalarfelder f:

a) $f:\ (0,\pi)^2 \to \mathbb{R},\ f(x,y) = \frac{\sin(x)+1}{\sin(y)-2}$

b) $f:\ \mathbb{R}^2 \to \mathbb{R},\ f(x,y) = xe^y + e^{2y} - x^2 - y$

c) $f:\ \mathbb{R}^2 \to \mathbb{R},\ f(x,y) = (x^2+y^2)e^{x^2-y^2}$

d) $f:\ (-\sqrt{\pi}, \sqrt{\pi})^2 \setminus \{(0,0)\} \to \mathbb{R},\ f(x,y) = \sin(x^2 - \pi) + y^2$

2.12) Level: Bestimme die Extremstellen der folgenden Skalarfelder f unter den angegebenen Nebenbedingungen:

a) $f:\ \mathbb{R}^2 \to \mathbb{R},\ f(x,y) = xy,\quad$ NB: $2x + 2y = 10$

b) $f:\ \mathbb{R}^2 \to \mathbb{R},\ f(x,y) = x^2 + y^2 + xy,\quad$ NB: $x^2 + y^2 = 1$

c) $f:\ \mathbb{R}^3 \to \mathbb{R},\ f(x,y,z) = x - 2y + 3z,\quad$ NB: $x^2 + y^2 + z^2 = 1$

2.13) Level: ♦♦♦ Bestimme die Extremstellen des folgenden Skalarfeldes f unter den angegebenen Nebenbedingungen:

a) $f: \mathbb{R}^3 \to \mathbb{R}, \; f(x,y,z) = \sqrt{x^2+y^2+z^2}, \quad \text{NB}_1\colon x^2+y^2=1, \quad \text{NB}_2\colon xy-z=0$

2.14) Level: ♦♦♦♦ Bestimme den Inhalt A der auf der x-y-Ebene vorliegenden Fläche, wenn alle globalen Extremstellen des folgenden Skalarfeldes f unter der angegebenen Nebenbedingung die Eckpunkte dieser Fläche darstellen:

a) $f: \mathbb{R}^2 \to \mathbb{R}, \; f(x,y) = x^3+y^3+x+y, \quad \text{NB}\colon x^2+y^2=1$

2.15) Level: ♦♦ Entscheide, ob die folgenden Vektorfelder φ Potenziale besitzen und wenn ja, bestimme die Potenziale Φ:

a) $\varphi: \mathbb{R}^2 \to \mathbb{R}^2, \; \varphi(x,y) = \begin{pmatrix} 2y^2(x-1) \\ 2y(x-1)^2 \end{pmatrix}$ **b)** $\varphi: \mathbb{R}^2 \to \mathbb{R}^2, \; \varphi(x,y) = \begin{pmatrix} \cos(x)+y^2-6x \\ \cos(y)+2xy+1 \end{pmatrix}$

c) $\varphi: \left\{(x,y)\in\mathbb{R}^2 \mid x \neq -y\right\} \to \mathbb{R}^2, \; \varphi(x,y) = \begin{pmatrix} \frac{1}{x+y}+3y \\ \frac{1}{x+y}+4y^3 \end{pmatrix}$

d) $\varphi: \mathbb{R}^3 \to \mathbb{R}^3, \; \varphi(x,y,z) = \begin{pmatrix} e^{yz}-3z \\ xze^{yz}+3y^2 \\ xye^{yz}-3x \end{pmatrix}$

2.16) Level: ♦♦♦ Entscheide, ob die folgenden Vektorfelder φ Potenziale besitzen und wenn ja, bestimme die Potenziale Φ:

a) $\varphi: \left\{(x,y,z)\in\mathbb{R}^3 \mid y \neq 0 \wedge z > 0\right\} \to \mathbb{R}^3, \; \varphi(x,y,z) = \begin{pmatrix} 4xye^{x^2y}+3y-z \\ 2x^2e^{x^2y}-\frac{\ln^2(z)}{y^2}+3x \\ \frac{2\ln(z)}{yz}-x \end{pmatrix}$

b) $\varphi: \mathbb{R}^3 \to \mathbb{R}^3, \; \varphi(x,y,z) = \begin{pmatrix} ye^{yz}-ze^x+yz \\ xe^{yz}+xyze^{yz}+xz \\ xy^2e^{yz}-e^x-xy \end{pmatrix}$

2.17) Level: ♦♦♦♦ Bestimme das Potenzial Φ des folgenden Gradientenfeldes φ:

a) $\varphi: \left\{(x,y,z)\in\mathbb{R}^3 \mid x \neq 0 \wedge y \neq 0\right\} \to \mathbb{R}^3,$

$$\varphi(x,y,z) = \frac{1}{x^4+2x^2y^2+y^4} \cdot \begin{pmatrix} 2xy^3-2xy^2z \\ x^4+2x^2yz-x^2y^2 \\ x^2y^2+y^4 \end{pmatrix}$$

3 Differentialgleichungen (DGL)

Eine **D**ifferential**gl**eichung (kurz **D**iff.'**gl**eichung oder **DGL**) ist eine Gleichung, in der eine Funktion und auch Ableitungen von dieser auftauchen. Die Lösung dieser Art von Gleichung ist also eine Funktion!

Was ist eine DGL?

> Gesucht sind *alle* Funktionen $y(x)$, die die folgende Gleichung erfüllen:
>
> $$y'(x) = 2y(x)$$
>
> Lösung:
>
> $$y(x) = C \cdot e^{2x} \text{ mit } C \in \mathbb{R}, \quad \text{denn} \quad y'(x) = 2 \cdot \underbrace{C \cdot e^{2x}}_{=y(x)} = 2y(x)$$

Oft soll die Funktion in der DGL noch gegebenen Anfangswerten/Randwerten genügen (Anfangswertproblem (AWP) oder Randwertproblem (RWP)) (also $y(x_0) = y_0$ soll für gegebene x_0, y_0 gelten)

> Gesucht ist *die* Funktion $y(x)$, die dem folgenden AWP genügt:
>
> $$y'(x) = 2y(x), \ y(0) = 3$$
>
> Lösung:
>
> $$y(x) = 3 \cdot e^{2x} \quad \text{denn} \quad y'(x) = 2 \cdot \underbrace{3 \cdot e^{2x}}_{=y(x)} = 2y(x) \quad \text{und} \quad y(0) = 3 \cdot e^{2 \cdot 0} = 3 \cdot 1 = 3$$
>
> Also: Funktion mit maximalem Definitions- und Wertebereich:
>
> $$y: \ \mathbb{R} \to (0, \infty), \ y(x) = 3 \cdot e^{2x}$$
>
> > Von einem AWP sprechen wir normalerweise, wenn die DGL zum „Zeitpunkt“ $x_0 = 0$ irgendwelchen Startwerten genügen soll. Für $x_0 \neq 0$ sprechen wir von einem RWP.

Dies war ein sehr einfaches Beispiel und wir haben die Lösung vorgegeben. Wie du Lösungen von dieser und von komplizierteren DGLs bestimmst, erfährst du in den nächsten Unterkapiteln.

> Nicht zu jeder DGL existiert eine analytische Lösung für y. Wir wollen hier jedoch auf nummerische Methoden nicht eingehen.

3.1 Notationen

Zunächst wollen wir hier kurz klären, in welchen Schreibweisen DGLs auftreten können.

Funktion mit und ohne Funktionsargument

Je nach Mathematik Veranstaltung, Büchern oder Internetquellen, kann die Funktion in der DGL mit und ohne Funktionsargument notiert sein.

Ohne Funktionsargument: $2y' + yx = 0$
Mit Funktionsargument: $\Leftrightarrow \quad 2y'(x) + y(x)x = 0$

Im Fall ohne Funktionsargument erkennen wir die Funktion daran, welche der Variablen eine Ableitungskennzeichnung enthält (im Beispiel oben das y, da y' auftaucht). Die andere Variable ist dann die Variable, von der die Funktion abhängt (Im Beispiel oben das x).

Im Folgenden werden wir bei der Funktion *nicht* mit dazu schreiben, von welcher Variable diese abhängt. Diese Notation stellt den Standard in den allermeisten Veranstaltungen dar und du solltest dich daran gewöhnen.

Notation der Ableitungsterme

Im Allgemeinen solltest du wissen, dass Folgendes gilt:

$$y^{(n)} \quad \Leftrightarrow \quad n\text{-te Ableitung der Funktion } y \tag{3.1}$$

Verwechsle in diesem Zuge auf keinen Fall das Folgende:

$$y^{(2)} = y'' \quad \neq \quad y^2 = y \cdot y$$

Oftmals (besonders im Ingenieurbereich) wirst du bei DGLs Ableitungen wie $\dot{y}$ anstatt y' sehen. Das bedeutet lediglich, dass die Variable die Zeit t ist und $\dot{y}$ die Ableitung nach der Zeit darstellt:

$$y(t), \quad \frac{dy}{dt}(t) = \dot{y}(t), \quad \frac{d^2y}{dt^2}(t) = \ddot{y}(t), \quad \ldots$$

Implizite und explizite Darstellung

Die explizite Darstellung einer DGL erhalten wir, wenn wir die DGL auf die höchste vorkommende Ableitung umstellen können. Falls das nicht möglich ist, kann die DGL nur in impliziter Darstellung geschrieben werden.

DGL 1: Implizite und explizite Darstellung: $2y' + yx = 0 \quad \Leftrightarrow \quad y' = -\frac{1}{2}yx$

DGL 2: Implizite Darstellung: $y' + e^{y'} = y$ (nicht auf y' auflösbar)

DGL zeichnerisch: Richtungsfeld

Abstrakte Notation durch „übergeordnete" Funktion

Manchmal ist es hilfreich (z. B. um Begriffe sauber zu definieren), die DGL als „übergeordnete" Funktion zu deklarieren (f für explizite Darstellung und F für implizite Darstellung). Diese hängt dann von den Variablen und der gesuchten Funktion samt ihren Ableitungen ab (recht abstrakte Notation):

$$\text{In expliziter Form:} \quad y^{(n)} = f(x, y, y', y'', \ldots, y^{(n-1)}) \tag{3.2}$$

$$\text{In impliziter Form:} \quad 0 = F(x, y, y', y'', \ldots, y^{(n-1)}, y^{(n)}) \tag{3.3}$$

$$\text{DGL 1:} \quad 2y' + yx = 0 \quad \Leftrightarrow \quad y' = -\frac{1}{2}yx =: f(x,y)$$

$$\text{DGL 2:} \quad y' + e^{y'} = y \quad \Leftrightarrow \quad 0 = y - y' - e^{y'} =: F(x,y,y')$$

Die DGL (3.2) bzw. (3.3) ist eine gewöhnliche DGL (n-ter Ordnung). Andere Typisierungen sind – so abstrakt notiert – nicht ohne Weiteres zu erkennen; vgl. auch mit Kapitel 3.2. Ganz bewusst quälen wir dich schon an dieser Stelle nicht mit unnötig komplizierten Notationen, die die partiellen DGLs miteinbeziehen würden!

Notation innerhalb dieses Buchs

Wir werden uns in diesem gesamten Kapitel darauf einigen, dass in den DGLs y die gesuchte Funktion darstellt, x die Variable ist und daher auch ' die Ableitung kennzeichnet.

3.2 Typisierungen

Dieses Unterkapitel stellt im ersten Schritt das wichtigste Kapitel dar. Ohne eine vorliegende DGL korrekt zu typisieren, werden wir kein geeignetes Verfahren auswählen können, um Lösungen der DGL zu bestimmen. Außerdem ordnen wir zu der Typisierung auch die Begrifflichkeiten von Lösungsvarianten zu.

3.2.1 Typisierung der DGL

Zur Einführung hier für dich eine kleine Übersicht für die Strukturierung der Typisierung. Das „Baumdiagramm" sollte selbsterklärend sein.

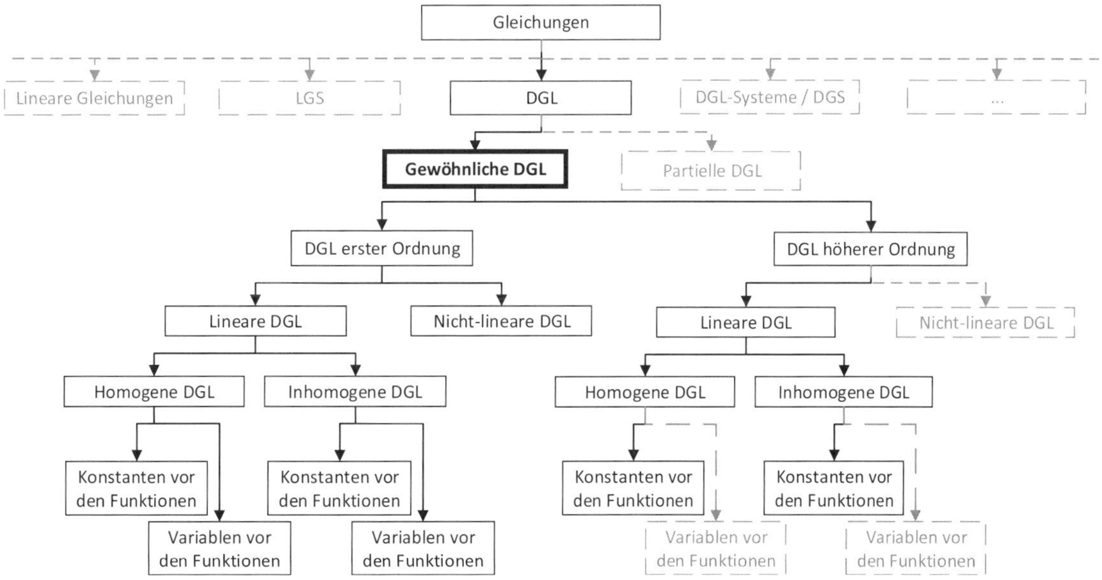

Die grau gestrichelten Typisierungen in der Übersicht werden wir in diesem Buch nicht behandeln.

Beachte, dass dieses Diagramm lediglich eine Übersicht ist, um eine DGL schnellstmöglich zu typisieren (sprich: du solltest die Ordnung einer DGL am leichtesten erkennen, danach, ob sie linear ist usw.). Für geeignete Lösungsverfahren geben wir dir eine andere Strukturierung in Form eines Baumdiagramms, an dem du dich orientieren kannst (Kapitel 3.3.1, S. 125).

Gewöhnliche oder partielle DGL

Die grundlegendste Typisierung einer DGL erhalten wir, wenn wir uns anschauen, von wie vielen Variablen die gesuchte Funktion abhängt bzw. ob partielle Ableitungen der Funktion in der DGL auftauchen.

- Gewöhnliche DGL: Die gesuchte Funktion hängt lediglich von einer Variable ab bzw. es tauchen nur Ableitungen nach einer Variablen auf.
- Partielle DGL: Die gesuchte Funktion hängt von mehreren Variablen ab und es tauchen partielle Ableitungen der Funktion auf.

Gewöhnliche DGL: $$y(x) + 2y'(x) = \sin(x)$$

Partielle DGL: $$2y(x,t) + \frac{\partial y}{\partial x}(x,t) + 3\frac{\partial y}{\partial t}(x,t) = 0$$

Wir werden hier ausschließlich gewöhnliche DGLs behandeln. Jegliche Notationen und Beispiele beziehen sich in diesem gesamten Kapitel also auf gewöhnliche DGLs.

DGL erster oder höherer Ordnung

Die nächste, wichtige Typisierung ist die Ordnung der DGL. Darunter verstehen wir die höchste auftauchende Ableitung von y.

- DGL erster Ordnung: y' taucht als höchste Ableitung in der DGL auf, also

  $$y' = f(x,y) \quad \text{oder} \quad 0 = F(x,y,y')$$

- DGL höherer (n-ter) Ordnung: $y^{(n)}$ taucht als höchste Ableitung in der DGL auf, also

  $$y' = f(x,y,\dots,y^{(n)}) \quad \text{oder} \quad 0 = F(x,y,\dots,y^{(n)})$$

Lineare oder nicht-lineare DGL

Eine ebenso wichtige Unterteilung von DGLs ist, ob diese linear oder nicht-linear sind. Falls eine DGL linear ist, hat sie die folgende Form:

$$y^{(n)} + a_{n-1}(x)\cdot y^{(n-1)} + \dots + a_2(x)\cdot y'' + a_1(x)\cdot y' + a_0(x)\cdot y = b(x) \tag{3.4}$$

- Lineare DGL: Form wie Gleichung (3.4) (die y sind nur linear in der Gleichung, also keine Potenzen von y, wie y^2, oder sonst in Funktionen verpackt)
- Nicht-lineare DGL: Alle anderen

Dass vor $y^{(n)}$ kein $a_n(x)$ steht, ist kein Fehler, denn für spätere Lösungsverfahren ist es wichtig, dass dort eine 1 steht. Falls das in einer Aufgabe nicht der Fall sein sollte, können wir durch den Faktor vor dem $y^{(n)}$ teilen, um auf die Gestalt (3.4) zu kommen.

Homogene oder inhomogene (lineare) DGL

Diese Unterteilung existiert nur für lineare DGLs! Also ausgehend von der Form (3.4) gilt:

- Homogene DGL: $b(x) = 0$
- Inhomogene DGL: $b(x) \neq 0$

An welcher Stelle der Term $b(x)$ als Summand in der DGL steht, spielt keine Rolle!

$b(x)$ wird auch *Störfunktion/-term* genannt.

Koeffizient oder variabler Term als Faktor vor den Funktionen in (linearer) DGL

Diese Unterteilung existiert nur für lineare DGLs! Also wieder ausgehend von der Form (3.4) gilt:

- Koeffizient als Faktor vor den Funktionen: $a_{0,\ldots,n-1}(x)$ sind Zahlen aus $\mathbb{R}$. Also:

$$y^{(n)} + a_{n-1} \cdot y^{(n-1)} + \ldots + a_2 \cdot y'' + a_1 \cdot y' + a_0 \cdot y = b(x) \tag{3.5}$$

- Variabler Term als Faktor vor den Funktionen: Mindestens einer der Terme $a_{0,\ldots,n-1}(x)$ hängt von x ab.

Autonome und nicht-autonome DGL

In vielen Büchern und Skripten taucht die Typisierung *autonome DGL* auf. Eine DGL heißt autonom, wenn die Variable x nicht explizit in der DGL auftaucht (also lediglich versteckt als Funktionsargument in der Funktion y und deren Ableitungen):

$$\text{Autonome DGL:} \quad y^{(n)} = f(y, y', \ldots, y^{(n-1)}) \quad \text{bzw.} \quad 0 = F(y, y', \ldots, y^{(n-1)}, y^{(n)}) \tag{3.6}$$

$$\text{Nicht-autonome DGL:} \quad y^{(n)} = f(x, y, y', \ldots, y^{(n-1)}) \quad \text{bzw.} \quad 0 = F(x, y, y', \ldots, y^{(n-1)}, y^{(n)}) \tag{3.7}$$

Warum taucht die Unterteilung in unserem Baumdiagramm nicht auf? Weil diese Typisierung nicht zwischen homogen und inhomogen bei linearen DGLs unterscheidet und wir daher lieber auf „homogen“–„inhomogen“ sowie „Konstanten vor den Funktionen“–„Variablen vor den Funktionen“ zurückgreifen.

Eine homogene lineare DGL mit Konstanten vor den Funktionen ist auf jeden Fall eine autonome DGL. Inhomogene lineare DGLs und nicht-lineare DGLs können entweder autonom oder nicht-autonom sein.

(Gekoppelte oder entkoppelte DGLs)

Diese Typisierung existiert lediglich bei **D**ifferential**g**leichungs**s**ystemen (**DG**L-**S**ysteme bzw. **DGS**), also bei mehreren DGLs, die zusammen gelöst werden sollen (ähnlich wie bei LGS – Kapitel 1.2.1).

DGL Typisierungen Beispiele

Beispiele gewöhnlicher DGLs mit Typisierungen

	DGL	Ordnung	linear?	homogen?	konst. Koef.?	(auton.?)
1.)	$6y' + 4y = 0$	1	✔	✔	✔	✔
2.)	$2y = 9y'$	1	✔	✔	✔	✔
3.)	$xy' = -y$	1	✔	✔	✘	✘
4.)	$y' - y = x^2 \cos(x)$	1	✔	✘	✔	✘
5.)	$3y + xy = \sin(x)$	1	✔	✘	✘	✘
6.)	$xy' + y = 6x^2$	1	✔	✘	✘	✘
7.)	$3xy - y' = \sin(2x)$	1	✔	✘	✘	✘
8.)	$(1 + x^4)^2 y' + 4x^3 y + x = 0$	1	✔	✘	✘	✘
9.)	$y'y - y^2 = 1$	1	✘	—	—	✔
10.)	$2y'y = (y^2 + 1)\sqrt{x}$	1	✘	—	—	✘
11.)	$y^2 y' = -2xe^{-3y^3}$	1	✘	—	—	✘
12.)	$y'' - 2y + y = 0$	2	✔	✔	✔	✔
13.)	$y'' = xy$	2	✔	✔	✘	✘
14.)	$y'' - 2x^2 + y = 0$	2	✔	✘	✔	✘
15.)	$xy'' - y = xe^x$	2	✔	✘	✘	✘
16.)	$y'' = 1 - y^2 + y'$	2	✘	—	—	✔
17.)	$y''' - y'' + y' - y = 0$	3	✔	✔	✔	✔
18.)	$y^{(4)} + y'' - y = x$	4	✔	✘	✔	✘

3.2.2 Typisierung der Lösungsvarianten

Du wirst in den folgenden Unterkapiteln und auch in deiner Lehrveranstaltung und Prüfung auf verschiedene Begriffe für Lösungen einer DGL stoßen. Die folgenden solltest du in den Gesamtzusammenhang richtig einordnen und bestimmen können.

Homogene Lösung

Wird als y_0, y_{hom} oder y_h betitelt. Ganz allgemein sind das *alle* Lösungen einer homogenen DGL.

Partikuläre Lösung

Diese wird meistens mit y_{part} oder y_p bezeichnet. Ganz allgemein ist das *eine* Funktion, die die DGL löst.

Manchmal wird die partikuläre Lösung auch spezielle Lösung genannt.

Allgemeine Lösung einer inhomogenen DGL

Homog. + partikul. Lösung

Die allgemeine Lösung einer inhomogenen DGL wird y_{allg} oder einfach ohne Index y genannt und beinhaltet alle Lösungen der DGL. Sie hängt von einer oder mehreren, frei wählbaren Konstanten ab. Sie ist die Summe aus homogener und partikulärer Lösung einer DGL, also:

$$y_{allg} = y_h + y_p \tag{3.8}$$

Du kannst dir hier die **Analogie** heranziehen, dass die Lösungen einer inhomogenen DGL auf einer Geraden/Ebene liegen und (3.8) die Parameterdarstellung dieser Geraden ist – mit y_h als Richtungsvektor (mit variablem Parameter) und y_p als Ortsvektor (irgendein Punkt auf der Geraden / ein Vektor, der die Gerade aus dem Ursprung heraus schiebt).

Spezielle/Explizite Lösung

Das ist die Lösung einer DGL, die konkret vorgegebenen Anfangs-/Randwerten genügt (also die Lösung des AWP/RWP, y_{spez}). Diese Lösung bestimmen wir für gewöhnlich aus der allgemeinen Lösung einer DGL, indem wir die dort auftauchenden und noch nicht näher bestimmten Konstanten aus den Anfangs-/Randwerten ermitteln.

In Analogie zur Anmerkung davor wäre y_{spez} nun ein spezieller Punkt auf der Geraden/Ebene (Parameter vor dem Richtungsvektor erhält konkrete Werte).

Fundamentalsystem/-basis

Ein **F**undamental**s**ystem (FS) ist keine Lösung im eigentlichen Sinne, aber ein sehr wichtiger Begriff, der in dieses Unterkapitel passt (wichtig für Kapitel 3.3.3)!

> Ein Fundamentalsystem (auch Hauptsystem genannt) ist eine Basis des Vektorraums, der aus der Menge aller Lösungen eines homogenen, gewöhnlichen Differentialgleichungssystems entsteht.[1]

Für dieses Buch: In einem FS befinden sich also linear unabhängige Lösungen einer homogenen linearen gewöhnlichen DGL. Wir notieren hier ganz allgemein:

$$FS = \{y_1, y_2, \ldots, y_n\} \tag{3.9}$$

Beachte, dass die Begriffe „Vektor" und „linear unabhängig" abstrakter definiert sind, als wir uns das mit Vektoren aus dem $\mathbb{R}^2$ oder $\mathbb{R}^3$ schön anschaulich vorstellen!

3.3 Übergeordnete Lösungsansätze

Dieses Kapitel soll einen Überblick über die Lösungsansätze verschaffen, die in diesem Lernheft vorgestellt werden und darüber, welche zu welchem Typ von DGL erfolgreich sind.

3.3.1 Einordnung von Lösungsansätzen

Das folgende Diagramm zeigt auf, welche Lösungsansätze du wann verwenden solltest. Falls mehrere Lösungswege möglich sind, haben wir diese in unserer präferierten Reihenfolge notiert. Vgl. auch mit Formel (3.8).

[1] vgl. Walter, W.: Gewöhnliche Differentialgleichungen. Springer-Verlag Berlin, 2000

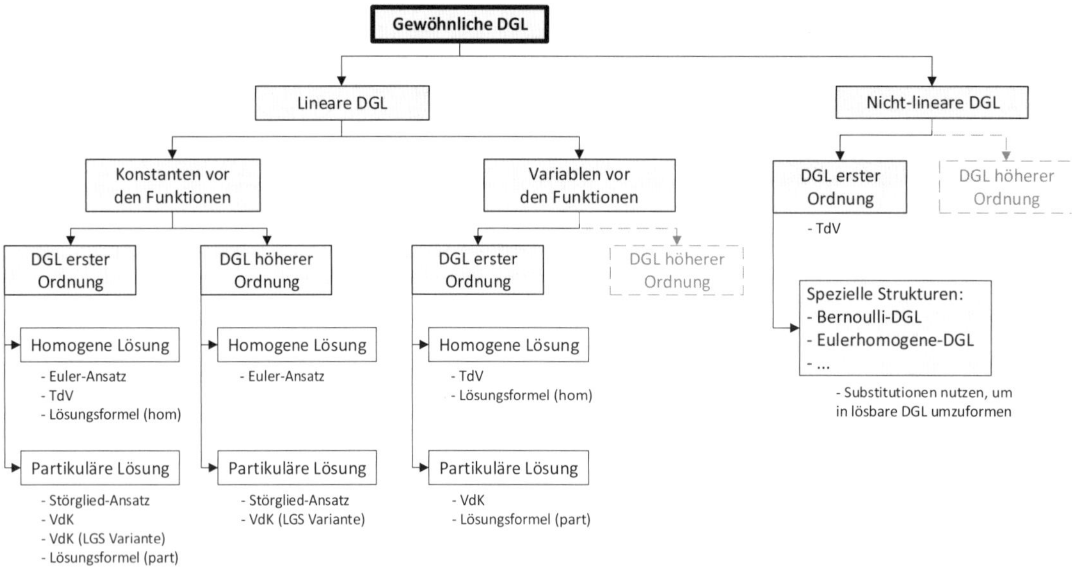

Beachte: Partikuläre Lösungen können sich – je nachdem, welchen Lösungsansatz wir wählen – voneinander unterscheiden!

3.3.2 TdV – Trennung der Variablen / Trennung der Veränderlichen

Beispiel 1 TdV

Mit der Methode TdV können wir die homogene Lösung einer linearen DGL erster Ordnung (und falls es möglich ist, auch die Lösung einer nicht-linearen DGL erster Ordnung) ermitteln. Voraussetzung ist, dass die DGL in expliziter Darstellung *separierbar* ist (d. h. dass die Variablen y und x getrennt werden können):

Separierbare DGL: $y' =$ („Term hängt nur von x ab") · („Term hängt nur von y ab") (3.10)

Beispiel 2 TdV (Methode direkt zur expliziten Lösung)

$$y' + 2xy = 0 \quad \Leftrightarrow \quad y' = (-2x) \cdot (y)$$

$$y^2 y' + 2x = 0 \quad \Leftrightarrow \quad y' = (-2x) \cdot \left(\frac{1}{y^2}\right)$$

$$xy' - 3y = 0 \quad \Leftrightarrow \quad y' = \left(\frac{3}{x}\right) \cdot (y)$$

$$y' = 2x - xy \quad \Leftrightarrow \quad y' = (x) \cdot (2 - y)$$

Die letzte DGL stellt eine Ausnahme bzgl. der Lösungsmethoden-Übersicht dar, da diese eine inhomogene lineare DGL 1. Ordnung ist. Wenn wir erkennen, dass eine inhomogene DGL separierbar ist, brauchen wir nicht über den Weg der Formel (3.8) gehen, sondern können die inhomogene DGL direkt per TdV lösen.

Rückblick y' umschreiben

1. DGL korrekt typisieren
2. Wir schreiben die Ableitung y' in Folgendes um:

$$y' = \frac{dy}{dx} \tag{3.11}$$

3. Jetzt trennen wir die Variablen. Wir bringen alle Terme mit y auf die linke Seite und alle Terme mit x auf die rechte Seite der Gleichung. Dabei muss das dy und dx im Zähler

stehen:

$$(\text{„Term hängt nur von } y \text{ ab“}) \cdot dy = (\text{„Term hängt nur von } x \text{ ab“}) \cdot dx \tag{3.12}$$

Wir können die DGL auch erst in Form (3.10) bringen, dann mit dx multiplizieren und durch den „von x abhängigen Term“ teilen.

Empfehlung: Bringe konstante Faktoren auf die rechte Seite. So musst du nachher die „+C“ nicht unnötig umbenennen usw.

4. Beide Seiten integrieren:

$$\int (\text{„Term hängt nur von } y \text{ ab“}) \cdot dy = \int (\text{„Term hängt nur von } x \text{ ab“}) \cdot dx \tag{3.13}$$

Dabei benötigen wir nur bei einem der beiden Integrale (bei der von x abhängigen Seite) die „+ Konstante“ am Ende.

5. Auf y auflösen.

Die größte Schwierigkeit besteht hier meistens beim Integrieren der Terme (Punkt 3), besonders wenn wir nicht-lineare DGLs per TdV lösen wollen.

Ist ein AWP/RWP gegeben und wir wollen direkt die explizite Lösung bestimmen, können wir bei Punkt 4 alternativ einsteigen:

4. Beide Seiten folgendermaßen integrieren: Wenn das AWP/RWP $y(x_0) = y_0$ gegeben ist, dann:

$$\int_{y_0}^{y} (\text{„Term hängt nur von } y \text{ ab“}) \cdot dy = \int_{x_0}^{x} (\text{„Term hängt nur von } x \text{ ab“}) \cdot dx \tag{3.14}$$

5. Auf y auflösen. Damit ist das $y = y_{spez}$

Durch diesen Weg ermitteln wir nicht die allgemeine Lösung der DGL!

3.3.3 y_h: Euler-Ansatz

Mit dem Euler-Ansatz geben wir die grundsätzliche Struktur der homogenen Lösung einer linearen DGL mit konstanten Koeffizienten (Gleichung (3.5)) vor und setzen diesen in die DGL ein. Der Ansatz lautet wie folgt:

$$y := e^{\lambda x} \tag{3.15}$$

Lösungsansätze homogene DGL 2. Ordnung. Achtung: Fehler bei 2:17 ($\beta = 3$)

Die Ableitungen dazu sind dann natürlich:

$$\left(y = e^{\lambda x}\right), \quad y' = \lambda e^{\lambda x}, \quad y'' = \lambda^2 e^{\lambda x}, \quad y''' = \lambda^3 e^{\lambda x}, \quad \ldots \tag{3.16}$$

Die Terme aus (3.16) in (3.5) eingesetzt ergibt

$$\lambda^n e^{\lambda x} + \ldots + a_2 \cdot \lambda^2 e^{\lambda x} + a_1 \cdot \lambda e^{\lambda x} + a_0 \cdot e^{\lambda x} = 0 \quad \Big| : e^{\lambda x} \quad (e^{\lambda x} > 0 \; \forall \, \lambda, x \in \mathbb{R})$$

$$\Rightarrow \underbrace{\underbrace{\lambda^n + \ldots + a_2 \cdot \lambda^2 + a_1 \cdot \lambda + a_0}_{\text{charakteristisches Polynom}} = 0}_{\text{charakteristische Gleichung}} \tag{3.17}$$

1. DGL korrekt typisieren.
2. Charakteristische Gleichung (3.17) der DGL bestimmen
3. Nullstellen des char. Polynoms bestimmen (die char. Gleichung lösen)
4. In Abhängigkeit dieser Nullstellen ein (Lösungs-)Fundamentalsystem (FS) aufstellen:
   - Die Nullstellen ($\lambda_{1,...,n}$) sind alle reell und alle voneinander unterschiedlich:

     $$\text{FS} = \left\{ e^{\lambda_1 x},\ e^{\lambda_2 x}, \dots, e^{\lambda_n x} \right\} \tag{3.18}$$

   - Unter den Nullstellen tauchen komplex konjugierte Paare ($\lambda = a \pm bi$) auf:

     $$\text{FS} = \{\dots,\ e^{ax}\cos(bx),\ e^{ax}\sin(bx),\ \dots\} \tag{3.19}$$

     Das ist eigentlich nicht großartig anders als die Gleichung (3.18). Denn die komplexe e-Funktion gibt uns den Zusammenhang $e^{(a \pm bi)\cdot x} = e^{ax \pm bxi} = e^{ax}(\cos(bx) + i\sin(bx)) = e^{ax}\cos(bx) + ie^{ax}\sin(bx)$ und das ist eine LK der Terme $e^{ax}\cos(bx)$ und $e^{ax}\sin(bx)$.

   - Nullstelle λ (reell bzw. komplex konjugiertes Paar $\lambda = a + bi$) taucht mehrfach (n-mal) auf:

     $$\begin{aligned} \text{FS} &= \left\{\dots,\ e^{\lambda x},\ xe^{\lambda x},\ \dots,\ x^{n-1}e^{\lambda x}, \dots\right\} \quad \text{bzw.} \\ \text{FS} &= \{\dots,\ e^{ax}\cos(bx),\ e^{ax}\sin(bx),\ xe^{ax}\cos(bx),\ xe^{ax}\sin(bx), \dots, \\ &\qquad x^{n-1}e^{ax}\cos(bx),\ x^{n-1}e^{ax}\sin(bx),\ , \dots\ \} \end{aligned} \tag{3.20}$$

5. Für die Lösung y_h alle Elemente des Fundamentalsystems (vgl. (3.18) bis (3.20) oder auch allg. (3.9) mit $y_1, y_2, \dots$) mit jeweils einer Konstanten ($C_1, C_2, \dots$) multiplizieren und danach alles addieren. Anders (als Zeilen- mal Spaltenvektor) notiert:

   $$y_h = (\text{FS}) \cdot (C_1,\ C_2,\ C_3,\ \dots)^{\text{T}} \tag{3.21}$$

   Wir spannen hier sozusagen den Lösungsraum auf, wie die lineare Hülle bei Vektoren!

Beispiele zum Aufstellen vom FS und Bestimmen von y_h:

$\dots \quad \Rightarrow \quad \lambda_1 = -2,\ \lambda_2 = 1,\ \lambda_3 = 4$

$$\text{FS} = \left\{e^{-2x}, e^{1x}, e^{4x}\right\} = \left\{e^{-2x}, e^{x}, e^{4x}\right\}$$

Homogene Lösung:

$$y_h = C_1 e^{-2x} + C_2 e^{x} + C_3 e^{4x}$$

$\dots \quad \Rightarrow \quad \lambda_1 = 0,\ \lambda_2 = 2,\ \lambda_3 = 2,\ \lambda_4 = 2$

$$\text{FS} = \left\{e^{0x}, e^{2x}, x^1 e^{2x}, x^2 e^{2x}\right\} = \left\{1, e^{2x}, xe^{2x}, x^2 e^{2x}\right\}$$

Homogene Lösung:

$$y_h = C_1 \cdot 1 + C_2 e^{2x} + C_3 x e^{2x} + C_4 x^2 e^{2x} = C_1 + C_2 e^{2x} + C_3 x e^{2x} + C_4 x^2 e^{2x}$$

$$\ldots \quad \Rightarrow \quad \lambda_1 = -1,\ \lambda_2 = 1,\ \lambda_{3,4} = 2 \pm 3i$$

$$\text{FS} = \left\{e^{-1x}, e^{1x}, e^{2x}\cos(3x), e^{2x}\sin(3x)\right\} = \left\{e^{-x}, e^{x}, e^{2x}\cos(3x), e^{2x}\sin(3x)\right\}$$

Homogene Lösung:

$$y_h = C_1 e^{-x} + C_2 e^{x} + C_3 e^{x}\cos(3x) + C_4 e^{2x}\sin(3x)$$

$$\ldots \quad \Rightarrow \quad \lambda_1 = 0,\ \lambda_2 = 0,\ \lambda_{3,4} = 1 \pm 3i,\ \lambda_{5,6} = 1 \pm 3i$$

$$\begin{aligned}\text{FS} &= \left\{e^{0x}, x^1 e^{0x}, e^{1x}\cos(3x), e^{1x}\sin(3x), x^1 e^{1x}\cos(3x), x^1 e^{1x}\sin(3x)\right\}\\ &= \{1, x, e^{x}\cos(3x), e^{x}\sin(3x), xe^{x}\cos(3x), xe^{x}\sin(3x)\}\end{aligned}$$

Homogene Lösung:

$$\begin{aligned}y_h &= C_1 \cdot 1 + C_2 x + C_3 e^{x}\cos(3x) + C_4 e^{x}\sin(3x) + C_5 x e^{x}\cos(3x) + C_6 x e^{x}\sin(3x)\\ &= C_1 + C_2 x + C_3 e^{x}\cos(3x) + C_4 e^{x}\sin(3x) + C_5 x e^{x}\cos(3x) + C_6 x e^{x}\sin(3x)\end{aligned}$$

3.3.4 y_h: Lösungsformel (hom)

Wenn wir unsere DGL richtig typisiert haben, können wir eine homogene lineare DGL erster Ordnung in expliziter Form folgendermaßen schreiben:

$$y' = a_0(x)y \tag{3.22}$$

1. DGL korrekt typisieren
2. DGL in Form (3.22) bringen
3. Lösung ist gegeben durch:

$$y = C \cdot e^{A_0(x)} \quad \text{mit} \quad A_0(x) = \int a_0(x)dx \quad \text{und} \quad C \in \mathbb{R} \tag{3.23}$$

Denn der allgemeine Ablauf der TdV läuft bei homogenen linearen DGLs erster Ordnung immer auf diese Lösungsform hinaus!

Bei $\int a_0(x)dx$ ist die „+ Konstante" am Ende des unbestimmten Integrals nicht nötig!

3.3.5 Superposition von partikulären Lösungen

Bevor wir zu Lösungsmethoden für partikuläre Lösungen kommen, wollen wir hier das Folgende klären:

Wenn der inhomogene Teil (das Störglied) einer DGL eine Summe aus einzelnen Störgliedern ist ($b(x) = b_1(x) + b_2(x) + \ldots$), dann können wir zu jedem der Summanden eine eigene partikuläre Lösung finden und diese für die ursprüngliche DGL wieder aufaddieren:

Gegeben ist eine DGL

$$y^{(n)} + a_{n-1} \cdot y^{(n-1)} + \ldots + a_2 \cdot y'' + a_1 \cdot y' + a_0 \cdot y = \underbrace{b_1(x) + b_2(x) + \ldots}_{b(x)} \tag{3.24}$$

Suche partikuläre Lösungen $y_{p,1}, y_{p,2}, \ldots$ für die DGLs

$$y^{(n)} + a_{n-1} \cdot y^{(n-1)} + \ldots + a_2 \cdot y'' + a_1 \cdot y' + a_0 \cdot y = b_1(x)$$
$$y^{(n)} + a_{n-1} \cdot y^{(n-1)} + \ldots + a_2 \cdot y'' + a_1 \cdot y' + a_0 \cdot y = b_2(x)$$
$$y^{(n)} + a_{n-1} \cdot y^{(n-1)} + \ldots + a_2 \cdot y'' + a_1 \cdot y' + a_0 \cdot y = \ldots$$

Dann ist die gesamte partikuläre Lösung für DGL (3.24) gegeben durch die Addition der einzelnen partikulären Lösungen:

$$y_p = y_{p,1} + y_{p,2} + \ldots \qquad (3.25)$$

3.3.6 y_p: Störgliedansatz

Mit einem Störgliedansatz geben wir unserer Ansatzfunktion y_p eine allgemeine Struktur nach Art des Störglieds $b(x)$ vor. Dies gilt für DGLs der Art (3.5):

$$y^{(n)} + a_{n-1} \cdot y^{(n-1)} + \ldots + a_2 \cdot y'' + a_1 \cdot y' + a_0 \cdot y = b(x)$$

Die Störgliedansätze beinhalten Parameter, die wir durch das Einsetzen in die DGL am Ende bestimmen müssen.

Nicht immer können wir y_p durch einen Störgliedansatz ermitteln. Wenn es aber geht, ist es unserer Meinung nach der schnellste und beste Rechenweg.

Es existieren in Fachliteratur und auf Internetseiten dutzende Tabellen, die uns mögliche Ansätze liefern. Manche sind allgemeiner gehalten, manche enthalten vermeintlich etliche Sonderfälle. Wir haben versucht, das Ganze – so gut es geht – leicht verständlich zu beschreiben.

Du solltest im Vorfeld die homogene Lösung deiner DGL mit dem Euler-Ansatz gelöst haben. Die allgemeine Ansatztabelle für y_p:

Struktur des Störglieds $b(x)$	Struktur unserer Ansatzfunktion y_p
$(a_0 + a_1x + \ldots + a_nx^n)e^{ax}$ mit Zahlen $a, a_0, a_1, \ldots, a_n \in \mathbb{R}$	$(A_0 + A_1x + \ldots + A_nx^n)e^{ax} \cdot x^p$ mit Parametern $A_0, A_1, \ldots, A_n \in \mathbb{R}$ mit p als Anzahl von Nullstellen a im charakteristischen Polynom (3.17).
$(a_0 + a_1x + \ldots + a_nx^n)e^{ax}\cos(bx)$ **oder** $(a_0 + a_1x + \ldots + a_nx^n)e^{ax}\sin(bx)$ mit Zahlen $a, b, a_0, a_1, \ldots, a_n \in \mathbb{R}$	$(A_0 + A_1x + \ldots + A_nx^n)e^{ax}\cos(bx) \cdot x^p$ $+(B_0 + B_1x + \ldots + B_nx^n)e^{ax}\sin(bx) \cdot x^p$ mit Parametern $A_0, A_1, \ldots, A_n \in \mathbb{R}$ sowie $B_0, B_1, \ldots, B_n \in \mathbb{R}$ mit p als Anzahl von komplex konjugierten Nullstellen $a \pm bi$ im charakteristischen Polynom (3.17).

In der Struktur des Störglieds steht dabei das Polynom $(a_0 + a_1x + \ldots + a_nx^n)$ vom Grad n. Das bedeutet für den Störgliedansatz, dass ein allgemeines Polynom $(A_0 + A_1x + \ldots + A_nx^n)$ bis genau zu diesem Grad angesetzt werden muss.

Das Auftauchen des Terms x^p im Störgliedansatz nennen wir auch „Resonanzfall". In der Tabelle ist p beschrieben als die Anzahl der Nullstellen im char. Polynom. Wir könnten zu p auch sagen, wie oft das Störglied (aber ohne das oben beschriebene Polynom) als Lösung im Fundamentalsystem auftaucht.

Wie du siehst, enthält die Tabelle im Prinzip nur zwei verschiedene Fälle. Diese reichen uns jedoch vollkommen aus! Da viele Probleme damit haben, korrekte Ansatzfunktionen nach Art der Störfunktion zu bestimmen, kommen nun viele Beispiele dazu:

Beachte, dass bei der Identifikation der Struktur des Störglieds auch Zahlen gleich Null sein können, z. B. wenn a keine Nullstelle im char. Polynom ist (was häufig der Fall ist), dann ist $p = 0$ und somit $x^p = 1$.

DGL: ..., Störglied $b(x) = 5 = (5 + 0x + 0x^2 + \ldots) \cdot e^{0x}$

Nullstellen des char. Polynoms (3.17): $\lambda_1 = 1, \lambda_2 = 3, \lambda_3 = 4$

$$\Rightarrow \quad y_p := (A_0)e^{0x} \cdot x^0$$

DGL: ..., Störglied $b(x) = 3 = (3 + 0x + 0x^2 + \ldots)e^{0 \cdot x}$

Nullstellen des char. Polynoms (3.17): $\underbrace{\lambda_1 = 0}_{!}, \underbrace{\lambda_2 = 0}_{!}, \lambda_3 = 2$

$$\Rightarrow \quad y_p := (A_0)e^{0x} \cdot x^2$$

DGL: ..., Störglied $b(x) = x^2 = (0 + 0x + 1x^2 + 0x^3 + 0x^4 + \ldots)e^{0x}$

Nullstellen des char. Polynoms (3.17): $\lambda_1 = -2, \lambda_2 = 5$

$$\Rightarrow \quad y_p := (A_0 + A_1x + A_2x^2)e^{0x} \cdot x^0$$

DGL: ..., Störglied $b(x) = e^{2x} = (1 + 0x + 0x^2 + \ldots)e^{2x}$

Nullstellen des char. Polynoms (3.17): $\lambda_1 = -1, \lambda_2 = 1, \lambda_3 = 4$

$$\Rightarrow \quad y_p := (A_0)e^{2x} \cdot x^0$$

DGL: ..., Störglied $b(x) = (2x - x^3)e^x = (0 + 2x + 0x^2 - 1x^3 + 0x^4 + 0x^5 + \ldots)e^{1x}$

Nullstellen des char. Polynoms (3.17): $\lambda_1 = -1, \lambda_2 = 3$

$$\Rightarrow \quad y_p := (A_0 + A_1x + A_2x^2 + A_3x^3)e^x \cdot x^0$$

DGL: ..., Störglied $b(x) = xe^{2x} = (0 + 1x + 0x^2 + 0x^3 + \ldots)e^{2x}$

Nullstellen des char. Polynoms (3.17): $\lambda_1 = -1, \underbrace{\lambda_2 = 2}_{!}, \underbrace{\lambda_3 = 2}_{!}, \underbrace{\lambda_4 = 2}_{!}$

$$\Rightarrow \quad y_p := (A_0 + A_1x)e^{2x} \cdot x^3 = (A_0x^3 + A_1x^4)e^{2x}$$

DGL: ..., Störglied $b(x) = x\sin(2x) = (0 + 1x + 0x^2 + 0x^3 + \dots)e^{0x}\sin(2x)$

Nullstellen des char. Polynoms (3.17): $\lambda_1 = 0$, $\lambda_2 = 2$

$$\Rightarrow \quad y_p := (A_0 + A_1x)\cos(2x)\cdot x^0 + (B_0 + B_1x)\sin(2x)\cdot x^0$$

DGL: ..., Störglied $b(x) = 2\cos(3x) = (2 + 0x + 0x^2 + \dots)e^{0\cdot x}\cos(3x)$

Nullstellen des char. Polynoms (3.17): $\underbrace{\lambda_{1,2} = \pm 3i = 0 \pm 3i}_{!}$, $\lambda_3 = 4$

$$\Rightarrow \quad y_p := (A_0)e^{0x}\cos(3x)\cdot x + (B_0)e^{0x}\sin(3x)\cdot x$$

DGL: ..., Störglied $b(x) = e^{-2x}\cos(x) = (1 + 0x + 0x^2 + \dots)e^{-2x}\cos(x)$

Nullstellen des char. Polynoms (3.17): $\lambda_1 = -2$, $\lambda_2 = 1$

$$\Rightarrow \quad y_p := (A_0)e^{-2x}\cos(x)\cdot x^0 + (B_0)e^{-2x}\sin(x)\cdot x^0$$

3.3.7 y_p: VdK – Variation der Konstanten

Mit der Methode VdK überführen wir in der vorher bestimmten homogenen Lösung einer DGL die Konstante in eine noch nicht näher bestimmte Funktion. Das Ganze nutzen wir dann als neue Ansatzfunktion für unsere partikuläre Lösung.

Sagen wir, die homogene Lösung (zu $y' = a_0(x)y$) ist wie folgt gegeben:

$$y_h = C\cdot e^{A_0(x)} \quad \text{mit} \quad A_0(x) = \int a_0(x)dx \quad \text{und} \quad C \in \mathbb{R}$$

dann:

1. **V**ariation **d**er **K**onstanten von C zu $C(x)$
2. $y_p := C(x)\cdot e^{A_0(x)}$ fungiert als Ansatzfunktion
3. y_p' bestimmen (beachte, dass $C(x)$ auch abgeleitet werden muss – Produktregel!)
4. y_p und y_p' in die ursprüngliche DGL einsetzen
5. Auf $C'(x)$ umformen
6. $C(x)$ durch integrieren bestimmen (die „+ Konstante" am Ende des Integrals ist nicht nötig!)
7. $C(x)$ in y_p einsetzen

3.3.8 y_p: VdK (LGS Variante)

Durch die Ausweitung der VdK auf DGLs höherer Ordnung können wir das Verfahren nach folgendem Schema abarbeiten:

Sagen wir, die homogene Lösung ist wie folgt gegeben:

$$y_h = C_1\cdot y_1 + C_2\cdot y_2 + \dots$$

mit $y_1, y_2, \ldots$ als Basislösungen aus dem Fundamentalsystem

1. Homogene Lösung sollte mit dem Euler-Ansatz bestimmt worden sein (FS muss vorliegen)
2. Variation der Konstanten:

$$y_p = C_1(x) \cdot y_1 + C_2(x) \cdot y_2 + \ldots \tag{3.26}$$

3. Durch einen allgemeinen Ansatz kann gezeigt werden, dass die variierten Konstanten durch folgendes Gleichungssystem bestimmt werden können:

$$\begin{pmatrix} y_1 & y_2 & \cdots & y_n \\ y_1' & y_2' & \cdots & y_n' \\ \vdots & \vdots & \ddots & \vdots \\ y_1^{(n-1)} & y_2^{(n-1)} & \cdots & y_n^{(n-1)} \end{pmatrix} \cdot \begin{pmatrix} C_1'(x) \\ C_2'(x) \\ \vdots \\ C_n'(x) \end{pmatrix} = \begin{pmatrix} 0 \\ 0 \\ \vdots \\ b(x) \end{pmatrix} \tag{3.27}$$

4. Gleichungssystem lösen (Gauß-Algorithmus)
5. $C_1'(x)$, $C_2'(x)$, ... integrieren (beim Integrieren ist die „+ Konstante" am Ende des unbestimmten Integrals nicht nötig)
6. y_p entsteht, wenn $C_1(x)$, $C_2(x)$, ... in (3.26) eingesetzt wird

3.3.9 y_p: Lösungsformel (part)

Wenn wir unsere DGL richtig typisiert haben, können wir eine inhomogene lineare DGL erster Ordnung in expliziter Form schreiben:

$$y' = a_0(x)y + b(x) \tag{3.28}$$

1. DGL korrekt typisieren
2. DGL in Form (3.28) bringen
3. Lösung ist gegeben durch:

$$y_p = e^{A_0(x)} \cdot \int b(x) \cdot e^{-A_0(x)} dx \quad \text{mit} \quad A_0(x) = \int a_0(x) dx \quad \text{und} \quad C \in \mathbb{R} \tag{3.29}$$

Denn der allgemeine Ablauf der VdK läuft bei inhomogenen linearen DGLs erster Ordnung immer auf diese Lösungsform hinaus!

Bei beiden Integralen in (3.29) ist die „+ Konstante" am Ende des unbestimmten Integrals nicht nötig!

3.4 Beispiele: Lineare DGL erster Ordnung

Finde alle Funktionen y für die $y' = 4y + 2e^{4x} + \cos(2x)$ gilt.

Dies ist eine inhomogene lineare DGL 1. Ordnung mit Konstanten vor den Funktionen. Für die partikuläre Lösung nutzen wir die Superposition der Einzellösungen für die Inhomogenitäten $2e^{4x}$ und $\cos(2x)$

Löse zugehörige homogene DGL $y' = 4y$

$$\text{Euler-Ansatz: } y' = 4y \Rightarrow \lambda = 4$$
$$\Rightarrow \text{FS: } = e^{4x}$$
$$\Rightarrow y_h = Ce^{4x}$$

Partikuläre Lösung der inhomogenen DGL $y' = 4y + 2e^{4x}$

Störgliedansatz: $y_{p,1} := A_0 e^{4x} \cdot x = A_0 x e^{4x}$

Ableitung: $y'_{p,1} = A_0 \left(e^{4x} + xe^{4x} \cdot 4\right) = A_0(1+4x)e^{4x}$

In DGL einsetzen:

$$A_0(1+4x)e^{4x} = 4 \cdot A_0 x e^{4x} + 2e^{4x}$$
$$\Rightarrow A_0 + 4A_0 x = 4A_0 x + 2$$
$$\Rightarrow A_0 = 2$$
$$\Rightarrow y_{p,1} = 2xe^{4x}$$

Partikuläre Lösung der inhomogenen DGL $y' = 4y + \cos(2x)$

Störgliedansatz: $y_{p,2} := A_0 \cos(2x) + B_0 \sin(2x)$

Ableitung: $y'_{p,2} = -2A_0 \sin(2x) + 2B_0 \cos(2x)$

In DGL einsetzen:

$$-2A_0 \sin(2x) + 2B_0 \cos(2x) = 4 \cdot (A_0 \cos(2x) + B_0 \sin(2x)) + \cos(2x)$$
$$\Rightarrow \sin(2x)(-2A_0 - 4B_0) + \cos(2x)(-4A_0 + 2B_0) = 0 \cdot \sin(2x) + 1 \cdot \cos(2x)$$

Koeffizientenvergleich: $-2A_0 - 4B_0 = 0$ und $-4A_0 + 2B_0 = 1$ (ist ein LGS!)

LGS lösen mit Gauß-Algorithmus ergibt: $A_0 = -\frac{1}{5}$ und $B_0 = \frac{1}{10}$

Also ist $y_{p,2} = -\frac{1}{5}\cos(2x) + \frac{1}{10}\sin(2x)$

$$\Rightarrow y = y_h + y_{p,1} + y_{p,2} = Ce^{4x} + 2xe^{4x} - \frac{1}{5}\cos(2x) + \frac{1}{10}\sin(2x)$$

Finde alle Funktionen y für die $(1+x^4)^2 y' + 4x^3(1+x^4)y + x = 0$ gilt.

Dies ist eine inhomogene lineare DGL 1. Ordnung mit Variablen vor den Funktionen.

Homogene Lösung durch: TdV oder Lösungsformel (hom).

$$\text{TdV:}\quad (1+x^4)^2y' + 4x^3(1+x^4)y = 0 \quad\Leftrightarrow\quad y' = -\frac{4x^3}{1+x^4}y \quad\Leftrightarrow\quad \frac{dy}{dx} = -\frac{4x^3}{1+x^4}y$$

$$\Leftrightarrow\quad \frac{1}{y}dy = -\frac{4x^3}{1+x^4}dx$$

$$\Leftrightarrow\quad \int\frac{1}{y}dy = \int -\frac{4x^3}{1+x^4}dx$$

$$\overset{*^1}{\Leftrightarrow}\quad \ln|y| = -\ln(1+x^4) + C_1$$

$$\Leftrightarrow\quad |y| = e^{-\ln(1+x^4)+C_1} = \frac{e^{C_1}}{e^{\ln(1+x^4)}}$$

$$\Rightarrow\quad y_h = C\frac{1}{1+x^4}$$

$$\text{oder Lösungsformel:}\quad y' = -\frac{4x^3}{1+x^4}y$$

$$\Rightarrow\quad y_h = Ce^{A_0(x)} \quad\text{mit}\quad A_0(x) = \int -\frac{4x^3}{1+x^4}dx \overset{*^1}{=} -\ln(1+x^4)$$

$$\Rightarrow\quad y_h = Ce^{-\ln(1+x^4)} = C\frac{1}{1+x^4}$$

$*^1$: Integrale lösen durch Substitution auf x-Seite: $z := 1 + x^4$

Partikuläre Lösung durch: VdK oder Lösungsformel (part).

$$\text{VdK:}\quad y_p := C(x)\frac{1}{1+x^4}$$

$$\Rightarrow\quad y_p' := C'(x)\frac{1}{1+x^4} + C(x)\left(-\frac{4x^3}{(1+x^4)^2}\right)$$

$$\overset{\text{in DGL}}{\Rightarrow}\quad (1+x^4)^2\left(C'(x)\frac{1}{1+x^4} + C(x)\left(-\frac{4x^3}{(1+x^4)^2}\right)\right) + 4x^3(1+x^4)C(x)\frac{1}{1+x^4} + x = 0$$

$$\Leftrightarrow\quad (1+x^4)C'(x)\frac{1}{1} + C(x)\left(-\frac{4x^3}{1}\right) + 4x^3C(x)\frac{1}{1} + x = 0$$

$$\Leftrightarrow\quad (1+x^4)C'(x) + x = 0$$

$$\Leftrightarrow\quad C'(x) = -\frac{x}{1+x^4}$$

$$\Leftrightarrow\quad C(x) = \int -\frac{x}{1+x^4}dx$$

$$\Rightarrow\quad C(x) = -\frac{1}{2}\arctan(x^2)$$

$$\Rightarrow\quad y_p = -\frac{1}{2}\arctan(x^2)\frac{1}{1+x^4}$$

Also:

$$y_{allg} = y_h + y_p = C\frac{1}{1+x^4} - \frac{1}{2}\arctan(x^2)\frac{1}{1+x^4}$$

3.5 Beispiele: Lineare DGL höherer Ordnung mit konstanten Koeffizienten

AWP: $y''' + 4y'' + y' - 6y = 0, \quad y(0) = y'(0) = 0, y''(0) = 1$

$$\begin{aligned} & y''' + 4y'' + y' - 6y = 0 \\ \overset{(3.17)}{\Leftrightarrow} \quad & \lambda^3 + 4\lambda^2 + \lambda - 6 = 0 \end{aligned}$$

Nullstelle $\lambda = 1$ erraten und Polynom durch Horner-Schema (oder Pol.div.) aufgetrennt:

$$\begin{aligned} & (\lambda - 1)(\lambda^2 + 5\lambda + 6) = 0 \\ \overset{\text{pq-Formel}}{\Leftrightarrow} \; & \underbrace{(\lambda - 1)}_{\lambda=1}\underbrace{(\lambda + 2)}_{\lambda=-2}\underbrace{(\lambda + 3)}_{\lambda=-3} = 0 \end{aligned}$$

Fundamentalsystem (vgl. (3.18)):

$$\text{FS} = \left\{ e^{1x}, e^{-2x}, e^{-3x} \right\}$$

Allgemeine Lösung:

$$y_{allg} = C_1 e^{1x} + C_2 e^{-2x} + C_3 e^{-3x}$$

AWP lösen: Ableitungen:

$$\begin{aligned} y' &= C_1 e^{1x} - 2C_2 e^{-2x} - 3C_3 e^{-3x} \\ y'' &= C_1 e^{1x} + 4C_2 e^{-2x} + 9C_3 e^{-3x} \end{aligned}$$

Anfangswerte einsetzen und das entstehende LGS lösen:

$$\begin{aligned} y(0) &= C_1 e^{1\cdot 0} + C_2 e^{-2\cdot 0} + C_3 e^{-3\cdot 0} = C_1 + C_2 + C_3 = 0 \\ y'(0) &= C_1 e^{1\cdot 0} - 2C_2 e^{-2\cdot 0} - 3C_3 e^{-3\cdot 0} = C_1 - 2C_2 - 3C_3 = 0 \\ y''(0) &= C_1 e^{1\cdot 0} + 4C_2 e^{-2\cdot 0\cdot 0} + 9C_3 e^{-3\cdot 0} = C_1 + 4C_2 + 9C_3 = 1 \end{aligned}$$

$$\left\{ \begin{array}{ccccccc} C_1 & + & C_2 & + & C_3 & = & 0 \\ C_1 & - & 2C_2 & - & 3C_3 & = & 0 \\ C_1 & + & 4C_2 & + & 9C_3 & = & 1 \end{array} \right. \quad \overset{\text{Gauß-Alg.}}{\rightsquigarrow} \quad C_1 = \frac{1}{12},\; C_2 = -\frac{1}{3},\; C_3 = \frac{1}{4}$$

$$\Rightarrow \quad y_{spez} = \frac{1}{12}e^{1x} - \frac{1}{3}e^{-2x} + \frac{1}{4}e^{-3x} \quad \text{löst das AWP.}$$

Finde alle Funktionen y, für die $y''' + 3y'' + 3y' + y = 0$ gilt.

$$y''' + 3y'' + 3y' + y = 0$$
$$\overset{(3.17)}{\Leftrightarrow} \quad \lambda^3 + 3\lambda^2 + 3\lambda + 1 = 0$$

Nullstelle $\lambda = -1$ erraten und Polynom durch Horner-Schema (oder Pol.div.) aufgetrennt:

$$(\lambda + 1)(\lambda^2 + 2\lambda + 1) = 0$$
$$\overset{\text{pq-Formel}}{\Leftrightarrow} \underbrace{(\lambda + 1)}_{\lambda=-1}\underbrace{(\lambda + 1)}_{\lambda=-1}\underbrace{(\lambda + 1)}_{\lambda=-1} = 0$$

Fundamentalsystem (vgl. (3.19)):

$$\text{FS} = \left\{e^{-1x}, xe^{-1x}, x^2e^{-1x}\right\}$$

Allgemeine Lösung:

$$y_{allg} = C_1e^{-x} + C_2xe^{-x} + C_3x^2e^{-x}$$

Finde alle Funktionen y, für die $y^{(4)} - 6y''' + 22y'' - 30y' + 13y = 0$ gilt.

$$y^{(4)} - 6y''' + 22y'' - 30y' + 13y = 0$$
$$\overset{(3.17)}{\Leftrightarrow} \quad \lambda^4 - 6\lambda^3 + 22\lambda^2 - 30\lambda + 13 = 0$$

Nullstelle $\lambda = 1$ erraten und Polynom durch Horner-Schema (oder Pol.div.) aufgetrennt:

$$\underbrace{(\lambda - 1)}_{\lambda=1}\underbrace{(\lambda^3 - 5\lambda^2 + 17\lambda - 13)}_{\lambda=?} = 0$$

Nullstelle $\lambda = 1$ des Restpolynoms erraten (also doppelte Nullstelle) und Restpolynom durch Horner-Schema (oder Pol.div.) nochmals aufgetrennt:

$$\underbrace{(\lambda - 1)^2}_{\lambda=1}\underbrace{(\lambda^2 - 4\lambda + 13)}_{\lambda=?} = 0$$

Durch pq-Formel die komplex konjugierte Nullstelle $\lambda = 2 \pm 3i$ bestimmt.

Fundamentalsystem (vgl. (3.19) und (3.20)):

$$\text{FS} = \left\{e^{1x}, xe^{1x}, e^{2x}\cos(3x), e^{2x}\sin(3x)\right\}$$

Allgemeine Lösung:

$$y_{allg} = C_1e^{x} + C_2xe^{x} + C_3e^{2x}\cos(3x) + C_4e^{2x}\sin(3x)$$

Finde alle Funktionen y, für die $2y'' + 8y' = 2e^{-4x}$ gilt.

$$2y'' + 8y' = 2e^{-4x}$$
$$\Leftrightarrow \quad y'' + 4y' = e^{-4x} \quad \text{(da vor höchster Ableitung 1 als Faktor stehen muss.)}$$

Homogene Lösung (also löse $y'' + 4y' = 0$): ... Kapitel 3.3.3 ...

Fundamentalsystem:

$$FS = \left\{e^{0x}, e^{-4x}\right\} = \left\{1, e^{-4x}\right\}$$

Homogene Lösung:

$$y_h = C_1 \cdot 1 + C_2 \cdot e^{-4x} = C_1 + C_2 e^{-4x}$$

Partikuläre Lösung bestimmen: Störgliedansatz:

$$y_p := (A_0) \cdot e^{-4x} \cdot x^1 = A_0 x e^{-4x}$$

Ableitungen bestimmen:

$$y_p' = A_0\left(1e^{-4x} + xe^{-4x} \cdot (-4)\right) = A_0(1-4x)e^{-4x}$$
$$y_p'' = A_0\left((-4)e^{-4x} + (1-4x)e^{-4x} \cdot (-4)\right) = A_0(-8+16x)e^{-4x}$$

In DGL einsetzen:

$$\begin{aligned} & y'' + 4y' = e^{-4x} \\ \Rightarrow\quad & A_0(-8+16x)e^{-4x} + 4 \cdot A_0(1-4x)e^{-4x} = e^{-4x} \\ \Leftrightarrow\quad & -8A_0 + 16xA_0 + 4A_0 - 16xA_0 = 1 \\ \Leftrightarrow\quad & -4A_0 = 1 \\ \Leftrightarrow\quad & A_0 = -\frac{1}{4} \end{aligned}$$

Also gilt:

$$y_p = -\frac{1}{4} x e^{-4x}$$

Allgemeine Lösung:

$$y_{allg} = y_h + y_p = C_1 + C_2 e^{-4x} - \frac{1}{4} x e^{-4x}$$

Partikuläre Lösung bestimmen: VdK (LGS-Variante):

$$y_p = C_1(x) + C_2(x)e^{-4x}$$

Löse das Gleichungssystem:

$$\begin{pmatrix} 1 & e^{-4x} \\ 0 & -4e^{-4x} \end{pmatrix} \cdot \begin{pmatrix} C_1'(x) \\ C_2'(x) \end{pmatrix} = \begin{pmatrix} 0 \\ e^{-4x} \end{pmatrix} \rightsquigarrow \left(\begin{array}{cc|c} 1 & e^{-4x} & 0 \\ 0 & -4e^{-4x} & e^{-4x} \end{array}\right)$$

$$\Rightarrow\quad C_2'(x) = \frac{e^{-4x}}{-4e^{-4x}} = -\frac{1}{4} \quad\Rightarrow\quad C_1'(x) - \frac{1}{4}e^{-4x} = 0 \quad\Leftrightarrow\quad C_1'(x) = \frac{1}{4}e^{-4x}$$

Integrieren:

$$C_1(x) = \frac{1}{4} \cdot \left(-\frac{1}{4}\right) e^{-4x} = -\frac{1}{16}e^{-4x} \quad \text{und} \quad C_2(x) = -\frac{1}{4}x$$

Partikuläre Lösung:

$$y_p = -\frac{1}{16}e^{-4x} - \frac{1}{4}xe^{-4x}$$

Allgemeine Lösung:

$$y_{allg} = y_h + y_p = C_1 + C_2e^{-4x} - \frac{1}{16}e^{-4x} - \frac{1}{4}xe^{-4x}$$

Den Term $C_2e^{-4x} - \frac{1}{16}e^{-4x}$ könnten wir zusammenfassen zu $(C_2 - \frac{1}{16})e^{-4x}$, wobei $C_2 - \frac{1}{16}$ wieder eine Konstante aus $\mathbb{R}$ ist. Damit würden wir bei exakt der Lösung landen, die wir durch den Störgliedansatz bestimmt haben.

RWP: $y'' - 2y' + y = \frac{e^x}{x^2}, \quad y(1) = y'(1) = e$

Homogene Lösung (also löse $y'' - 2y' + y = 0$): ... Kapitel 3.3.3 ...

Fundamentalsystem:

$$FS = \left\{e^{1x}, xe^{1x}\right\}$$

Homogene Lösung:

$$y_h = C_1e^x + C_2xe^x$$

Partikuläre Lösung bestimmen: Störgliedansatz:

Da $\frac{e^x}{x^2}$ keiner Struktur aus der Ansatztabelle im Kap. 3.3.6 entspricht, können wir die partikuläre Lösung so nicht ohne Weiteres bestimmen.

Partikuläre Lösung bestimmen: VdK (LGS-Variante):

$$y_p = C_1(x)e^x + C_2(x)xe^x$$

Löse das Gleichungssystem:

$$\begin{pmatrix} e^x & xe^x \\ e^x & 1e^x + xe^x \end{pmatrix} \cdot \begin{pmatrix} C_1'(x) \\ C_2'(x) \end{pmatrix} = \begin{pmatrix} 0 \\ \frac{e^x}{x^2} \end{pmatrix} \rightsquigarrow \left(\begin{array}{cc|c} e^x & xe^x & 0 \\ e^x & e^x + xe^x & \frac{e^x}{x^2} \end{array}\right) \begin{array}{l} | : e^x \\ | : e^x \end{array}$$

$$\rightsquigarrow \left(\begin{array}{cc|c} 1 & x & 0 \\ 1 & 1 + x & \frac{1}{x^2} \end{array}\right) \begin{array}{l} | \cdot (-1) \\ | \leftarrow + \end{array} \rightsquigarrow \left(\begin{array}{cc|c} 1 & x & 0 \\ 0 & 1 & \frac{1}{x^2} \end{array}\right)$$

$$C_2' = \frac{1}{x^2} \quad \Rightarrow \quad C_1' + \frac{1}{x^2} \cdot x = 0 \quad \Leftrightarrow \quad C_1' = -\frac{1}{x}$$

Integrieren:

$$C_1(x) = -\ln|x| \quad \text{und} \quad C_2(x) = \int \frac{1}{x^2}dx = \int x^{-2}dx = \frac{1}{-1}x^{-1} = -\frac{1}{x}$$

Partikuläre Lösung:

$$y_p = -\ln|x|\,e^x - \frac{1}{x}xe^x = -\ln|x|\,e^x - e^x$$

Allgemeine Lösung:

$$y_{allg} = y_h + y_p = C_1e^x + C_2xe^x - \ln|x|\,e^x - e^x$$

RWP lösen: Ableitungen:

$$y' = C_1e^x + C_2e^x + C_2xe^x - \frac{e^x}{x} - \ln|x|\,e^x - e^x$$

Randwerte einsetzen und das entstehende LGS lösen:

$$y(1) = C_1e^1 + C_2 \cdot 1 \cdot e^1 - \ln|1|\,e^1 - e^1 = C_1e + C_2e - e = e$$

$$y'(1) = C_1e^1 + C_2e^1 + C_2 \cdot 1 \cdot e^1 - \frac{e^1}{1} - \ln|1|\,e^1 - e^1 = C_1e + C_22e - 2e = e$$

$$\left\{\begin{array}{rcrcl} C_1e & + & C_2e & = & 2e \\ C_1e & + & 2C_2e & = & 3e \end{array}\right. \quad \overset{\text{Gaus-Alg.}}{\rightsquigarrow} \quad C_1 = 1,\ C_2 = 1$$

$$\Rightarrow \quad y_{spez} = e^x + xe^x - \ln|x|\,e^x - e^x = e^x(x - \ln|x|) \quad \text{löst das RWP.}$$

3.6 Beispiele: Nicht-lineare DGL erster Ordnung

Beispiel mit TdV

Löse das AWP: $y'y^3 = e^x, \quad y(0) = 3$

Lösen per TdV:

$$\frac{dy}{dx}y^3 = e^x \quad \Leftrightarrow \quad y^3dy = e^xdx$$

$$\Leftrightarrow \quad \int_3^y y^3dy = \int_0^x e^xdx$$

$$\Leftrightarrow \quad \frac{1}{4}y^4 - \frac{1}{4}3^4 = e^x - e^0 \quad \Big|\cdot 4$$

$$\Leftrightarrow \quad y^4 - 81 = 4e^x - 4$$

$$\Leftrightarrow \quad y^4 = 4e^x + 77$$

$$\Leftrightarrow \quad y = y_{spez} = \sqrt[4]{4e^x + 77} \quad \text{(pos. Lsg., da AWP } y(0) = 3 > 0)$$

Löse das AWP: $\frac{y'}{\sin^3(x)} = y\cos(x)\ln(y), \quad y\left(\frac{\pi}{4}\right) = e$

Lösen per TdV:

$$\begin{aligned}
\frac{dy}{dx} \cdot \frac{1}{\sin^3(x)} = y\cos(x)\ln(y) \quad &\Leftrightarrow \quad \frac{1}{y\ln(y)}dy = \cos(x)\sin^3(x)dx \\
\Leftrightarrow \quad \int_e^y \frac{1}{y\ln(y)}dy &= \int_{\frac{\pi}{4}}^x \cos(x)\sin^3(x)dx \\
\overset{*1}{\Leftrightarrow} \quad \ln(\ln(y)) - \ln(\ln(e)) &= \frac{1}{4}\sin^4(x) - \frac{1}{4}\sin^4\left(\frac{\pi}{4}\right) \\
\Leftrightarrow \quad \ln(\ln(y)) - \ln(1) &= \frac{1}{4}\sin^4(x) - \frac{1}{4}\left(\frac{1}{\sqrt{2}}\right)^4 \\
\Leftrightarrow \quad \ln(\ln(y)) - 0 &= \frac{1}{4}\sin^4(x) - \frac{1}{4}\cdot\frac{1}{4} \\
\Leftrightarrow \quad \ln(\ln(y)) &= \frac{1}{4}\sin^4(x) - \frac{1}{16} \\
\Leftrightarrow \quad \ln(y) &= e^{\frac{1}{4}\sin^4(x) - \frac{1}{16}} \\
\Leftrightarrow \quad y = y_{spez} &= e^{\left(e^{\frac{1}{4}\sin^4(x) - \frac{1}{16}}\right)} = \exp\left\{e^{\frac{1}{4}\sin^4(x) - \frac{1}{16}}\right\}
\end{aligned}$$

*1: Integrale lösen durch Substitution auf y-Seite: $z := \ln(y)$ und Substitution auf x-Seite: $z := \sin(x)$

Löse das AWP: $2y'y = 2x \cdot \frac{1+y^4}{1+x^2}, \quad y(0) = 1$

Lösen per TdV:

$$\begin{aligned}
\frac{dy}{dx}2y = 2x \cdot \frac{1+y^4}{1+x^2} \quad &\Leftrightarrow \quad \frac{2y}{1+y^4}dy = \frac{2x}{1+x^2}dx \\
\Leftrightarrow \quad \int_1^y \frac{2y}{1+y^4}dy &= \int_0^x \frac{2x}{1+x^2}dx \\
\overset{*1}{\Leftrightarrow} \quad \arctan(y^2) - \arctan(1^2) &= \ln(1+x^2) - \ln(1+0) \\
\Leftrightarrow \quad \arctan(y^2) - \frac{\pi}{4} &= \ln(1+x^2) \\
\Leftrightarrow \quad \arctan(y^2) &= \ln(1+x^2) + \frac{\pi}{4} \\
\Leftrightarrow \quad y^2 &= \tan\left(\ln(1+x^2) + \frac{\pi}{4}\right) \\
\Leftrightarrow \quad y = y_{spez} &= \sqrt{\tan\left(\ln(1+x^2) + \frac{\pi}{4}\right)} \quad \text{(pos. Lsg., da AWP } y(0) = 1 > 0\text{)}
\end{aligned}$$

*1: Integrale lösen durch Substitution auf y-Seite: $z := y^2$ und Substitution auf x-Seite: $z := 1 + x^2$

Nicht-lineare DGLs können auch gewisse Strukturen aufweisen, für die es spezielle Lösungsansätze durch Substitutionen gibt. In den nachfolgenden Unterkapiteln stellen wir zwei dieser speziellen Strukturen vor.

3.6.1 Bernoulli-DGL

Wenn sich eine DGL in der Form

$$y' = p(x)y + q(x)y^a \quad \text{mit} \quad a \in \mathbb{R} \setminus \{0, 1\} \tag{3.30}$$

schreiben lässt, dann ist diese als Bernoulli-DGL typisiert (gewöhnlich, 1. Ordnung, nicht-linear wegen y^a).

Für $a = 0$ wäre $y' = p(x)y + q(x)y^0 \quad \Leftrightarrow \quad y' = p(x)y + q(x)$ eine inhomogene lineare DGL 1. Ordnung.

Für $a = 1$ wäre $y' = p(x)y + q(x)y^1 \quad \Leftrightarrow \quad y' = \big(p(x) + q(x)\big)y$ eine homogene lineare DGL 1. Ordnung.

Diese lässt sich mit dem Ansatz einer Substitution z lösen:

$$z := y^{1-a} \tag{3.31}$$

Damit können wir die DGL auf eine inhomogene lineare DGL 1. Ordnung zurückführen, welche dann leicht zu lösen ist.

Herleitung der substituierten DGL:

$$\overset{(3.31)}{\Rightarrow} \quad y = \sqrt[1-a]{z} = z^{\frac{1}{1-a}}$$

$$\Rightarrow \quad y' = \frac{1}{1-a} \cdot z^{\frac{1}{1-a}-1} \cdot z' = \frac{1}{1-n} \cdot z^{\frac{a}{1-a}} \cdot z'$$

In (3.30) einsetzen:

$$\frac{1}{1-a} \cdot z^{\frac{a}{1-a}} \cdot z' = p(x) \cdot z^{\frac{1}{1-a}} + q(x) \cdot \left(z^{\frac{1}{1-a}}\right)^a \qquad \Big| \cdot (1-a)$$

$$\Leftrightarrow \quad z^{\frac{a}{1-a}} \cdot z' = (1-a)p(x) \cdot z^{\frac{1}{1-a}} + (1-a)q(x) \cdot z^{\frac{a}{1-a}} \qquad \Big| : z^{\frac{a}{1-a}}$$

$$\Leftrightarrow \quad z' = (1-a)p(x) \cdot z^{\frac{1}{1-a}-\frac{a}{1-a}} + (1-a)q(x) \cdot z^{\frac{a}{1-a}-\frac{a}{1-a}}$$

$$\Leftrightarrow \quad z' = (1-a)p(x) \cdot z^1 + (1-a)q(x) \cdot z^0$$

$$\Leftrightarrow \quad z' = (1-a)p(x) \cdot z + (1-a)q(x)$$

Im Anschluss wird rücksubstituiert und auf y aufgelöst.

Lösungsansatz Bernoulli-DGL

1. DGL korrekt typisieren
2. DGL in Form $y' = p(x)y + q(x)y^a$ schreiben
3. Substituieren: $z := y^{1-a}$ setzen
4. Ausgangs-DGL wird zur substituierten DGL $z' = (1-a)p(x) \cdot z + (1-a)q(x)$
5. Substituierte DGL ist eine inhomogene lineare DGL 1. Ordnung
6. Substituierte DGL mit Verfahren aus Kap. 3.3 lösen (siehe auch Beispiele aus Kap. 3.4)
7. Rücksubstitution von z nach y^{1-a}
8. Nach y auflösen

Löse das AWP $y' + y - y^3 = 0, \quad y(0) = 2$.

Die DGL ist eine Bernoulli-DGL.

$$\begin{aligned}
& y' + y - y^3 = 0 \\
\Leftrightarrow \quad & y' = -y + y^3 \\
\Rightarrow \quad & y' = p(x)y + q(x)y^a \quad \Rightarrow \quad p(x) = -1,\ q(x) = 1,\ a = 3,\ z := y^{1-3} = y^{-2} \\
\overset{\text{subst.}}{\Rightarrow} \quad & z' = (1-3)(-1)z + (1-3)(1) \\
\Leftrightarrow \quad & z' = 2z - 2
\end{aligned}$$

Inhomogene DGL $z' = 2z - 2$ per TdV lösen, da separierbar:

$$z' = 2z - 2 \quad \Leftrightarrow \quad \frac{dz}{dx} = (2)(z-1) \quad \Leftrightarrow \quad \frac{1}{z-1}dz = 2dx$$

$$\begin{aligned}
\Leftrightarrow \quad & \int \frac{1}{z-1}dz = \int 2dx \\
\Leftrightarrow \quad & \ln(z-1) = 2x + C_1 \\
\Leftrightarrow \quad & z - 1 = e^{2x+C_1} = Ce^{2x} \\
\Leftrightarrow \quad & z = z_{allg} = Ce^{2x} + 1
\end{aligned}$$

Rücksubstitution: $z = y^{-2} = \frac{1}{y^2}$

$$\begin{aligned}
\Rightarrow \quad & \frac{1}{y^2} = Ce^{2x} + 1 \\
\Rightarrow \quad & y = y_{allg} = \pm\sqrt{\frac{1}{Ce^{2x} + 1}}, \quad C \in \mathbb{R}
\end{aligned}$$

AWP lösen und die spezielle Lösung der DGL bestimmen:

$$\begin{aligned}
& y(0) \overset{*^1}{=} \sqrt{\frac{1}{Ce^{2\cdot 0} + 1}} \overset{!}{=} 2 \\
\Rightarrow \quad & \sqrt{\frac{1}{C+1}} = 2 \quad \Rightarrow \quad \frac{1}{C+1} = 4 \quad \Rightarrow \quad 1 = 4C + 4 \quad \Rightarrow \quad C = -\frac{3}{4} \\
\Rightarrow \quad & y = y_{spez} = \sqrt{\frac{1}{-\frac{3}{4}e^{2x} + 1}}
\end{aligned}$$

$*^1$: Die negative Lösung aus y_{allg} entfällt aufgrund des positiven y_0.

3.6.2 Eulerhomogene-DGL

Wenn sich eine nicht-lineare DGL erster Ordnung in der Form

$$y' = f\left(\frac{y}{x}\right)$$

schreiben lässt, dann nennt sich diese DGL Eulerhomogene-DGL. Mit $f\left(\frac{y}{x}\right)$ ist gemeint, dass dort der Term $\frac{y}{x}$ in jeglicher Funktion verschachtelt eingebunden sein kann z. B. $y' = \frac{y}{x} - 1 - e^{\frac{y}{x}}$.

Die Bezeichnung „Euler*homogene*-DGL" lässt vermuten, dass es sich um eine homogene DGL im Sinne der Typisierung von DGLs handelt. Das ist jedoch nicht der Fall!

Solch eine DGL lässt sich ebenfalls mit dem Ansatz einer Substitution z lösen:

$$z := \frac{y}{x}$$

$$\Leftrightarrow \quad y = z \cdot x \tag{3.32}$$

$$\Rightarrow \quad y' = z' \cdot x + z \cdot 1 \tag{3.33}$$

Beachte, dass z eine Fkt. von x ist (also Produktregel beim Ableiten!).

Lösungsansatz Eulerhomogene-DGL

1. DGL korrekt typisieren
2. DGL lässt sich schreiben als $y' = f(\frac{y}{x})$
3. Substitutionen (3.32) und (3.33) nutzen und in die Ausgangs-DGL einsetzen
4. Nun versuchen, die substituierte DGL per TdV zu lösen
5. Rücksubstitution von z nach $\frac{y}{x}$
6. Auf y auflösen

Löse das AWP $y' = 1 + 2 \cdot \frac{y}{x}, \quad y(1) = -3$

Substitutionen (3.32) und (3.33) nutzen:

$$\begin{aligned} z'x + z &= 1 + 2z \\ \Leftrightarrow \quad z'x &= 1 + z \end{aligned}$$

TdV der inhomogenen DGL, da diese separierbar ist:

$$\begin{aligned} \frac{dz}{dx}x = 1 + z \quad &\Leftrightarrow \quad \frac{dz}{1+z} = \frac{dx}{x} \\ \Leftrightarrow \quad \int \frac{1}{1+z}dz &= \int \frac{1}{x}dx \\ \Leftrightarrow \quad \ln|1+z| &= \ln|x| + C_1 \\ \Leftrightarrow \quad 1 + z &= e^{\ln|x| + C_1} \\ \Leftrightarrow \quad 1 + z &= Cx \\ \Leftrightarrow \quad z &= Cx - 1 \end{aligned}$$

Rücksubstitution (3.32):

$$\begin{aligned} \frac{y}{x} &= Cx - 1 \\ \Leftrightarrow \quad y_{allg} &= Cx^2 - x, \; C \in \mathbb{R} \end{aligned}$$

AWP lösen:

$$\begin{aligned} y(1) = C \cdot 1^2 - 1 = C - 1 &\overset{!}{=} -3 \\ \Rightarrow \quad C &= -2 \\ \Rightarrow \quad y_{spez} &= -2x^2 - x \end{aligned}$$

Wir hätten hier auch die üblichen Methoden für eine inhomogene lineare DGL 1. Ordnung sofort anwenden können.

Finde alle Funktionen, für die $xy' = y - x - xe^{\frac{y}{x}}$ gilt.

$$xy' = y - x - xe^{\frac{y}{x}} \quad \Leftrightarrow \quad y' = \frac{y}{x} - 1 - e^{\frac{y}{x}}$$

Substitutionen (3.32) und (3.33) nutzen:

$$\begin{aligned} & z'x + z = z - 1 - e^z \\ \Leftrightarrow \quad & z'x = -1 - e^z \end{aligned}$$

TdV der nicht-linearen DGL:

$$\begin{aligned}
& \frac{dz}{dx}x = -1 - e^z \quad \Leftrightarrow \quad \frac{1}{-1-e^z}dz = \frac{1}{x}dx \\
\Leftrightarrow \quad & -\int \frac{1}{1+e^z}dz = \int \frac{1}{x}dx \\
\overset{*^1}{\Leftrightarrow} \quad & -\left(-\ln|1+e^z| + \ln|e^z|\right) = \ln|x| + C_1 \\
\overset{*^2}{\Leftrightarrow} \quad & \ln|1+e^z| - \ln|e^z| = \ln|x| + C_1 \\
\Leftrightarrow \quad & \ln\left|\frac{1+e^z}{e^z}\right| = \ln|x| + C_1 \\
\Leftrightarrow \quad & \frac{1+e^z}{e^z} = e^{\ln|x|+C_1} \\
\Leftrightarrow \quad & \frac{1+e^z}{e^z} = e^{C_1} \cdot e^{\ln|x|} \\
\Leftrightarrow \quad & \frac{1}{e^z} + \frac{e^z}{e^z} = Cx \\
\Leftrightarrow \quad & \frac{1}{e^z} + 1 = Cx \\
\Leftrightarrow \quad & \frac{1}{e^z} = Cx - 1 \\
\Leftrightarrow \quad & e^z = \frac{1}{Cx-1} \\
\Leftrightarrow \quad & z = \ln\left(\frac{1}{Cx-1}\right) \\
\Leftrightarrow \quad & z = \ln(1) - \ln(Cx-1) \\
\Leftrightarrow \quad & z = -\ln(Cx-1)
\end{aligned}$$

$*^1$: Das Integral lösen durch Substitution $z =: \ln(u) \Leftrightarrow dz = \frac{1}{u}du$, und dann PBZ.
$*^2$: Den Term $\ln|e^z|$ könnten wir auch zu z vereinfachen und danach die e-Funktion mit Potenzgesetzen nutzen.

Rücksubstitution (3.32):

$$\begin{aligned} & \frac{y}{x} = -\ln(Cx-1) \\ \Leftrightarrow \quad & y_{allg} = -x\ln(Cx-1), \; C \in \mathbb{R} \end{aligned}$$

3.7 Übungsaufgaben – Differentialgleichungen

Lösungen

3.1) Level: Bestimme jeweils alle Funktionen y, die die folgenden DGLs erfüllen:

a) $3y' = 6y$ **b)** $5y' + 3y = 0$ **c)** $xy' - y = 0$ **d)** $\frac{y'}{x^2} + 2y = 0$

e) $\frac{y'}{y} = 2$ **f)** $y' = e^x + 1$ **g)** $y' - xy = x$ **h)** $y' + y = x$

3.2) Level: Bestimme jeweils alle Funktionen y, die die folgenden DGLs erfüllen:

a) $y' - 7y = e^{2x}$ **b)** $y' + 6y = \sin(3x)$ **c)** $y' + x^3y = e^{-\frac{1}{4}x^4}$

d) $y''' = 6y'' - 3y' - 10y$ **e)** $y'' + 3y' + 2y = e^x$ **f)** $x^2y^2y' = x$

g) $(x-1)y' = y^2$ **h)** $y' - y = x\cos(x)$ **i)** $y'' - y - 2y = e^{2x}$

3.3) Level: Bestimme jeweils die Funktion y, die die folgenden AWPs/RWPs löst:

a) $y' + 4y = e^{2x},\ y(0) = \frac{1}{4}$ **b)** $y'' = 2y' + 8y,\ y(0) = y'(0) = 1$ **c)** $e^{2x}y' + y = 2,\ y(0) = 1$

d) $y' + 3y = \cos(3x),\ y(\pi) = 0$ **e)** $y'\sqrt{y} = x\sin(x),\ y(0) = \sqrt{8}$ **f)** $y' = \frac{4x}{y}e^{-y^2},\ y(0) = 2$

3.4) Level: Bestimme jeweils alle Funktionen y, die die folgenden DGLs erfüllen:

a) $y''' - 4y'' + 13y' = 2x$ **b)** $y' - y\cos(x) = e^{\sin(x)}$ **c)** $y'\cos\left(\frac{y}{2}\right) - \sin(x)\cos(x) = 1$

d) $xy' = y + x\tan\left(\frac{y}{x}\right)$ **e)** $xy' + 2y = -x^3\cos(x)y^2$ **f)** $\left(\frac{1}{\tan\big(\ln(y) - \ln(x)\big)} + 1\right) \cdot y = xy'$

3.5) Level: Bestimme jeweils die Funktion y, die die folgenden AWPs/RWPs löst:

a) $x^{y'} = \sqrt[yx]{e},\ y(e) = e$ **b)** $xy' = y\,(\ln(y) - \ln(x)),\ y(1) = 1$

c) $y'' - 4y' + 3y = x^2e^x,\ y(0) = y'(0) = 0$ **d)** $y'\tan(y)(1 + x^3) = -3x^2,\ y(0) = \frac{\pi}{6}$

3.6) Level: Bestimme die Funktion y, die das folgende RWP löst. Ist die Funktion y auf dem Definitionsbereich $\mathbb{R} \setminus \{0\}$ definiert? Begründe deine Antwort!:

$x^6y' - x^5y = x^4y + y^4,\ y(3) = -3$

3.7) Level: Bestimme $d = \min\left\{ |x - \pi| \,\middle|\, y(x) = -1 \wedge y'\cos(x) - y = 1 \wedge y\left(\frac{2}{3}\pi\right) = \sqrt{3} \right\}$

Notizen

Notizen